통념과 상식을 거스르는 과학사

통념과 상식을 거스르는 과학사

NEWTON'S APPLE
AND OTHER MYTHS
ABOUT SCIENCE

뉴턴에서 멘델까지,
과학을 둘러싼 역사적 오해들

로널드 L. 넘버스,
코스타스 캄푸러키스
엮음   김무준 옮김

글항아리사이언스

2014년 9월 멋진 콘퍼런스를 주최해 이 책의 출간을 이끈
워싱턴 앤드 리 대학교의 니콜라스 럽케와 그의 동료 여러분에게 감사드립니다.

감사의 말

코스타스 캄푸러키스는 2009년 가을 로널드 넘버스의 저서 『과학과 종교는 적인가 동지인가Galileo Goes to Jail and Other Myths about Science and Religion』(김정은 옮김, 뜨인돌, 2010. 원서는 2009)를 감명 깊게 읽고 과학교육 내의 여러 잘못된 통념들을 다루는 이 책을 처음 구상하게 되었다. 두 사람은 같은 해 11월 이집트 알렉산드리아에서 열린 다윈 나우Darwin Now 콘퍼런스에서 처음 만났다. 코스타스가 로널드에게 『과학과 종교는 적인가 동지인가』와 같은 훌륭한 책이 나올 수 있었던 비결을 묻자, 로널드는 "나는 그저 전문가들에게 각각의 주제를 쓰도록 부탁했을 뿐"이라며 흔쾌히 대답했다. 코스타스는 이를 마음에 간직하고 있다가 2012년 7월 위스콘신 매디슨에 있는 로널드를 찾아가 『과학과 종교는 적인가 동지인가』의 속편으로 과학과 관련된 역사적인 통념들을 함께 다뤄보자고 제안했다. 로널드는 이를 승낙했다.

이 프로젝트가 성공할 수 있었던 결정적인 이유는 20명이 넘는 동료들의 협업이었지만, 그중에서도 니콜라스 럽케를 빼놓을 수 없다. 그는 로널드의 오랜 친구이기도 하며, 워싱턴 앤드 리 대학교의 존슨 강의 시리즈Johnson Lecture Series와 학장 사무실, 국제교육센터의 재정 지원을 받아 2014년 5월 9~10일에 열린 실무자 콘퍼런스에 우리 모두를 초청했다. 럽케를 비롯해 케네스 루시오, 대니얼 우바, 수잰 킨, 마크 러쉬, 그레고리 쿠퍼, 그리고 로랑 보우치는 캐럴린 윙그로브토머스와 얼리샤 샤이어스가 그랬던 것처럼 우리를 극진히 대접해주었다. 이 책에 직접적으로 기여를 한 사람들 외에도, 리처드 버리언(버지니아 폴리테크닉 주립대학교)과 그레고리 매클럼(노트르담 대학교)이 통찰력 있는 논평을 해주었다.

하버드 대학교 출판부의 과학 및 의학 담당 편집장인 마이클 피셔는 회의에 참석해 우리에게 많은 조언과 격려를 해주었다. 또한 책 작업에 큰 도움을 준 하버드 대학교 출판부의 앤드루 키니와 로런 에스데일, 그리고 웨스트체스터 출판사의 데보라 그레이엄스미스와 제이미 타먼에게 감사를 표한다. 이 책은 『과학과 종교는 적인가 동지인가』의 후속작으로 기획되었고, 그렇기에 하버드 대학교 출판부에서 출판할 수 있게 된 것은 큰 기쁨이다.

코스타스 캄푸러키스는 혼자서 작업해야 했을지도 모르는 책을 로널드 넘버스의 흔쾌한 수락으로 함께 작업하게 된 것에 큰 고마움을 느낀다. 최고의 공동 편저자 로널드의 능력, 경험, 열린 마음가짐, 그리고 유머 감각이 없었다면 이 책은 결코 나오지 못했을 것이다. 코스타스는 가족들의 사랑과 성원에, 로널드는 코스타스의 비전, 끈질김, 헌신, 그리고 그가 가장 아끼는 과학교육자 마지 윌스먼의 영감과 애정에 대해 감사를 전한다. 필자로 참여한 작가들의 협력, 신속함, 그리고 양질의 글이 아니었다면 1년 안에 원고를 완성할 수 없었을 것이다. 그들에게 감사를 표한다.

로널드 L. 넘버스, 코스타스 캄푸러키스

> 위대하다는 것은 잘못된 정보가 지속되는 힘이라고도 할 수 있다. 하지만 과학의 역사를 살펴보면 다행히도 이 힘은 오래 지속되지 않는다.
>
> — 찰스 다윈, 『종의 기원』(1872)

"누가 신경이나 쓰겠어?" 이 책을 비판적으로 읽는 사람들이 가질 법한 의문이다. 뉴턴의 사과나 멘델의 완두콩에 누가 신경을 쓰겠는가? 누가 이 책에 논의된 역사적 사건이나 생각을 더 자세히 알고 싶어 할까? 어쩌면 생물학자가 다윈이나 멘델을, 물리학자가 뉴턴과 아인슈타인을, 화학자가 뷜러와 폴링을 자세히 아는 것은 좋을 일일 수도 있다. 하지만 아닐 수도 있지 않나? 어쩌면 과학의 길을 희망하는 학생들과 과학자들조차도 위인들의 삶과 업적을 세부적으로 배울 필요가 없을지도 모른다. 어쨌든 이 위인들은 죽은 지 오래됐고, 그들의 이론은 대체되거나 사라졌다. 현대의 과학은 과거의 과학자들이 했던 것과는 상당히 다르다. 사실 이 책에 나오는 역사적 인물들의 절반 정도가 현재 우리가 과학이라고 부르는 분야가 아니라 자연사나 자연철학 분야에 속해 있었다. 그렇다면 왜 굳이 소수만이 즐기는 이야기들의 자세한 내용들을 알아보려 고생하는 것일까?

누가 신경이나 쓰겠냐는 질문에 대한 적절한 해답은 명료하지만 단순하지는 않다. 과학에 대한 역사적인 통념은 과학을 이해하기 어렵게

하고, 과학의 발전 과정을 왜곡한다. 안타깝게도, 서두에 인용한 찰스 다윈의 글과는 대조적으로 과학의 역사에는 잘못된 정보의 힘이 지속되고 있으며, 그 결과 통념이 널려 있다. 우리는 『과학과 종교는 적인가 동지인가』에서 그랬듯, '통념'이라는 용어를 복잡한 어떤 학문에 사용하는 것이 아니라, 일상에 퍼진 잘못된 사실을 칭하는 데에 사용하려 한다.[1]

대중들은 과학을 공적인 경로(학교), 비공식적인 경로(박물관), 그리고 일상적인 경로(대중매체)를 통해 배운다. 이렇게 습득한 특정한 지식(학교에서 배우는 뉴턴 역학이나 자연사박물관에서 배운 진화, 뉴스에서 본 유전병의 이유 등)과 더불어, 사람들은 각각의 경우에 과학이 어떻게 발전해왔는지 암시적인 메시지를 받는다. 이따금씩 이 메시지는 지금 '진리'로 배우고 있는 것을 과학자가 어떻게 '발견'했는지에 대한 이야기로 전해지기도 한다. 특정한 자연현상의 비밀을 밝혀냈거나 밝혀내리라 예상되는 몇몇 과학자에 대한 기사를 신문에서 흔히 발견할 수 있다. 보통 이러한 기사에서는 그 사람이 얼마나 똑똑한지, 연구에 얼마나 많은 시간을 바쳤는지, 그리고 그 성취가 얼마나 중요한지를 다룬다.

명석함과 헌신이 과학에서 중요한 어떤 것을 성취하기 위한 필수 조건이기는 하나, 전부는 아니다. 우리가 알고 있는 몇몇 발견 뒤에는 동료나 조수가 큰 도움을 줬거나 큰 행운이 찾아왔거나 했던 중요한 요소들이 숨겨져 있다. 이는 과학에 대한 고정관념으로 이어질 수도 있다. 이는 과학이 어떻게 행해지고 어떤 종류의 지식을 생산하는지를 다루는 마지막 부에서 논의된다. 반면 1부에서는 초기 과학의 모습과 유명한 과학자들의 업적에 대한 몇 가지 오해들을 다룬다.

학생과 교사 및 일반 독자는 과학 지식을 습득할 필요가 있을 뿐만 아니라 과학이 어떻게 이루어지는지, 과학자들이 어떤 종류의 의문을 갖는지, 그들이 어떤 종류의 지식을 만들어내는지 등 '과학의 본질'이라고 불리는 것을 이해할 필요가 있다. 과학에 박식한 시민들은 보다 정확한 견해를 지니고 과학의 일장일단을 더 잘 이해할 수 있을 것이고 따라서 기후 변화, 유전학 검사, 생물학적 진화와 같은 중요한 문제에 나은 판단을 내릴 수 있다. 이 책에서는 세 종류의 통념을 살펴보는데, 각각 현대 과학의 선구자, 과학의 방법론, 그리고 과학자에 대한 것이다.

학자들은 터무니없는 과학의 통념들을 그들만의 노력으로 고치려고 시도해왔다.[2] 우리만의 힘으로 통념들을 바로잡기에는 자신이 없었기에 우리는 과학사와 과학교육 분야에서 활약하고 있는 26명의 전문가들에게 도움을 청했다. 이 책은 지난 2000년의 역사를 삽화식으로, 주제별로 다루고 있다. 도움을 준 필자들은 각자의 분야에서 선두 그룹에 속하는 학자들이며, 각 주제에 있어서 전문가라고 할 수 있다. 대대적인 검토에도 찾아내지 못한 실수들이 있다면 아주 미미한 것이기를 바란다.

차례

감사의 말 7

들어가는 말 9

1부   중세와 초기 근대 과학

통념 1   고대 그리스 시대와 과학혁명의 시대 사이에는 과학이 없었다 _17

통념 2   콜럼버스 이전에 지리학자를 비롯한 지식인들은
          지구가 평평하다고 생각했다 _27

통념 3   코페르니쿠스의 대변혁은 지구의 위상을 추락시켰다 _37

통념 4   연금술과 점성술은 과학에 기여한 바 없는 미신적인 연구 행위였다 _49

통념 5   갈릴레오는 피사의 사탑 실험으로 아리스토텔레스의 운동 이론을
          공개 반박했다 _59

통념 6   떨어지는 사과를 보고 뉴턴이 중력 법칙을 발견하자
          신은 우주에서 사라졌다 _71

2부   19세기

통념 7   1828년 프리드리히 뵐러의 요소 합성은 생기론을 파괴하고
          유기화학을 탄생시켰다 _85

통념 8   윌리엄 페일리가 생명의 기원에 대한 과학적 질문을 제기했고,
          찰스 다윈이 이에 답했다 _95

통념 9   19세기 지질학자들은 격변론자와 동일과정론자로 나뉘어 대립했다 _103

통념 10   라마르크의 진화론은 용불용설에 의존하고 있고,
          다윈은 라마르크의 방법을 거부했다 _111

통념 11   다윈은 20년간 자신의 이론을 비밀리에 연구했고,
          두려움 때문에 발표를 연기했다 _121

통념 12   진화에 관한 월리스와 다윈의 설명은 사실상 같은 것이었다 _131

통념 13 다윈의 자연선택은 '인류 최고의 이론'이다 _139

통념 14 다윈의 성선택은 로버트 트리버스가 부활시키기 전까지 무시되었다 _149

통념 15 루이 파스퇴르는 과학적 객관성에 근거해 자연발생설을 반증했다 _157

통념 16 그레고어 멘델은 시대를 앞선 유전학의 외로운 선구자였다 _169

통념 17 사회진화론은 미국의 사회적 사상과 정책에 깊은 영향을 미쳤다 _179

3부   20세기

통념 18 마이컬슨-몰리 실험이 특수상대성이론의 기반이 되었다 _191

통념 19 밀리컨의 기름방울 실험은 간단하고 쉬운 것이었다 _201

통념 20 신다윈주의는 진화를 무작위적 유전 변이와 자연선택의 합으로 보았다 _209

통념 21 회색가지나방의 암화는 자연선택에 의한 진화의 예가 아니다 _217

통념 22 겸상 적혈구 빈혈증의 원인을 분자 수준에서 밝혀낸
        라이너스 폴링의 발견이 의료계에 혁신을 일으켰다 _225

통념 23 소련의 스푸트니크호 발사가 미국 과학교육 변화의 시발점이 되었다 _235

4부   일반적 통념

통념 24 종교가 과학의 발전을 저해했다 _245

통념 25 과학은 오랫동안 고독한 길을 걸어왔다 _253

통념 26 과학자는 과학적 방법론을 정확히 따른다 _261

통념 27 과학과 유사 과학을 가르는 명확한 선이 있다 _271

주 279

참여 필자 313

찾아보기 318

1부

중세와 초기 근대 과학

고대 그리스 시대와 과학혁명의 시대 사이에는 과학이 없었다

마이클 H. 섕크

> 기독교가 1000년 동안 인류의 지적 발전을 방해하지 않아 꾸준히 과학이 발전했더라면, 과학혁명이 실제보다 1000년 앞서 일어나 오늘날 우리의 과학과 기술도 1000년 더 앞서 나갔을 것이다.
>
> ─리처드 캐리어, 「기독교는 근대과학의 태동에 기여한 것이 없다」(2009)

고대 그리스 시대와 과학혁명의 시대 사이에는 과학적 활동이 없었다는 통념이 점점 더 힘을 얻고 있다. 심지어 그 시대가 과학의 발전에 기여한 바가 없다며 도표를 만들어 해당 시기를 공란으로 남겨두기까지 했다. 이 도표를 만든 사람들은 과학은 일단 한 번 시작되면 악의적인 세력의 방해가 없는 한 스스로(이 도표에서는 급격하게) 발전한다고 가정한다. 하지만 이런 가정이 현실과 들어맞지 않자 그 원인을 찾아 나섰다. 도표의 작성자인 짐 워커는 순진하게도 이렇게 썼다. "유감스럽게도 내게는 과학의 역사적 발전을 담은 완벽한 데이터베이스가 없다. 하지만 사학자들은 분명 과학의 발전을 정리해 추정치를 제시하고 도표로 나타낼 수 있을 것이다. 나는 과학의 암흑시대가 우리가 생각하는 것보다 더 어두운 시기로 나타나리라고 생각한다."[1] 그런데 최근 이 도표보다 더 생생하고 비판적인 도표가 스프링거에서 출간된 책에 등장했다. 탈레스(기원전 624?~546?)부터 1980년까지 이르는 시기를 나타낸 이 도표에는, 히파티아(350~410)에서부터 레오나르도 다빈치(1452~1519)에 이르는 시기에 아무것도 표시되어 있지 않다. 도표에는 "가운데에 있는 1000년의 공백은 인류에게는 통탄할 만한 기회의 상실이다"라는, 중세 과학에 대한 칼 세이건의 평이 덧붙여져 있다.[2] 1980년에 출간된 『코스모스Cosmos』에서 세이건이 빈정거린 내용은 두 세대 이상 뒤떨어진 것이었고, 2012년 재출간되었을 땐 세 세대 이상 시대에 뒤떨어진 것이 되었다.

통념은 한 분야의 '권위자'(여기서는 천문학자 세이건)가 다른 분야(예를 들면 과학의 역사)에 대해 한 말로 인해 널리 퍼진다. 세이건은 1000년에 걸친 중세의 침체에 대해 시대에 뒤떨어진 일반적 편견을 반복해 말하고 있다.[3] 물론 아무 일도 일어나지 않은 시대에 대해 연구하고 저술하느라 시간을 낭비하는 학자는 없을 것이다. 따라서 아무도 연구하지 않는다면 이 주제에 관해 새로운 것이 발견되거나 저술될 수 없다는 건 안 봐도 뻔하다. 결과적으로 세이건의 말은 옳은 것이 되어 세이건의 '신뢰할 만한' 권위를 공고히 한다. 공교롭게도 이는 중세인들에게 부당하게 전가된 우둔함과 몹시 비슷한 태도다.

중세 과학을 연구하는 사학자들에게 이런 악순환은 짜증나는 두더지 잡기 게임의 비딱한 변형이다. 두더지 잡기 게임은 구멍에서 무작위로 튀어나오는 두더지 머리를 나무망치로 두드린다. 그런데 새로운 게임에서는 중세의 과학적 공백이라는 죽은 말을 후려쳐서 무덤 속에 도로 집어넣자마자 다시 새로운 장식용 마구를 달고 튀어나와 대중문화 속으로 질주한다. 이 말이 풍기는 악취를 눈치채는 사람은 거의 없다.

이 잘못된 통념은 지난 몇 년간 세간의 주목을 끌었던 매력적인 매체들의 덕을 톡톡히 보았다. 2009년에 알레한드로 아메나바르의 아름다운 영화 「아고라Agora」는 세이건이 말한 놀라울 정도로 시대착오적인 과학사를 근거로 히파티아가 5세기에 알렉산드리아에서 살해된 시점을 암흑시대의 시작으로 보았다. 또한 스티븐 그린블랫의 저서 『1417년, 근대의 탄생The Swerve』(이혜원 옮김, 까치, 2013. 원서는 2011)은 원자론을 배척하는 기독교의 억압을 받은 고대 로마 시인 루크레티우스의 『만물의 본성에 관하여De Rerum Natura』가 15세기에 발견되면서 근대과학이 열렸다는, 상상력이 과한 견해로 퓰리처상을 비롯한 명망 높은 상들을 손에 거머쥐었다.[4]

통념 이해하기

통념이 어떻게 고착화되는지부터 이야기해보자. 통념은 그다지 대단하지 않은 역사적 사실에 의지해 생겨나고 모든 합리성의 경계를 넘어 탈맥락화되고 보편화된다. 사실 중세 초기의 유럽이 첨단 과학 활동이 활발한 곳은 아니었다. 고비 사막 지역도 마찬가지였다. 그러나 중요한 건, 제국이 가장 번창했던 시기의 로마 역시 마찬가지였다는 것이다. 이런 사실은 우리에게 통념과 관련된 중요한 문제 두 가지를 제시한다. 첫 번째로 과학의 발전을 평가하는 기준을 만들어 로마 제국과 그 이후의 과학의 발전 상태를 객관적으로 평가해야 한다. 두 번째로 그릇된 통념이 어떻게 생겨났고 왜 지속되었는지, 멍청하지 않은 많은 사람들이 왜 그 통념을 계속 되뇌는지 이해해야 한다.

이 그릇된 통념은 일반적으로 암흑기를 유럽의 중세 시대(보통은 고대 로마 시대, 가끔은 그리스 시대)로 제한한다. 이 통념을 되뇌는 사람들은 역사를 이해하려는 것이 아니라, '기독교', 혹은 '교회', 혹은 '로마 가톨릭교', 혹은 '종교'를 무찌르는 데 관심이 있다. 워커는 도표를 이용해 고대 과학의 급격한 쇠퇴 현상을 친절하게 설명하면서 이 용어들을 언급한다.[5] 이는 또한 고대 과학의 쇠퇴와 관련된 논의에서 자주 암시되는 가정, 즉 자발적으로 생겨난 고대 과학은 자신의 고유한 방식으로 발전했다는(그래프상에서 기하급수적 발전을 보인다) 가정을 생생하게 보여준다. 흥미롭게도 기하급수적 증가가 일어나는 곳이 하나 더 있는데, 기독교에 대한 광적인 믿음 때문에 기독교 종파에 따라 서로 죽이기까지 한 근대 초기의 유럽이다. 그러나 이때의 과학혁명에 '기독교' 시기라는 수식어를 붙이는 것은 과학이 기독교 때문에 쇠퇴했다는 이론에 돌이킬 수 없는 타격을 입히게 되므로 이 형용사는 생략되고 말았다.[6]

이렇게 기독교를 공격하는 용도로 사용되는 통념이 증거가 거의 없는 지어낸 이야기에 가깝지 않느냐는 의심이 생긴다. 구조적으로 보면, 중세가 과학의 공백기라는 통념은 완곡하게 돌려 말한 혁명 서사와 비슷하다. 혁명을 서사화할 때는 이전 시대를 평가절하해야 한다. 혁명을 이야기하면서 혁명 이전의 과거를 세세하게 논의하는 것은 무의미한 일이다. 혁명 서사는 일관성을 유지하기 위해 혁명이라고 주장하는 시대와 바로 직전 시대 사이의 역사를 단절시켜야 한다. 이렇게 볼 때, 혁명 이야기의 최대 희생양 중 하나가 중세 과학이다. 비판적 시각을 지닌 성인이라면 인간사의 어떤 시기건 1000년 동안이나 아무 일도 일어나지 않았다는 주장을 의심이라도 해보는 것이 원칙적으로는 마땅하다. 그런데 이상하게도 사람들은 이런 주장을 믿고 있다. 게다가 이런 통념이 고질적으로 자리를 잡으면, 비전문가들뿐만 아니라 학자들에게도 영향을 미칠 수 있다. 실제로 이 이야기 구조가 너무나 강력해서 중세사학자들까지도 통념에 사로잡히고 말았다.[7] 나처럼 1100년 이후 중세를 연구하는 일부 중세사학자도 중세 초기를 암흑기로 취급했으며, 몇몇은 12세기부터 15세기까지를 '우리의 시대'의 잠복기라는, 비난조 다분한 이름으로 부르며 중세 초기에 대한 무지함을 감추고자 했다.

이후 중세 유럽 문화가 형성된 지역이 7세기 당시에 과학 수준이 높았다고 주장하는 사람은 아무도 없다. 하지만 여기에 문제가 있다. '기독교'가 지배한 중세 시대에 유럽의 과학 수준이 급격하게 쇠퇴했다는 주장은 천박한 역사적 속임수에 불과하다. 간략하게 말하면 이런 견해를 가진 사람들은 유클리드(약 기원전 300)부터 시작해 히파티아가 5세기 초 암살되기 전까지 알렉산드리아의 과학적 업적들이 전 로마제국으로 퍼져나갔다고 주장한다. 그런 다음 센강, 라인강, 혹은 다뉴브강 지역으로 눈을 돌려 전 로마제국에 타의 추종을 불허할 정도로 축적되었던 알렉산드리아의 과학적 성취가 가파르게 하락한 것을 보여준다.

하지만 이렇게 판단하는 기준은 무엇인가? 3세기에서 5세기 사이에 라인강 주변 지역에선 어떤 과학적 사건들이 일어나고 있었는가? 실제로 공화국 혹은 제국이 가장 번성했을 때 로마에서는 무슨 일이 벌어지고 있었는가? 기원전 1세기에 율리우스 카이사르(기원전 100~기원전 44)는 역법을 개선하기 위해 알렉산드리아의 소시게네스를 채용했다. 이를 보면 로마는 인재가 부족했던 게 분명하다.[8] 로마의 엘리트층은 자연을 벗 삼았고, 논문집과 백과사전에 요약되어 있는 당시의 그리스 자연철학들(스토아학파, 에피쿠로스학파, 신플라톤주의 등)을 개략적으로는 접할 수 있었다.[9] 그러나 그리스어를 읽을 수 있는 로마의 식자층도 그리스의 수학이나 자연철학의 복잡한 내용을 이해한다거나 이들을 발전시키는 데는 관심이 없었다. 라틴어만 읽을 줄 아는 사람은 그리스의 과학, 수학, 의학 저서들을 거의 이해할 수 없었다.[10] 로마인들의 지적 역량을 고려해보면, 특히 중세 시대의 이슬람 문명과 라틴 문명을 비교해보면 로마인들은 그리스 과학을 별로 활용하지 않았다는 것을 알 수 있다. 근거 없는 통념을 만들어내는 사람들의 기준을 활용한다면 아우구스투스 시대(재위 기원전 27~기원후 14) 로마 과학이 급격하게 쇠퇴했다는 것을 누구나 쉽게 지적할 수 있을 것이다. 워커의 도표에서 그리스 문화에서 로마 문화로 이어지는 시기의 급격한 상승 곡선은 잘못된 것이다.

이런 상황이 중세 초기 라틴 서쪽 지방의 지식인들에게 어떤 영향을 미쳤을까? 당시 서양 지식인들이 알고 있던 과학은 고대 알렉산드리아의 과학에 비하면 거의 쓸모가 없을 정도로 심각한 결점을 갖고 있었다. 그렇게 형편없던 과학이 어떻게 쓸모 있게 되었을까? 로마 식민지 개척자들은 대부분의 그리스 과학 서적들을 번역하지 않은 채 내버려두었기 때문에, 라틴어만을 읽을 줄 아는 사람이 이런 저작물에 접근한다는 것은 거의 불가능했다. 이런 상황은 콘스탄티누스 1세(272~337)가 4세기에 기독교를 공인할 때까지 전혀 변하지 않았음이 분명하다. 로마의 기독교인들은 그리스 과학에는 미온적이었지만, 주변 문화는 있는 그대로 받아들여 깊이 고찰했다.

중세 초기에 라틴 지방에는 무슨 일이 있었을까? 근거 없는 통념과는 달리, 고대 말~중세 초의 인물이며 고대 로마 가문 출신으로 고위 관직에 있던 보에티우스(480?~524/525)는 그리스의 자연과학과 수학 서적들을 라틴어로 번역하는 방대한 계획을 세웠다. 하지만 그의 이런 계획은 기독교 신자이자 동고트 왕국의 대왕이었던 테오도리크(454~526)가 그를 처형하면서 끝을 맺고 말았다. 보에티우스가 이런 일을 당하지 않았더라도, 당시 상황에선 기독교를 신봉하는 또 다른 미개한 왕이 나타나 학문을 억압했을 것이다. 잘못된 역사는 너무도 이해하기 힘들다.

　중세 시대 라틴 지방의 과학에 대한 태도를 알아보기 위해서 10세기에서 11세기로 넘어가는 시점을 기준으로 전후를 두 시기로 나눠보자. 중세 초기와 다음 시대 사이에 주요한 제도적 차이점 중 하나는 지적 교육과 교육과정에 있다. 실제로 한 집단의 지배체제에 변화가 생기면, 그 집단의 관심사도 바뀌게 된다.

　5세기부터 11세기까지 라틴어에 익숙한 학자들(주로 기독교 성직자들)은 최선을 다해 라틴어로 된 서적들을 수집해 연구했으며, 가끔은 원래 서적을 뛰어넘는 사고의 진전을 보이기도 했다. 이때까지만 해도 그리스어로 된 서적이 번역되지는 않았기 때문에 라틴어를 사용하는 학자들이 접할 수 있는 과학 서적은 주로 백과사전이나 입문서뿐이었다. 클라우디우스 프톨레마이오스(100~168?)가 2세기에 쓴 위대한 수학 저서는 번역되지 않았다. 고로 이런 작품들이 중세 시대 초기에 읽히지 않은 이유는 '교회'가 이런 작품들을 읽는 것을 반대했기 때문이 아님은 분명하다(교회는 이를 반대하지 않았다). 오히려 로마제국은 그리스의 과학 저작을 번역하기보다는 그것을 무시하기로 한 듯하다. 그렇다면 왜 사람들은 과거 로마의 식민지였던 서쪽 국가들이 로마에서 물려받은 한계를 즉각 넘어섰다고 생각하는 것일까? 결과적으로 그들이 로마의 한계를 넘어선 것은 사실이지만, 오랜 시간이 흐른 후였다.

호기심으로서의 번역

　이런 상황과는 반대로 초창기 근대과학의 발전을 뒷받침했던 중세 시대의 중요한 두 가지 작업은 높이 평가할 만하다. 즉 8세기 말부터 시작된 그리스어 필사본을 아랍어로 번역하는 작업과 이후 아랍어본을 라틴어로 번역하는 작업이다. 각 번역 작업에 들어간 노력은 로마인들의 노력을 미미한 것으로 보이게 했다. 이처럼 하나의 과학 작품이 2개 언어로 번역됐다는 것은 중세 아랍 문명과 라틴 문명에서 그리스 과학이 그만큼 중요했다는 강력한 증거이다. 유클리드의 『원론Elements』은 다른 핵심적인 과학 서적들과 마찬가지로 번역되자마자 중세 아랍 문명과 라틴 문명으로 넓게 퍼져나갔다. 중세 과학이 무가치하다는 통념은 분명 모순적이다. 중세 문명이 가치가 없는 것이라면, 두 문명의 지식인들이 과학에 아무 관심이 없었더라면 굳이 왜 시간을 써가면서 난해하고 복잡한 작품을 번역했을까?

이슬람 문명이 그리스 과학을 전용함으로써 세계 역사는 전례 없는 발전을 이루게 됐다.[12] 8세기와 9세기에는 칼리프(caliph, 과거 이슬람 국가의 통치자의 지원을 받은 학자와 지식인 들)이 의학, 자연과학, 천문학, 점성술, 수학 그리고 수리과학에 관한 그리스와 시리아의 필사본을 찾아내 번역했다.[13] 12세기부터 14세기까지 이슬람 과학은 실질적으로 많은 발전을 이룩해 그들이 가져와 연구했던 그리스 과학을 훨씬 뛰어넘게 됐다.

게다가 이슬람 과학이 이런 성공을 거두었다는 소문에 자극을 받은 라틴 유럽은 이와 유사한 번역 작업에 착수했다. 10세기에서 12세기 사이에는 수많은 개인들이 중요한 과학 서적들을 찾아내고 이를 번역했다. 크레모나의 제라드(1114?~1187?)는 아랍어를 배워 프톨레마이오스가 쓴 천문학 서적 『알마게스트Almagest』를 최초로 라틴어로 번역했고, 80권이 넘는 과학, 의학 서적을 유대인이나 이슬람교도들과 함께 번역했다.[14] 이렇게 아랍어로 번역된 책들을 많은 사람들이 찾아 읽었고, 과학 지식에 대한 그들의 욕구를 충족시켰다.

과학에 필수적인 두 가지 기관인 천문대와 대학이 중세 시대에 발전했다. 특히 대학은 교육과정을 통제하고 관리하는 장소로서, 사람들로 하여금 많은 과학 지식을 쉽게 접할 수 있게 하는 중요한 변화를 일으켰다. 이 두 기관이 발전함으로써 과학적 역량이 양적으로 크게 성장했으며 사회적으로도 많은 변화를 초래하게 되었다.

12세기 후반쯤에는 주교와 수도원장이 가졌던 교육 관리 권한이 약화되기 시작했다. 이 권한은 예술계의 장인에게로 옮겨가 이들은 전례 없는 규모로 길드와 조합(법률 용어로는 유니버시타스universitas이다)을 만들기 시작했다. 조합을 통해 이들은 법적으로 자치권을 행사할 수 있게 되었다. 후에 '대학'으로 불리게 되는 이 기관은 지역 주교와 통치자로부터 행정적으로 독립되었으며, 학위를 받기 위한 조건과 교육자가 되기 위한 자격 요건을 정했다. 그들이 선택한 교육과정은 주로 그리스, 아랍, 페르시아의 과학, 자연철학, 의학 그리고 수학 서적을 번역하는 데 초점이 맞춰져 있었다. 주로 지적인 성향의 비기독교도나 신앙을 갖고 있지 않은 자들이 그들의 호기심을 자극하는 작품을 번역하는 데 나섰다. 그들은 아리스토텔레스(기원전 384~기원전 322), 유클리드, 프톨레마이오스, 알킨디(801?~873), 이븐 알하이삼(965?~1040?), 아베로에스(1126~1198) 등을 번역했다.

대학은 자연철학과 관련 과목들을 강조함으로써, 해당 분야의 지식인이 양적으로 성장하는 데 기여했다. 한 통계치에 따르면, 당시 대학에서 이루어진 '교양arts' 교육과정의 30퍼센트는 자연계에 관한 지식을 전달하는 것에 초점을 맞추고 있었다.[15] 대학생들은 연산, 기하학, 비율 이론, 기본 천문학 그리고 신新광학 과목의 수업을 들었다.[16] 대학마다 특화된 과학 분야에서 명성을 얻었다. 옥스퍼드 대학교는 광학 분야,

옥스퍼드 대학교와 파리 대학교는 역학, 볼로냐 대학교와 파도바 대학교, 몽펠리에 대학교는 의학, 크라쿠프 대학교와 비엔나 대학교는 천문학으로 유명했다.

앞에서 열거한 목록에서 짐작할 수 있듯 대학교의 수는 1500년도까지 약 60개로 빠르게 증가했다. 사립대학 등록자 수 또한 빠르게 증가했다. 15세기 중반까지 대학에 입학하는 학생의 수가 급격하게 증가해, 19세기 말에서 20세기 초반 전까지 대학생의 수는 15세기 중반 당시의 학생 수를 초과하지 않았다.[17] 1350년경에서 1500년경 사이에는 독일에서의 대학생 수만 25만 명이 넘었다. 요컨대 유럽에서 중세 말기는 질적인 면에서나 양적인 면에서 과학 문화가 자리를 잡은 시기였던 것이다. 대학을 졸업했든 그렇지 않았든 상관없이 많은 사람이 일상생활에서 그리스·아랍 과학 문화와 토착 과학 문화를 쉽게 접할 수 있었고, 자연철학과 수리과학은 대학뿐만 아니라 밖에서도 필수적으로 가르쳐야 할 과목이 되었다.

왜 이 사실이 중요할까? 고대에는 극소수의 사람들만이 과학을 탐구할 수 있었다. 우리가 생각하는 과학의 역사에서 이들이 얼마나 중요한 역할을 한 것으로 받아들여지든, 통계적으로 보면 이들은 미미한 비율을 차지한다(알렉산드리아 박물관은 특별한 경우다).[18] 대학의 등장을 통해 과학교육은 지적 지형에서 영구적이고 유망한 위치를 차지하게 되었다. 니콜라우스 코페르니쿠스(1473~1543)는 중세 암흑기에 태어나 멀리 떨어진 고대 이탈리아의 지식을 공부하며 학문을 연마한 고독한 천재가 아니다. 이미 수차례 개정되어 널리 보급된 그리스, 아랍, 그리고 라틴의 과학 지식을 대학에서 수학하고, 이를 비평하는 교육을 받았던 수많은 학생 중 한 명이다(통념 3 참조).

콜럼버스 이전에 지리학자를 비롯한 지식인들은 지구가 평평하다고 생각했다

레슬리 B. 코맥

어린이들이 자라면서 가장 오랫동안 가지고 있는 잘못된 생각 가운데 하나는 콜럼버스가 당시에 지구가 둥글다고 생각한 유일한 사람이라는 것이다. 즉 다른 사람들은 모두 지구가 평평하다고 생각했다는 것이다. 우리는 "지구 끝에서 떨어진다는 두려움 없이, 지구 끝으로 여행을 한 1492년의 선원들의 용기는 얼마나 대단한지!"라고 감탄한다.

—이선 시겔, 「누가 지구가 둥글다는 사실을 발견했는가?」(2011)

2014년 2월 15일 일요일 아침 프로그램 'CBS 뉴스 선데이 모닝'에서, [찰스] 오스굿은 미 국무장관 존 케리가 "나는 기후변화를 인정하지 않는 사람들을 이전에 지구가 평평하다고 믿었던 사람들과 다름없다고 본다"라고 한 최근 연설을 치켜세웠다.

—게리 더마, 「존 케리의 평평한 지구 학회 비난이 잘못된 이유」(2014)

중세 시대 사람들은 지구가 평평하다고 생각했는가? 구글의 검색 결과는 그렇다고 알려준다. 몇몇 인터넷 사이트가 이것이 잘못된 통념이라는 사실을 알려주긴 하지만, 수많은 인터넷상의 전문가가 이 사실을 퍼뜨리고 있는 것을 보면 이런 오해가 얼마나 오래 지속됐는지를 알 수 있다. 지구가 평평하다는 것이 한때 상식이었다는 주장은 오늘날 과학을 부정하는 사람들에 대한 정치적 은유로 사용되기도 한다. 소문에 따르면, 중세 암흑기에 살았던 사람들은 너무 무식해서(혹은 가톨릭 성직자들한테 현혹돼서, 통념 1 참조) 지구가 평평하다고 믿었다고 한다. 1000년 동안 그들은 지적 어두움 속에 갇혀 있었고 크리스토퍼 콜럼버스(1451~1506)나 그와 같은 탐험가들의 위대한 용기가 없었더라면 더 오랜 시간 암흑 속에 머물러 있어야만 했을 것이다. 결국 근대적 모험 정신과 경제적인 목적에 동기를 부여받은 탐험가와 투자자들의 개척 정신과 용기 덕분에 우리는 중세 가톨릭교회가 채운 족쇄에서 풀려날 수 있었다는 것이다.[1]

이런 이야기는 어디서 왔을까? 19세기에 과학적이고 합리적인 새로운 세계관을 증진시키는 데 관심을 갖고 있던 학자들이 고대 그리스와 로마 사람들이 지구가 둥글다는 것을 알고 있었다고 주장하자, 친親가톨릭 학자들은 대부분의 중세 사상가들도 지구가 둥글다는 사실을 이미 알고 있었다고 주장하면서 이들의 주장에 대응했다.[2] 하지만 비평가들은 이런 생각을 단지 변증론辯證論으로 치부해버렸다. 이런 특정한 문제에 관한 다툼이 급속히 번졌던 이유는 무엇인가? 이는 지구를 둥글다고 이해하는 것이 근대성의 기준으로 인식되었던 반면, 지구가 평평하다는 신념은 의도적인 무지와 동일시되었기 때문이다. 어떤 주장을 펼치느냐에 따라 중세 교인들을 비난하거나 찬양하는 것이 되었다. 그래서 자연신학자인 윌리엄 휴얼(1794~1866)이나 합리주의자인 존 드레이퍼(1811~1882)와 같은 사람들은 가톨릭교가 나쁜 영향을 미쳤다고 생각했고(지구 평면설을 주장했기 때문에), 로마가톨릭교도는 이로운 영향을 불러왔다고 생각했다(근대성을 불러왔기 때문에). 앞으로 확인하겠지만, 극단적인 양측의 입장 중 어느 것도 진실을 말하고 있지는 않다.[3]

19세기 미국 역사가들이 지구가 둥글다는 것을 증명하고 근대성을 이끈(그리고 미국을 발견한) 사람이 콜럼버스와 초기 중상주의자들이었다고 주장하는 것도 지구 구형설을 근대성의 중요한 동인으로 보는 인식 때문이다. 사실 이런 생각이 세계적으로 보편화된 것은 단편소설 「립 밴 윙클Rip Van Winkle」의 작가인 미국인 워싱턴 어빙(1783~1859)이 쓴 콜럼버스 전기 때문이다.[4] 어빙은 콜럼버스에 관한 많은 주제들을 열거해놓았지만, 독자들에게 가장 강렬한 인상을 심어주었던 것은 그가 소위 지구 구형설을 증명했다는 사실이다. 현대 정치인들이 기후변화를 부인하는 것과 같은 비합리적인 언설을 할 때 그것을 지구 평면설에 비유하는 것도 지구 구형설과 근대과학적 사고가 동일시되기 때문이다.

하지만 진실은 어떤 이야기보다 더 복잡하다. 중세 시대를 통틀어 극소수의 사람들만이 지구가 평평하다고 믿었다. 이 문제에 관한 양쪽의 사상가들은 모두 기독교도(로마가톨릭 혹은 동방정교회)였고, 그들에게 지구의 모양은 진보적 혹은 전통적 관점과는 무관한 문제였다. 성직자들은 대부분 지구의 모양보다는 구원에 더 관심이 많았다(그게 그들이 해야 할 일이었다). 하지만 신의 자연 섭리는 그들에게도 중요했다. 콜럼버스는 지구가 둥글다는 사실을 증명할 수 없었는데 이미 알려진 사실이었기 때문이다. 콜럼버스는 반항적이고 새로운 사상을 가진 사람도 아니었다. 오히려 그는 신의 과업을 수행한다는 믿음을 갖고 항해를 한 성실한 가톨릭 신자였다. 15세기에 지구에 대한 관점의 변화가 일어난 것은 사실이지만, 이는 지구 평면설이 지구 구형설로 바뀐 것보다는 새로운 지도 제작법이 등장한 것과 더 관련이 있다.

고대 학자들은 지구와 천국에 대해 명확한 구형 모형을 발전시켜왔다. 아리스토텔레스, 사모스의 아리스타르코스(기원전 310~기원전 230), 에라토스테네스(기원전 273~기원전 192?) 그리고 클라우디우스 프톨레

1부 중세와 초기 근대 과학

마이오스를 포함한 모든 주요 지리학 사상가들은 지구는 둥글다는 이론을 기반으로 자신들의 지리학 및 천문학 연구를 이어나갔다. 또한 대大 플리니우스(23~79), 폼포니우스 멜라(1세기) 그리고 마크로비우스(4세기)를 포함한 로마의 주요 저술가들도 지구는 둥글 수밖에 없다는 사실을 인정했다. 그들이 내린 결론은 한편으로는 철학적이었지만(그들은 우주가 구체이기 때문에 그 중심에 있는 지구도 구체일 수밖에 없다고 생각했다), 다른 한편으로는 수학적 그리고 천문학적 추론에 근거한 것이기도 했다.[5] 이 가운데 가장 유명한 것은 아리스토텔레스의 지구 구형설에 대한 증명인데, 중세와 르네상스 시대의 많은 사상가들이 이 논증을 인용했다.

초기 중세 시대 저술가들, 특히 유럽 저술가들의 작품을 검토해보면, 지구 구형설을 지지하지 않는 예외가 거의 없다는 사실을 알 수 있다. 아우구스티누스(354~430), 히에로니무스(?~420) 그리고 암브로시우스(?~420)와 같은 초기 교부教父들도 모두 지구가 구형이라는 사실을 인정했다. 오직 락탄티우스(4세기 초)만이 반대 의견을 내놓았다. 하지만 그는 사람들이 진정한 구원의 길로 들어서는 것을 방해한다는 이유로 비기독교도의 지식이라면 모두 거부했다.[6]

7세기부터 14세기까지 자연세계에 대해 고민한 모든 주요 중세 사상가들은 "지구는 둥글다"라고 어느 정도 명확하게 언급했고, 이들 중 많은 사람이 프톨레마이오스의 천문학과 아리스토텔레스의 물리학을 자신의 연구에 접목시켰다. 예를 들어 토마스 아퀴나스(1225~1274)는 아리스토텔레스의 증명 방법을 따라 지평선을 향해 걷다 보면 별자리의 위치가 바뀌는데, 이것이 곧 지구가 구형임을 보여준다는 사실을 입증했다. 로저 베이컨(1214/1220~1294?)은 자신의 저서 『대저작Opus Maius』

(1270?)에서 지구는 둥글다는 것, 영국에서 지구 정반대 남쪽 지역에도 사람이 살고 있다는 것, 그리고 황도黃道를 따라 태양이 지나가면서 지구 곳곳의 기후에 영향을 준다는 것을 언급하고 있다. 알베르투스 마그누스(?~1280)는 베이컨의 생각에 동의했고, 마이클 스콧(1175~1234)은 "물로 둘러싸인 지구를 달걀노른자에, 그리고 구형으로 된 우주를 양파층에 비유했다."[7] 아마도 가장 영향력 있는 지리학자는 『구球에 대하여De Sphera』(약 1230)라는 책에서 지구는 구형이라는 사실을 입증한 장 드 사크로보스코(1195~1256)와 『세계지도Inago mundi』(1410)라는 책에서 지구가 구형이라는 사실을 논했던 피에르 다이(1350~1410)일 것이다.[8] 이 두 작품은 모두 엄청난 인기를 누렸다. 사크로보스코의 작품은 중세 시대 내내 기본 교과서로 이용되었고, 다이의 작품은 콜럼버스와 같은 초기 탐험가들이 주로 읽었다.

다작한 백과사전 집필자이자 자연철학자였던 중세 시대의 저술가, 세비야의 이시도르(570~636)의 연구 내용은 지구 구형설보다는 지구 평면설을 지지하는 것으로 평가되기도 한다. 그가 우주는 구체로 되어 있다고 분명히 밝히고 있음에도 불구하고, 그가 지구 자체의 모양을 묘사한 부분에 대해서는 역사가들의 의견이 서로 갈린다.[9] 이시도르는 모든 사람이 태양의 형태와 열기를 똑같이 느끼기 때문에, 즉 동시에 일출을 보게 되기 때문에 지구가 평평하다고 주장했다. 하지만 그의 설명은 지구 주위를 돌 때 태양의 모양이 변하지 않는다는 의미로 이해하는 것이 타당하다. 이시도르가 진행한 물리학과 천문학 연구의 많은 부분은 월식을 설명할 때처럼, "지구는 둥글다"라는 생각에 의존하고 있다고 해석할 수밖에 없다. 완벽한 일관성을 유지했다고 주장할 수는 없지만, 이시도르의 우주론은 지구 구형설을 계속 유지했던 듯하다.[10]

중세 시대에 인기 있던 많은 자국어 작가들 또한 지구는 둥글다는 생각을 지지했다. 장 드 맨더빌(14세기경)의 1370년경 작품인 『세상 저편에 있는 성지와 지상 낙원을 찾아서Travels to the Holy Land and to the Earthly Paradise Beyond』는 14세기부터 16세기까지 유럽에서 가장 많이 읽힌 책 가운데 하나다. 이 책에서 맨더빌은 지구는 둥글고 그래서 배가 어디든 갈 수 있다고 다음과 같이 분명하게 서술하고 있다.

> 그래서 나는 인간은 위로든 아래로든 지구 어디든 갈 수 있고, 자신의 고향으로 다시 돌아올 수 있다는 사실을 분명하게 말한다. 그리고 여행자는 항상 자신의 조국에서와 마찬가지로 사람, 땅, 섬 그리고 도시와 마을을 만나게 된다.[11]

또한 단테 알리기에리(1265~1321)는 『신곡La Divina Commedia』에서 남반구는 거대한 바다로 덮여있다고 주장하면서 지구는 둥글다는 사실을 여러 차례 묘사하고 있다. 그리고 제프리 초서(약 1340~1400)는 『프랭클린 이야기The Franklin's Tale』에서 "사람들이 둥글다고 말하는 이 드넓은 지구"라고 썼다.[12]

지구 구형설을 전적으로 부인하는 중세 저술가들 중 한 부류는 신학의 안디옥Antioch 학파에 그 기원을 둔다.[13] 그중 가장 많이 알려진 사람은 6세기 비잔티움의 수도사였던 인도 항해자 코스마(약 550)인데, 그는 당시 유태인과 동양의 전통 사상인 지구 평면설에 영향을 받은 것으로 보인다. 코스마는 지구를 우주 밑바닥에 위치한 고원 혹은 대지로 생각하는 성서에 입각한 우주론을 발전시켰다. 그가 평생 얼마나 많은 영향력을 행사했는지는 알기 어렵다. 그의 논문 사본은 오늘날까지 2권만 전해져 오는데, 그중 1권은 코스마 자신이 만든 것이고, 나머지 1권은 중세 시대 당시 최고의 학자로 널리 알려진 콘스탄티노플의 포티우스(?~891)가 소장한 것이다.[14] 확실한 증거가 없기 때문에, 우리는 기독교회가 지구 구형설에 관한 지식을 배격했다고 주장하는 데 있어 코스마의 경우를 예로 들 수는 없다. 우리가 코스마의 작품을 통해 알 수 있는 것은 단지 중세 초기의 학문적 분위기가 이 주제에 관한 논쟁에 개방적이었다는 것뿐이다.

로마가 멸망한 때부터 콜럼버스 시대에 이르기까지, 락탄티우스와 코스마를 제외한 모든 주요 학자들과 많은 자국어 작가들은 지구의 모양에 관심을 갖고 있었고, 지구는 둥글다는 주장을 분명히 했다. 학자들은 지리학보다는 구원에 더 관심을 가졌고, 자국어 작가들은 철학적 질문에 거의 관심을 보이지 않은 듯하다. 하지만 비잔티움의 안디옥 학파를 제외한 그 어떤 중세 학자도 지구가 둥글다는 사실을 부인하지 않았고, 로마가톨릭교회는 이 문제에 관해 절대 공식적인 입장을 내세운 적이 없다.

이런 상황을 생각해 보면, 콜럼버스가 지구가 둥글다는 사실을 증명했다고 주장하는 것은 어리석은 일이다. 그럼에도 콜럼버스가 스페인 최고 대학이 있는 살라망카의 편견과 무지로 가득 찬 학자 그리고 성직자 들과 싸우고는, 자신의 생각을 증명할 수 있게 해달라고 이사벨라 여왕(1451~1504)을 설득했다는 잘못된 이야기가 사람들 사이에서 계속 떠돌고 있다. 비공식적으로 모인 학자들이 스페인의 왕과 여왕에게, 스페인 서부에서 중국에 이르는 거리가 엄두도 못 낼 만큼 먼 것은 아니므로 아프리카를 거치지 않고 직접 중국으로 가는 것이 더 빠르고 안전하다는 콜럼버스의 제안이 믿을 만한 것이 못 된다고 조언했다는 것이다. 이 만남에 대한 기록이 남아 있지 않기 때문에 우리는 콜럼버스의 아들인 페르난도(1488~1539)와 신세계에 관한 이야기를 쓴 스페인 신부 바르톨로메 데 라스 카사스(1484~1566)가 남긴 기록에 간접적으로나마 의존할 수밖에 없다. 이 2명이 남긴 기록에 보면 살라망카의 지식인들은 지구의 크기, 지구 다른 곳에서도 사람들이 살고 있을 가능성 그리고 적도의 열대지방을 통과해 항해를 할 수 있는 가능성과 같은 당시 쟁점 사안에 대해 잘 알고 있었다. 그들은 콜럼버스의 생각이 이전 사람들보다 더 나은 것이며, 콜럼버스가 자신들이 제안한 항해를 해낼 가능성이 있다고 주장했다. 그들은 지구 구형설을 부인했다기보다는 오히려 이를 콜럼버스의 주장에 반론을 제기하는 데 사용했다. 그들은 둥근 지구는 콜럼버스가 주장하는 것보다 더 크며, 그가 계획한 세계 일주 경로는 너무 길어 성공하기 힘들다고 주장했던 것이다.[15]

피터 마티어(1457~1526)는 『신세계에서의 수십 년Decades of the New World』(1511)의 서문에서 콜럼버스의 업적을 찬양하면서, 콜럼버스는 적도가 통과할 수 있는 지역이라는 것, 한때 물로 뒤덮여 있다고 생각했던 그곳에도 사람과 땅이 있다는 사실을 증명했다는 점을 언급했다. 하지만 콜럼버스가 지구가 둥글다는 사실을 증명했다는 언급은 그 어디에도 없다.[16] 만약 콜럼버스가 의심하던 학자들에게 이 점을 실제로 증명했다면, 피터 마티어는 분명 이를 언급했을 것이다.

지구가 둥글다는 것이 확인되는 역사적 순간의 우상으로 콜럼버스가 남기를 바라는 사람들은 일반인에게 콜럼버스가 이를 증명했다고 얘기할 수도 있다. 어찌 됐든 콜럼버스와 함께 항해했던 선원들은 지구의 끝에서 밑으로 떨어질지도 모른다는 두려움을 갖고 있지 않았던가? 하지만 사실은 그렇지 않았다. 콜럼버스의 일기에 의하면, 선원들이 갖고 있던 두 가지 주요 불만 사항은 항해 기간이 콜럼버스가 약속했던 것보다 길어지는 것, 바람이 계속 정서 쪽으로 부는 것 같아 동쪽으로 항해를 할 수 없지 않을까 하는 걱정이었다.[17]

지금까지 본 것처럼, 중세 사람들이 지구가 평평하다고 믿었다는 사실을 뒷받침할 만한 역사적 증거는 사실상 없다. 기독교 성직자들은 진실을 억압하거나 이에 관해 논의하는 것을 금지하지도 않았다. 자신이 하는 일이 신의 의지를 펼쳐 보이는 것이라고 믿었던 독실한 기독교 신자였던 콜럼버스는 지구가 둥글다는 사실을 증명한 것이 아니라, 항해 도중 우연히 하나의 대륙을 발견했던 것뿐이다.

통념 3

코페르니쿠스의
대변혁은
지구의 위상을 추락시켰다

마이클 N. 키스

지그문트 프로이트는 모든 과학적 대변혁은 다음과 같은 두 가지 특징을 가지고 있다고 멋지게 설명했다. 자연의 특성을 지적으로 재공식화하는 것과, 첨탑과 같은 꼭대기에서 오만한 지배 세력의 특권을 누리던 호모사피엔스가 흥미롭고도 드물지만 예기치 못한 자연현상을 마주했을 때 그의 위상이 강등되는 과정이다. 프로이트는 두 가지 사건, 즉 지구를 우주의 중심에서 우주의 외곽으로 추방시킨 코페르니쿠스의 발견과 인류를 신의 모습을 한 존재에서 '짐승의 일종'으로 '격하'시킨 다윈의 이론을 인류 역사상 최고의 변혁이라고 지명했다.

— 스티븐 제이 굴드, 「다윈의 보다 위풍당당한 저택」(1999)

　　많은 사람이 니콜라우스 코페르니쿠스가 인간을 '우주의 중심'이라는 영광스런 자리에서 끌어내렸고, 이로 인해 인간의 존엄성에 대한 종교의 교리가 의심을 받게 되었다고 믿고 있다. 하지만 이런 신념은 잘못되었다. 가톨릭교회 참사회원이었던 코페르니쿠스는 신이 '우리를 위한' 우주를 '만들었다'고 자신의 생각을 천명하면서, 그의 태양 중심 천문학을 기독교 신앙과 양립할 수 있는 것으로 생각했다.[1] 태양 중심 천문학을 옹호하는 대부분의 근대 초기 학자들 또한 성경과 새로운 천문학이 조화를 이룰 수 있다는 데 공감했다. 하지만 몇몇 17세기 대중 저술가들이 반종교적 이야기를 만들어내면서 이 이야기가 정통 교과서에 자리 잡아버렸다.

코페르니쿠스가 인간의 위상을 추락시켰다는 통념은 전근대적 천동설(지구 중심 천문학)이 인간 중심적 관점anthropocentrism, 인간을 우주의 중심으로 하는 생각이었다고 가정한다. 하지만 보통 갈릴레오 갈릴레이(1564~1642) 시대까지 이어졌다고 추측되는 고대 그리스의 지구 중심적 관점에서 지구는 우주의 바닥에 위치해 있었다. 이는 영광스런 위치가 아니었다. "위쪽"은 감히 범접할 수 없는 고귀한 천국이었고, "아래쪽"인 이곳 지구는 모든 것이 무너져 내리는 곳이었다. 영국의 문학자인 C. S. 루이스(1898~1963)는 우주에서의 인간의 위치에 대한 중세의 관점이 '인간 주변적anthropoperipheral'이라고 요약했다.[2] 1610년 갈릴레오의 다음 글은 당시의 이런 지구관을 잘 드러낸다. "나는 지구가 움직인다는 사실과, 지구는 우주의 쓰레기를 비롯한 하찮은 것들이 모이는 웅덩이가 아니라는 사실을 증명할 것이다."[3] 갈릴레오의 태양 중심설은 단테 알리기에리가 지옥과 연결지어 생각했던 더러운 우주의 중심에서 인간을 떼어내는 역할을 했던 것이다.

요하네스 케플러(1571~1630)는 이런 진취적 사고에서 한발 더 나아가 다음과 같이 말했다. "인간이 창조되었다는 생각이 자리를 잡으면서 인간은 직접 측정할 수 없는 사물을 측정하기 위해 '삼각 측량법'을 이용하는 '측량사들'처럼 행동하게 되었다. 우리는 더 이상 우주의 중심에 머무를 수 없게 되었다."[4] 행성 간 거리 측정 시, 케플러는 지구를 우주의 중심이라고 가정했을 때보다 지구가 움직인다고 가정했을 때 측정이 더 정확하다고 생각했다. 케플러는 지구가 과학적 발견을 위해 만들어진 것이라고 주장했다. 케플러는 지동설을 지지했지만, 그 역시도 (코페르니쿠스의 영향을 받아) 태양을 '우주의 중심' 혹은 '왕의 자리'라고 불렀다.[5] 태양이 '중요한 중심부'라는 이 새로운 표현은 17세기 중반 코페르니쿠스가 인간의 위상을 추락시켰다는 통념의 기원이 되었다.

오늘날 우리에게 '행성 운동에 관한 3가지 법칙'으로 잘 알려진 케플러는 코페르니쿠스의 우주관을 따른 첫 교과서인 『코페르니쿠스 천문학 개요Epitome of Copernican Astronomy』에서 천문학과 기독교의 조화로운 모습을 제시했다. 이 책에서 케플러는 우주의 물리적 실체는 변하지 않는 것이라는 아리스토텔레스의 관점에 처음부터 의문을 제기하면서 "천체의 특성이 가변적이라는 사실"을 주장하고 있다.[6] 케플러는 시편 102장 25절과 26절을 언급하면서, 천체와 지구가 "의복처럼 닳아 없어지는" 특성을 지닌다고 표현했다. 그는 천체와 지구는 영원한 존재가 만든 우주의 제한적 움직임에 통합된 존재라고 주장했다.

지구를 하나의 '행성'으로 보는 코페르니쿠스의 생각 때문에 다른 행성에도 생명체가 있을 지도 모른다는 생각이 힘을 얻게 되었다. 케플러는 외계 지적 생명체ETI, extraterrestrial intelligence가 존재한다고 생각했지만, 이런 사실이 인간의 존엄성을 격하시키는 것은 아니라고 주장했다. 케플러 이전 중세에도 '신이 이 세상과 다른 세상에 지적 생명체를 만들어 놓았을 수도 있다'는 식으로 외계 지적 생명체의 존재 가능성을 염두에 두고 있었다. 이런 생각을 하던 스콜라철학자들 가운데 몇몇은 신이 실제로 다른 세상을 만들었을 수도 있고 이것이 인간의 존엄성을 해치는 것은 아니라고 말했다.[7] 최근 조사를 봐도 오늘날 대부분 종교인은 외계 지적 생명체가 존재하더라도, 이것이 인간의 존엄성을 격하하는 것은 아니라고 생각하고 있다. 신학자 테드 피터스(1941~)는 다음과 같이 말했다. "외계 생명체와의 접촉을 통해 종교의 위기가 올 수 있다고 답한 사람은 놀랍게도 자신을 비종교인이라고 응답한 사람들이었다. 자기 자신들이 겪을 위기는 아니지만 다른 사람들이 겪을 수도 있다는 것이다."[8] 세속적인 근대인이 동시대의 종교인들을 생각하며 발명한 외계 지적 생명체 '위기'는 코페르니쿠스 통념을 보다 그럴듯하게 만들었다. 실제로 케플러 이후 세대가 외계 지적 생명체의 존재를 추측하기 시작하면서 코페르니쿠스가 인간의 존엄성을 격하시켰다는 통념이 널리 퍼졌다.

대大 코페르니쿠스 클리셰

과학사학자 데니스 대니얼슨(1949~)은 코페르니쿠스가 인간의 존엄성을 격하시켰다는 통념을 17세기 표현에 따라 '대 코페르니쿠스 클리셰great Copernican cliché'라 표현했다.[9] 외계 지적 생명체의 가능성에 쌍수를 들고 환영한 초기의 중요한 예는 베르나르 르 보비에 드 퐁트넬(1657~1757)이 쓴 『우주의 다양성에 관한 담론Entretiens sur la pluralité des mondes』(1686)에서 찾을 수 있다. 퐁트넬의 화자는 "우주에서 최상의 자리에 있던 인간의 무가치함을 겸허하게 수용하게 한" 코페르니쿠스의 천문학을 매우 기쁜 마음으로 받아들인다.[10] 대니얼슨은 다음과 같이 설명한다.

장엄한 태양이 우주의 중심에 있다는 생각을 하자, 그 위치는 매우 특별한 것처럼 보였다. 따라서 우리는 태양이 우주의 중심이라는 코페르니쿠스의 위대한 발견 이후에도 코페르니쿠스 이전의 관점으로 우주의 중심을 이해하려는, 다소 시대착오적인 판단을 하고 있다고 볼 수 있다. 하지만 나는 코페르니쿠스 클리셰는 어찌 보면 순진한 혼동 이상의 것이 아닌가 하는 의심도 든다(아직 입증할 수는 없지만 말이다). 더 정확히 말하자면 코페르니쿠스 클리셰는 물질주의적 근대주의가 이전 시대를 '암흑기'로 칭함으로써 자신의 오만함을 가리는 자기만족적 이야기가 아니냐 하는 것이다. 퐁트넬과 그의 후계자들이 이 우화를 언급할 때 전혀 사심이 없었다고 할 수는 없다. 그들이 코페르니쿠스가 불러일으킨 격하를 '매우 기뻐한' 것은 의심의 여지가 없기 때문이다.[11]

비록 코페르니쿠스 통념이 생긴 것은 17세기 중반이었지만, 이런 견해가 영어로 된 천문학 교과서에 들어간 것은 과학이 종교적 미신을 극복했다는 내용이 교과서 일반에서 중요한 위치를 차지한 19세기에 들어서였다.

한때 미 해군에서 수학 강의를 했던 허레이쇼 N. 로빈슨(1806~1867)은 자신의 저서 『천문학 논문Treatise on Astronomy』에서 초기 코페르니쿠스 지지자들을 반종교적 투사로 묘사했다.

> 진정한 태양계는 코페르니쿠스의 태양계다. 하지만 오늘날 간단하고 합리적이며 모든 문제를 해결할 능력을 갖고 있는 것처럼 보이는 이 이론도 나오자마자 즉각 받아들여진 것은 아니다. 당시 사람들은 만물의 영장인 인간을 신이 창조한 최고의 피조물이라고, 인간이 살고 있는 지구를 가장 중요한 천체라고 여겼다. 만약 지구가 위엄 있는 위치에서 보잘것없는 위치로 추락한다면 인간의 위엄과 헛된 자부심도 이와 함께 추락할 수밖에 없다는 두려움이 있었다. 아마도 이것이 이 이론에 반대하는 원인이 되었을 것이다.[12]

하지만 로빈슨의 생각과는 반대로 근대 초기 천문학자들은 신학적 이

1부 중세와 초기 근대 과학

유가 아니라 주로 과학적 이유를 들어 지동설을 반대했다. 갈릴레오가 활동하는 동안 발표된 티코 브라헤(1546~1601)의 지구 중심 태양계 모형은 당시 물리학 이론에 잘 부합했고, 금성이 태양 주위를 돌고 있음을 보이는 금성의 위상 변화와 같은 관측 결과도 잘 설명했다. 티코 모형에서 태양과 하늘에 고정되어 있는 별들은 지구 중심 궤도를 돌고 있다. 행성들은 자신들의 (운동하는) 중심인 태양 주위를 돈다. 비록 아이작 뉴턴(1643~1727)의 물리학이 티코의 우주론을 대신하긴 했지만, 코페르니쿠스 모형의 많은 문제점은 1849년 로빈슨의 교과서가 나올 때까지는 해결되지 않은 채 그대로 남아 있었다.[13]

1615년 4월 로버트 벨라르미네 추기경(1542~1621)이 갈릴레오에게 보낸 중요한 편지에는 근대 초기 코페르니쿠스 우주관에 반하는 과학적 합의가 이루어진 것에 신학이 중요한 근거를 제공하지 않았다는 역사적 평가가 타당함을 증명한다. 종교재판을 담당하는 주요 가톨릭 신학자였던 그는, 만약 코페르니쿠스의 학설이 '정확한 설명'을 통해 확실하게 입증됐더라면(그는 이 과정이 극히 잘못됐다고 여겼다), "사람들은 이 학설과 반대인 것으로 보이는 성서에 대한 설명을 신중하게 이어나갔을 것이다"라고 설명했다.[14] 하지만 갈릴레오는 코페르니쿠스적 시스템을 증명하는 데에는 분명 실패했다. 억압적인 종교가 아니라 설익은 과학의 책임이었다. 코페르니쿠스의 세계관이 인간 존엄을 시험대에 올려놓았다는 로빈슨의 1849년 이야기는 벨라르미네의 편지 어디에서도 찾아볼 수 없다. 실제로 이 통념은 가톨릭과 거의 아무 상관이 없고 역사에 남겨진 당혹스런 이야기에 가깝다.

널리 퍼지는 코페르니쿠스 통념

로빈슨의 교과서가 출간되고 한 세기가 지나 출간된 세실리아 페인가포슈킨(1900~1979)의 『천문학 개론Introduction to Astronomy』(1954)은 이후의 발견들을 포함해 코페르니쿠스 통념을 더욱 확장시켰다. 그녀는 "천문학 지식이 발전하면서 지구, 태양 그리고 항성계는 이른바 유일하면서도 중심적인 자리에서 끊임없이 추락하고 말았다"라고 주장했다.[15] 2년 앞서 헤르만 본디(1919~2005)는 자신의 저서 『우주론Cosmology』에서 점점 확대되어가는 코페르니쿠스 통념을 보충 설명하기 위해 '코페르니쿠스 원리'라는 용어를 만들어냈다.[16] 본디가 만들어낸 '코페르니쿠스 원리'라는 용어가 어떻게 새로운 방법으로 코페르니쿠스 통념에 새로운 숨결을 불어넣었는지 알아보자.

오늘날 대부분의 천문학 교과서에 이 확장된 통념이 지속적으로 등장하고 있다. 천문학 입문서로 널리 읽히는 『우주관The Cosmic Perspective』(2014)의 서문을 쓴 헤이든 천문관의 관장 닐 디그래스 타이슨(1958~)은 코페르니쿠스의 업적을 수치스런 과학적 발견의 첫 사례로 규정하고 있다. 역설적이게도 인간은 여전히 특별한 존재로 남아 있다고 타이슨은 주장한다. 어떻게? 그에 따르면 "그 우주관이 종교적인 것이 아니라 정신적인, 심지어 구원적인 것"이기 때문이다. 타이슨은 인간 위상의 추락이 우리를 무지에서 구하고 세속적인 정신을 제공해주기 때문에 구원의 성격을 띠고 있다고 믿는다. 그는 자신이 관장으로 있는 헤이든 천문관에서 천체의 모습을 바라보면서 느낀 감정을 다음과 같이 표현했다.

나는 살아 있음을, 활기가 넘침을 그리고 우주와 연결되어 있음을 느

껀다. 무게가 3파운드밖에 되지 않는 인간의 뇌로 우주에서 우리의 위
치를 파악할 수 있다는 사실을 알고는, 내 자신의 존재가 매우 크다는
사실을 느낀다.[17]

사회학자 일레인 하워드 에클런드는 이런 대중적 영혼관이 과학자들
사이에서 일반적으로 공유되는 관점임을 최근 지적했다. 영적으로 고
양감을 느끼는 과학자 가운데 22퍼센트는 자신을 무신론자로, 27퍼센
트는 불가지론자不可知論者로, 그리고 나머지(51퍼센트)는 유신론자로 생
각한다고 답했다. '영적인' 무신론자 과학자들은 자연에 대한 경외감을
경험했다고 답했는데,[18] 이처럼 자연주의적 영성을 고상한 것으로 만드
는 현상은 오늘날의 많은 천문학 교과서에 등장하고 있다. 공교롭게도
이는 인간의 권위가 추락했다는 보편적 믿음과 연결되어 있다.[19]
　데니스 대니얼슨은 이런 영혼관이 코페르니쿠스부터 시작된, 인간의
권위가 추락했다는 통념으로 인해 정당화된다고 분석한다.

　　하지만 이런 권위의 추락이 '인간'을 우주에서의 위상 면에서나 형이상
　　학적인 면에서나 덜 중요한 존재로 만든 동시에, 우리를 탁월한 우월성
　　을 지닌 현대 '과학적' 인간으로 만들기도 했다. 실제로 인간 권위의 추
　　락은 "우리가 그렇게 특별한 존재가 아니라는 사실을 알았기 때문에, 우리는
　　진정 매우 특별한 존재다"라는 점을 선언하고 있는 것이다. 이런 근대 이
　　데올로기는 인간중심설을 지금은 이론의 여지없이 혹평을 받고 있는
　　지구중심설에 대한 믿음과 동일시함으로써, 지구 혹은 지구인들이 실
　　제로 우주에서 특별한 존재일 수도 있다는 논리적이고 중대한 질문을
　　무가치하고 유치한 것으로 만들어버린다. 대신 근대 이데올로기는 (굳

이 설명하자면) 인간은 우주의 침묵에 맞서 영웅적으로, 결국 무의미한 시도가 될 것임을 알면서도 의연하게 자신의 위상을 끌어올리는 특별한 존재임을 실존주의적인 혹은 지극히 프로메테우스적인 용어로 설명한다.[20]

대니얼슨의 논평은 19세기 이후 만연하고 있는 인간 권위의 추락(하지만 미묘한 권위 상승)이 천문학 교과서에 서술되고 있음을 정확히 지적하고 있다. 대니얼슨의 분석을 고려해 에릭 체이슨과 스티브 맥밀런의 천문학 입문서를 살펴보자.

> 우리의 선조들이 지구는 우주에서 특별한 역할을 하고 있으며 모든 것의 중심에 있다고 생각하던 때가 있었다. 우주에 대한(그리고 우리 자신에 대한) 우리의 관점은 이 시기 이후 급격한 변화를 겪었다. 인간은 우주의 중심 자리를 빼앗기고 별 볼 일 없는 은하계 변방으로 밀려났다. 하지만 대신 우리는 과학적 지식이라는 재산을 얻게 됐다. 이런 일이 어떻게 발생했는가에 대한 이야기가 바로 과학 부흥의 발원이 되는 이야기다.[21]

"별 볼 일 없는 은하계 변방"이라는 표현은 곰곰이 생각해볼 만하다. 이 표현은 코페르니쿠스 통념의 확장이 오늘날 지구의 중요성을 과학적으로 평가하는 데 얼마나 큰 영향을 미치는지를 보여주고 있다. 천문학자 기예르모 곤살레스와 도널드 브라운리가 2001년의 논문에서 "은하 생명체 거주 가능 지역GHZ, galactic habitable zone"을 소개한 이후, 천문학 연구는 대체로 하나의 은하계 안에는 제한적이긴 하지만 생명체가 존재할 가능성이 있는 지역이 있다는 것을 확인하는 방향으로 흘러가고 있다.[22] 지금 대부분의 천문학 교과서는 GHZ에 대해 논의하고 있고, 은하 중심부 가까이에 있는(혹은 은하 중심부에서 너무 멀리 떨어져 있는) 행성은 여러 이유로 생명체가 존재할 수 없을 것이라는 사실을 인정하고 있다. 하지만 이상하게도 방금 전에 언급한 논문을 포함한 대부분의 교과서는 아직도 지구가 우리 은하의 중심에 위치해 있지 않다는 것을 모욕적인 위상 추락의 맥락에서 설명하고 있다. 위상 추락 서사는 합당한 증거도 들지 않고 우리가 살고 있는 GHZ 구역의 중요성을 손상시키고 있는 것이다.

우리 은하의 중심에서 벗어나 있는 지구의 위치에 대한 모욕적인 해석은 1918년 은하의 크기를 알아낸 할로 섀플리(1885~1972)까지 거슬러 올라간다. 대부분의 천문학 교과서는 아직도 섀플리의 발견을 찬양하고 있으며, 그리고 그가 주장한 형이상학적 의미를 계속 견지하고 있다. 전통적인 천문학 교육 서적은 우리가 앞에서 살펴본 1954년 페인가포슈킨의 교과서까지 거슬러 올라간다. 섀플리가 페인가포슈킨의 박사과정 지도교수였고 하버드 대학교 동문이었다는 것은 사실 놀랄 일이 아니다. 한 주요 섀플리 연구자는 칼 세이건에 앞선 미국의 유명인사 천문학자 섀플리가 "평생에 걸쳐 인간 중심적 사고를 맹비난했다"고 말한다.[23]

섀플리가 인간 중심설을 반대하는 운동을 벌인 이후, 인간 중요성에 대한 과학의 평가는 몇 번의 새로운 전환점을 맞이했다. 최근 NASA 발표문은 이에 관한 모든 것을 설명하고 있다. 에릭 체이슨과 스티븐 딕과 같은 선두 우주생물학자들의 글들이 발표된 이후 NASA 과학자인 마크 루피셸라(루피셸라는 딕과 다음에 인용되는 책을 공동 편집했다)는 다음과 같이 썼다.

우주의 위상 상승? 과학자와 사상가 들은 인간의 '엄청난 추락'을 언급하는 것을 좋아했다. 코페르니쿠스부터 현대 우주론에 이르기까지 (인간이라는 지적 생명체의 존재 자체가 물리계의 특성을 설명한다는 '인류 지향 원리anthropic principle'와, 스티븐 와인버그가 1987년 인류 지향 원리에 기반해 우주의 팽창에 결정적인 영향을 미치는 우주 상수가 10^{120} 정도의 정밀도로 미세 조정되어 있음을 설명한 '미세 조정fine tuning' 탐구는 예외인 듯하지만), 인류는 우주의 영광스러운 자리에서 밀려나면서 위상이 추락하고 말았다. 하지만 이제부터는 인류의 위상을 드높여야 할 시기다. 인류 지향 원리의 혼란을 넘어서, 우주의 궁극적인 본질에 대한 합목적적 가정이나 주장에 의존하지도 않고 말이다. 독자적인 힘으로 일구어낸 우주 문화의 발전은 우리의 삶, 지성 그리고 문화가 우연히 발전한 것일 수 있다는 가능성을 남기지만 그럼에도 이런 발전이 매우 큰 의미를 가진다는 것에는 의심의 여지가 없다. 강하게 말하면 문화적 발전은 우주의 입장에서 무한한 중요성을 가지는 것일 수도 있다. 우주에서의 우리의 위치 및 기원과 우리의 우주적 잠재력이 혼동되어서는 안 된다.[24]

'우리의 우주적 잠재력'이라는 열정적인 관점은 19세기 이후 천문학 교과서를 지배하고 있는 권위 추락 서사를 압도할 수 있을까? 제프리 O. 베넷은 그의 저서 『우주관』에서 이미 세이건의 주문呪文과 비슷한 타이슨의 주문, "우주적 관점은 종교적인 것이 아니라 정신적인, 심지어 구원적인 것이다."[25]라는 구호를 받아들였다. 인간 존엄성에 대한 중세적, 코페르니쿠스적 그리고 케플러적 설명과 비교해보았을 때, 문화 발전의 '구원적' 효과 혹은 '무한한 중요성'과 같은 21세기의 선언은 우주론에 대한 겸손함을 포기한 것이었다.

대 코페르니쿠스적 모호함

코페르니쿠스가 인간의 존엄성을 추락시켰다는 통념이 어떻게 교과서의 주요 부분을 차지하게 되었을까? 체이슨과 맥밀런의 『오늘날의 천문학Astronomy Today』(2014)이 하나의 단서를 제공한다. 코페르니쿠스 체계에 대한 증거를 연구하고 난 후, 두 저자는 다음과 같이 분명하게 말한다. "오늘날 이에 대한 증거는 압도적이다." 하지만 그들은 다음과 같은 주장을 이어나간다. "지구가 우주에서 매우 중요한 위치에 있다는 생각이 사라진 것은 오늘날까지도 코페르니쿠스 원리 덕분인 것으로 잘 알려져 있다. 이는 현대 천체물리학의 기초가 되었다."[26]

과학과 종교 간의 갈등에 관한 다른 통념과는 달리, 코페르니쿠스 원리는 코페르니쿠스를 과학계의 성인 반열에 올려놓은 천문학 '원리'로 신성시되고 있다. 더 이상 반박이 불가능한 지동설이 우주에서의 인류 가치가 하찮다는 것을 확실히 증명하는 것처럼 말을 얼버무리는 것이 이들의 수사학적 전략이다. 코페르니쿠스의 이름 하에서, 두 주장 모두 증거는 '압도적'인 것으로 선언된다. 대부분의 독자는 이 과정에서 이들이 말을 어떻게 얼버무리고 있는지 눈치채지 못하고 있는 것이 분명하다. 코페르니쿠스의 지동설을 상찬할 때, 정작 코페르니쿠스 자신(실제로는 대부분의 근대 초기 천문학자들)은 이 통념까지는 받아들이지 않았다는 것을 기억하도록 하자.

통념 4

연금술과 점성술은 과학에 기여한 바 없는 미신적인 연구 행위였다

로런스 M. 프린사이프

무의미한 연금술은 서양 세계에 많은 해악을 끼쳤고, 지금도 어리숙한 사람들에게 나쁜 영향을 주고 있다.

—조지 사턴, 『과학의 역사』(1952)

연금술사들은 오래된 환상에 새로운 환상을 쌓아올리는 것이 어리석고 잘못된 행동이라는 것을 인정하지 않고 자기기만에 빠지기 시작했다. 그들은 대부분 어리석거나, 정직하지 못하거나 아니면 이 두 가지 모두에 해당되는 인물들이다(연금술사들은 보통 이 두 가지 성격을 동시에 드러낸다).

—조지 사턴, 「보일과 벨: 회의적 화학자와 회의적 역사가」(1950)

영향력 있는 과학사학자 조지 사턴(1884~1956)의 책 한 구절이 보여주듯이, 점성술과 연금술은 매우 어리석고 비합리적인 연구 행위로 이해되고 있다. 많은 사람은 이들을 현대 천문학과 화학의 발전을 지연시킨 '과학 이전의' 어리석은 행동으로 생각한다. 하지만 이런 생각은 18세기 이전 연금술과 점성술의 전성기 때 이 학문들의 취지와 활동에 대한 오해에서 발생한 잘못된 통념이다. 비록 점성술과 연금술 초기의 가정들 중 몇 가지는 근대에 와서 틀린 것으로 밝혀지긴 했으나, 두 학문 모두 현대 과학 발전에 긍정적인 영향을 가져왔다는 것을 부정할

수는 없다.[1]

황도 12궁에 근거해 점을 치는 요즘 유행하는 별자리 점과 진짜 점성술을 혼동해서는 안 된다. 점성술의 하찮은 형태인 이 별자리 점은 단지 태어난 해, 즉 태양이 매년 지나가는 황도 12궁도에 근거해 한 사람의 운명 혹은 하루의 운세를 그냥 오락거리로 예언해준다. 이런 형태의 점성술과 근대 이전의 점성술 간의 유일한(그리고 빈약한) 공통점은 천체가 지구에 어느 정도 영향을 준다는 개념뿐이다. 하지만 진정한 근대 이전의 점성술은 모든 천체(태양뿐만 아니라)의 위치를 정확한 순간에(한 달 단위로 보는 것이 아니라) 파악해 가능성 있는 천체 영향의 복잡한 조합을 계산했다. 게다가 대부분의 점성술사들은 천체의 움직임이 지구와 인체에 어떤 영향을 주는지를 알기 위해 자연주의적(마법적이 아닌) 방법을 제시했다.

정확한 메커니즘과 작용 범위에 대해서 논쟁의 여지가 남아있긴 했지만, 천체가 지구에 영향을 미친다는 사실엔 의심의 여지가 없었다. 근대 이전 사람들은 어떻게 달의 위치에 따라 바닷물이 들어오고 나가는지와, 어떻게 여성의 월경주기(대체적으로 28일 주기)가 지구를 도는 달의 주기와 일치하는지를 관측했다. 태양이 하늘의 특정 지점에 이르면 날씨가 더워졌고, 그 지점에서 벗어나면 날씨가 서늘해졌다. 자침磁針은 항상 북쪽을 가리킨다. 눈에 보이지 않는 천체의 영향 없이 어떻게 이런 자연현상이 일어날 수 있을까? 미신이 아니라 자연세계에 대한 관측이 근대 이전 점성술의 토대에 놓여 있었다.

사람들은 점성술을 통해 유용한 지식을 얻으려 했다. 날씨나 자연, 인간에게 나타나는 일, 특히 인간의 건강 문제를 예측하려 했다.[2] 의학 분야에서는 그때 지배적인 영향을 미치는 천체가 신생아가 태어나는 순간 신생아의 몸에 유일무이한 특성('체질'이라고 하는)을 '각인'시킨다고 생각했다. 각기 다른 체질에 따라 그 사람의 건강함과 허약함, 특정 질병에 대한 면역력, 더불어 성격의 특성을 판단했다. 예를 들어 '차갑고 건조한' 토성의 영향이 강하게 각인된 아이는 우울하거나 나태한 성격(우리는 이를 우울질이라고 부른다)을 보일 수도 있는 것이었다. 이와 같은 진단을 참고해, 사람들은 자신에게 발생할지도 모르는 문제를 예방하기 위해 식습관, 생활 방식 그리고 행동을 조절할 수 있었고, 특정 신체 반응(그리고 이에 따른 행동)을 유발할 수 있는 천체의 정렬 현상에 대비할 수 있었다. 이러한 예측의 목적은 인간의 정신적·육체적 기질과 이에 미치는 외부 영향력을 정확하게 앎으로써, 인간의 생활과 건강을 보다 잘 조절하는 것이었다. 현대의 의사들은 유전자분석을 통해 같은 일을 하고자 한다.

발달된 점성술의 중요한 점은 "천체는 경향을 유도할 뿐이지 영향력을 강제하지는 않는다" "현명한 사람은 별의 기운을 제어할 수 있다"라고 믿었다는 것이다. 이 말은 점성술의 영향력이 우리를 제어할 수도 없고 어떤 상황을 야기할 수도 없다는 것을 의미한다. 다만 점성술의 효과를 인지하고 자유의지대로 행동하고자 한다면, 천체의 영향 하에 놓였을 때도 잘못된 결정을 내리는 상황을 피할 수 있을 뿐만 아니라 질병을 예방할 수도 있다는 생각이었다.[3]

점성술 지식을 얻으려면, 시야에 들어오는 모든 천체의 위치를 정확한 시간에 정확하게 계산해야만 했다. 이런 계산법은 12궁도(horoscope, '시간의 관측'이라는 뜻)를 파악하기 위한 것으로 복잡한 수학적, 전문적 기술이 필요했다. 그래서 진지한 점성술사들은 총명하고 숙련된 기술을 가지고 있었으며, 관찰력이 뛰어났다. 점성술 연구는 (예

1부 중세와 초기 근대 과학

컨대 구면 삼각법과 같이) 계산을 보다 편리하게 할 수 있는 새로운 수학적 도구들을 발전시키기도 했다. 사실 근대 이전에는 '수학자'라는 칭호가 보통은 점성술사를 가리키는 것이었다. 점성술은 천체의 순환과 이의 정확한 주기를 알아내고 새로운 천문학 모델과 도표를 만들어내기 위해 천체 관측 방법을 향상시킬 것을 요구하기도 했다. 만약 수년간에 걸친 과거 혹은 미래의 행성의 위치가 정확하게 계산되지 않는다면, 한 사람의 체질과 특정 시간에서 지배적 영향력을 미치는 천체를 잘못 해석해 잘못된 충고를 줄 위험성이 매우 컸다. 따라서 행성의 움직임을 매우 정확하게 관측하고 기록해야 했으며, 관측 사실을 설명하고 더 정확하게 예측하기 위해 천문학 모델을 계속 개선해야만 했다. 심지어 지구의 대기가 지구로 들어오는 빛을 얼마나 굴절시키는가 하는 미세한 변수까지도 고려해야 했다. 신뢰도 높고 정확한 점성술 데이터에 대한 요구는 천문학 관측과 발견에 혁신을 불러일으켰다.

위대한 천문학자들 가운데 많은 이가 점성술과 연관이 있었거나 심지어 점성술에서 영감을 얻기도 했다. 클라우디우스 프톨레마이오스는 고대 그리스의 수리 천문학을 요약해 1500년간 우주에 대한 기본적인 관점을 제시한 『알마게스트』의 저자로 유명하다. 그는 천문학적 지식이 점성술에 어떻게 이용되는지를 조사하고 탐구한 『테트라비블로스Tetrabiblos』를 집필하기도 했다. 육안으로 가장 많은 천체를 관측한 위대한 천문학자인 티코 브라헤는 점성술을 연구하면서 점성술 도표의 정확성을 개선하기 위해 많은 부분에 천문학적 관측을 받아들였다. 심지어 갈릴레오 갈릴레이는 자신의 후원자와 자기 자신 그리고 자신의 아이들을 위해 출생 별자리 점을 고안해내기도 했다. 로버트 보일(1627~1691)은 천체의 영향력이 물질 입자들로 이루어져 있다고 생각해서 이를 화학물질에서 찾아내려고 했고, 천체의 영향력이 공기의 질을 높여 건강에 좋을 것이라고 생각했다.[4]

정확한 충고를 주기나 예측을 하는 것에 실패한 점성술사 개인에 대한 평판은 일반적으로 추락했지만, 점성술 자체에 대한 평판이 추락한 것은 아니었다. 천체의 위치를 분명하게 계산할 수 있더라도 천구의 12개 구역에서 나오는 영향력에 대응하는 힘을 분출하는 7개 행성의 누적된 효과를 평가한다는 것은 어렵고 애매한 문제다. 현대 경제학의 예를 들어보자. 미래 경제 동향에 대한 예측을 자주 부탁받는 경제학자들의 생각이 모두 일치하는 경우는 거의 없는데(설사 있다 할지라도 이는 극히 드문 경우다), 이는 어느 정도는 점성술과 마찬가지로 경제학도 매우 복잡한 상호작용 체계를 다루어야 하기 때문이다. 하지만 이렇게 생각이 일치하지 않고 예측이 자주 빗나간다고 해서 경제학을 포기하지는 않는다. 다만 미래에 대해 더 나은 이해와 정확성이 도출되기를 기대할 뿐이다.

연금술 또한 '마술' 혹은 마법, 어리석은 공상 혹은 단순한 사기 행위라고 종종 조롱을 받으면서 일반 대중들의 나쁜 평판에 시달리고 있다. 하지만 이런 판단은 역사적 사실을 무시한 처사다. 영국 프란체스코회 수도사 로저 베이컨은 연금술을 "생명이 없는 모든 물질과 원소로부터 물질이 생성되는 전 과정을 탐구하는" 이론과, "귀금속, 더 보기 좋은 색깔 등을 자연에서 생성된 것보다 더 좋은 품질로 많이 만들어낼 수 있는 방법을 가르치는" 실습으로 이루어진 학문이라고 정의 내렸다.[5] 베이컨이 내린 정의나 연금술의 실제 쓰임새를 고려해볼 때, 연금술은 화학 연구와 매우 비슷한 점이 많다는 사실을 알 수 있다. 실제로 '연금술'이라는 말과 '화학'이라는 말은 적어도 1700년까지는 서로 바구어 쓸 수 있는 말이었다.[6] 연금술은 머리와 손, 즉 이론과 실습을 동시에 활용하는 것이었다. (2세기부터 18세기까지 이어진) 연금술의 역사를 살펴보면, 연금술은 물질 본질의 특성과 변화를 연구하고, 여기서 얻은 지식을 생산적인 목적에 이용하려 했던 실용적 시도였다.[7]

연금술은 대부분의 경우 변성變性이라는 과정을 통해 값싼 금속을 금으로 바꾸는 것을 목적으로 한다. 현대 화학이 이런 변형 가능성을 부인하긴 하지만, 연금술사들은 당시의 이론과 실험에 근거해 꽤나 확실한 기대를 걸고 있었다. 현대 화학은 금속이 원소라서 다른 금속으로 전환하는 것이 불가능하다고 보지만 연금술사들은 금속이 2개(혹은 그 이상)의 하위 물질이 땅속에서 결합해 생긴 화합물이라고 생각했다. 그들이 알고 있는 일곱 가지 금속은 이런 하위 물질이 비율을 달리하여 결합된 것이었다. 예를 들어 낮은 온도에서 녹는 납과 주석에는 과량의 '액체' 원소(수은)가 포함되어 있다고 생각했다. 또 구리와 철은 '건성' 혹은 인화성 원소(황)를 과량 포함하고 있어 서로 결합하기가 어렵고, 불이 붙을 가능성이 높다고 가정했다. 따라서 이런 하위 물질들의 비율을 조절한다면 하나의 금속을 다른 금속으로 바꾸는 것이 가능해 보였다. 이런 변환은 아주 느린 속도지만 지구에서 자연적으로 일어나는 것으로 나타났다. 연금술사들은 금속이 땅 밑에서 서서히 정제되며 순수한 물질로 변화되는 것처럼, 일반적으로 은광석은 약간의 금을, 그리고 납광석은 약간의 은을 함유하고 있다는 사실을 (정확하게) 알아냈다. 연금술사들은 이 과정을 더 빠르고 효과적으로 수행할 수 있게 해주는 물질을 찾고자 노력했다.[8] 그들은 변화를 일으킬 수 있는 다양한 화학물질을 준비했고, 이러한 물질 중 가장 강력하고 이상적인 것을 현자의 돌賢者-, Philosophers' Stone 혹은 묘약Elixir이라고 불렀다.

하지만 물질 변화와 현자의 돌에 대한 탐구는 다양한 연금술 연구 분야 중 하나였을 뿐이다. 전문 연금술사들은 식물에 존재하는 자연 물질을 화학적으로 추출해서 처리하거나 정제해 좋은 약을 만들려고 했다. 또 새로운 색소, 염료, 화장품, 소금, 유리, 증류주 그리고 합금을 만들어내기도 했다. 그들은 자연을 모방하고 나아가 자연적으로 만들어진 물질을 능가하는 물질을 만들기를 갈망했다. 연금술사들은 광석을 가공하고 제련하는 방법을 한 단계 끌어올리는 데 기여했고[9] 이 과정에서 새로운 물질을 발견하고 만들고 그 특성을 이해했으며, 오늘날의 화학자들이 일상적으로 사용하고 있는 증류, 승화, 결정화 등의 여러 가지 화학물질 조작법 그리고 시금법과 분석에 필요한 기술을 개발했다.

연금술사들이 화학물질 생산과 실용적 발견에만 기여한 것은 아니다. 연금술사들은 물질의 숨겨진 특성에 대한 이론을 세웠고, 이 이론을 자신들의 실험으로 설명하고 직접 보여주었다. 중세 시대 말엽에 들어서서 몇몇 연금술사들은 준입자準粒子 물질이론(물질이 눈에 보이지 않을 정도로 작고 쪼개지지 않는 입자로 이루어져 있다는 생각)을 발전시켜나가기 시작했다. 이는 결국 17세기에 원자론이 부활하는 데 중요한 역할을 했고, 연금술 실험은 이런 이론에 유용한 증거를 댔다. 몇몇 학자들은 자연을 탐구하는 과정인 실험(현대 과학의 핵심 특성)을 일상적으로 행하게 된 데에 연금술의 공이 크다고 지적했고, 인간이 기술을 통해 세상을 바꿀 수 있는 능력을 가질 수 있다고 믿은 최초의 가장 설득력 있는 분야라고 말했다.[10]

연금술사들이 쌓아놓은 지식과 경험이 현대 화학의 토대를 형성했다는 사실에는 의심의 여지가 없다. 과학혁명의 주요 인물들이 연금술에 진정한 관심을 보이며 열정적으로 연구했다는 사실도 잘 알려져 있다. 근대 화학의 아버지라 불리는 로버트 보일은 40년 동안 현자의 돌을 찾으려고 했다. 그는 다른 사람들이 변성을 일으키는 것을 실제로 목격한 적이 있다고 주장했으며, 1689년에는 변성을 금지하는 낡은 법을 폐지하라고 의회를 설득했다. 그는 자신의 학문을 발전시키는 데 연금술 이론과 실험을 이용했고, 그의 최초의 중요한 실험실 실습은 17세기에서 가장 유명한 연금술사 중 한 명, 에레네어스 필라레테스라고도 알려진 하버드 대학교 출신의 조지 스타키(1628~1665)의 방법을 수용한 것이었다. 아이작 뉴턴이 오랫동안 연금술 연구를 했다는 것 역시 오늘날 잘 알려져 있다. 그는 연금술의 비밀을 알아내기 위해 수년간 연금술 서적을 참고하고 비교했으며, 실험실에서 연금술 실험을 하는 데 많은 시간을 보냈다. 1692년 뉴턴은 역시 연금술에 관심을 갖고 있던 철학자 존 로크(1632~1704)에게 얼마 전 사망한 보일의 논문을 샅샅이 뒤져 연금술에 관한 내용을 찾아내 자신에게 보내도록 했다.[11]

기억해야 할 것은 현대인들이 점성술과 연금술 모두를 미신 혹은 '마술'과 연관 지어 생각하는 반면, 과거에 실제 이 분야에 종사했던 사람들은 이 학문을 전적으로 자연을 연구하는 분야로 보았다는 것이다. 이 분야를 주술적인 것으로 바라보는 현상은 18세기와 19세기에 나타난 것이었는데, 19세기에 그 정도가 더 심해졌다.[12] 점성술과 연금술에 몰두한 몇몇 과학자가 다양한 능력과 지성을 보여주었듯이, 최고의 점성술사와 연금술사들은 분명 훌륭한 현대 과학자들에 못지않은 냉철한 자연 탐구자였다. 점성술과 연금술에 대한 악평은 대부분 18세기에 퍼졌다. 악평을 퍼뜨린 사람들은 앞선 학자들의 연구와 업적을 일축하기 위해 최고 위치에 있는 이들의 업적을 인정하기보다는 해당 분야의 부작용과 잘못된 인식만을 강조했고, 그럼으로써 자신들의 독창성과 중요성을 과장하려고 했다. 그럼에도 근대사 연구는 점성술과 연금술의 진정한 성격을 계속 밝혀내고 있으며, 이들을 과학 발전에 중요한 역할을 한 학문으로 확고하게 재위상화하고 있다.

통념 5

갈릴레오는 피사의 사탑 실험으로
아리스토텔레스의 운동 이론을
공개 반박했다

존 L. 하일브론

운동에 관한 아리스토텔레스의 결론은 매우 명확하고 반론의 여지가 없는 것으로 받아들여졌다. (…) 하지만 대학교수와 철학자 그리고 모든 학생이 보는 앞에서 반복적으로 실시한 피사의 사탑 실험으로 [갈릴레오는 이와는 반대되는 사실을] 증명해 보였다.

—빈센치오 비비아니, 『갈릴레오 전기』(1654)

위의 인용문에 기록된 사건은 갈릴레오가 피사 대학교에서 젊은 강사로 재직하고 있을 당시 했을 수도 있지만 안 했을 수도 있는 실험에 관한 것이다. 아리스토텔레스라는 위대한 철학자의 이론을 공공연하게 반박할 수 있을 만큼 자명하고 반론의 여지가 없는 그의 결론은 다음과 같았다. "동일한 재질로 만들어진 서로 다른 무게의 물체들이 동일한 매질을 통과할 경우 이 물체들의 속도는 무게에 따라 각기 다른 것이 아니라 서로 같다. 그리고 동일한 물체가 서로 다른 매질을 통과할 경우 물체의 속도는 매질의 저항 혹은 밀도에 따라 달라진다." 우리는 이 사실을 빈센치오 비비아니(1622~1703) 덕분에 알고 있는데, 이 내용은 그가 갈릴레오 말년에 갈릴레오의 제자이자 조교로 있을 당시 갈릴레오에게 들은 듯하다. 피사의 사탑에서 있었던 전설적인 실험 이야기는 갈릴레오의 글을 모아 출판하려고 한 책의 가필본 서문으로 비비아니가 쓴 짧은 전기에 처음으로 모습을 드러냈다. 책은 로마가톨릭교회의 압력 때문에 결국 출판되지는 못했다.[1]

비비아니의 이야기가 허구라고 의심되는 데는 몇 가지 이유가 있다. 그중 하나는 당시의 통설을 반박하는 갈릴레오의 실험을 직접 보고 충격을 받았을 법한 지식인들 가운데 그 누구도 이에 대해 단 한 줄도 기록하지 않았다는 것이다. 그리고 갈릴레오 자신이 쓴 아리스토텔레스(기원전 384~기원전 322)에 관한 논문에도 이 실험에 관한 이야기는 나오지 않는다. 만약 갈릴레오가 실험을 반복해 모든 물체는 같은 속도로 떨어진다는 사실을 증명했더라면, 그는 이를 지켜본 청중들만큼이나 놀랐을 것이다. 만약 이 실험이 한 개인이 아니라 한 집단의 주도로 진행되었다고 생각하면 비비아니의 이야기는 받아들여질 수 있다. 비비아니의 이야기를 어떻게 보느냐에 따라 사실이 될 수도 있고 거짓이 될 수도 있고, 교육학이 될 수도 있고 통념이 될 수도 있다는 것이다. 통념 전파자들은 실험이 시작된 시간, 기대에 가득 찬 군중의 긴장감, 그리고 실험에 사용된 도구의 무게와 재질 등과 같은 세부 사항들을 꾸며냈고, 이 이야기는 권위에 대한 맹목적인 집착과 역사적으로 과학에 구축된 스토리텔링을 실험으로 반증하여 승리를 거두는 전설적 예시가 되었다.[2]

갈릴레오의 이 특이한 실험을 목격한 것으로 추정되는 사람들 가운데 그 누구도 이에 관해 언급하지 않은 이유는 이 실험을 갈릴레오가 한 적이 없기 때문이다. 어쨌든 이런 실험은 특이한 것이 아니었다. 갈릴레오가 피사 대학교에서 공부할 당시 그를 가르쳤던 지롤라모 보로(1512~1592) 교수와 프란체스코 부오나미치(1533~1603) 교수 등 물체의 역학을 가르치며 이를 직접 보여주려 했던 교수들은 자신의 강의실 창문 밖으로 물건을 집어던지는 실험을 자주 했다. 보로는 거의 동일한 무게의 나무 덩어리와 납으로 된 공을 떨어뜨릴 때, 나무가 납보다 먼저 떨어지는 것을 보여주며 이것이 대기 중의 공기가 무게(지구가 물체를 잡아당기는 힘)를 갖고 있냐는 난해한 질문에 대한 답이라고 말했다. 보로 교수는 분명 관찰 능력이 있는 인물이었다. 갈릴레오는 피사 대학교에서 그의 제자로 공부할 당시 이런 실험 결과를 받아들였다. 그 실험을 재연해 촬영해보면, 실험자가 무의식적으로 나무를 먼저 놓는 경향이 있기 때문에 보로가 얻은 것 같은 결과가 나타남을 알 수 있다.[3]

1589년에서 1592년까지 피사 대학교에서 교수로 재임하는 동안, 갈릴레오는 아마도 철학적 문제를 연구하는 데 많은 힘을 쏟았을 것이다. 당시에는 출간되지 않았지만 비비아니는 알고 있었던 원고 『운동에 관하여De Motu』에서 갈릴레오는 보로의 실험을 인용하여 납이 곧 나무를 추월한다는 생각을 다음과 같이 덧붙인다. "만약 나무와 납을 높은 탑에서 떨어뜨리면, 큰 차이로 납이 나무보다 먼저 땅에 닿는다. 그리고 나는 이런 사실을 여러 번에 걸친 실험을 통해 확인했다."[4] 그러나 만약 갈릴레오가 이런 실험을 했더라면, 그가 보로와 부오나미치의 실험을 지켜보았듯이 아마 그의 학생들도 실험을 지켜보았을 것이다. 그리고 만약 그 탑이 성당의 종탑이었다면, "모루가 하늘을 날 수 없다는 사실을 이해하는 수준 정도로만 아리스토텔레스의 이론을 이해하고 있는" 갈릴레오의 철학적 반대자 조르지오 코레시오가 이 실험을 이용해 운동의 표준 이론을 만들려고 했을 것이 분명하다.[5]

비비아니가 인용했고 이후 통념을 기록하는 사람들이 찾아낸 숨겨진 대수학代數學, 즉 'v속도 = W무게/R저항'이라는 아리스토텔레스의 방정식은 자유낙하운동을 잘 기술하지는 않지만 진공 상태에 관한 중요한 논점을 제공한다. 당시 진공은 고유한 속성이 없는 공간으로 이해되었다. 이런 공간에 움직이는 물체가 들어가면 어떤 현상이 발생할까? 이런 진공 상태가 어디에 존재하고 어떤 상태인지 알 수 없고, 위와 아래의 개념도 없을 것이며, 이 상태가 바위와 같을지 풍선과 같을지도 전혀 알 수 없다. 이는 물체의 운동(정지해 있는 경우에는 움직이려는 경향)이 위치, 즉 아리스토텔레스가 정의한 공간의 '매질'에 따라 달라지기 때문이다.[6] 공기 중의 물은 공기와 함께 있기 때문에 아래로 가라앉는 경향을 보이는 반면, 물이 모래와 섞여 있으면 모래 위로 떠오르는 경향을 보일 것이다. 그리고 진공 상태, 즉 "어떤 물체에 다른 물체의 힘이 가해졌을 때만 이 물체가 움직일 수 있는" 빈 공간에 있으면 물은 전혀 움직이지 않게 된다. 그리고 물체가 운동 중이라면 끊임없이 움직이는 상태를 유지할 것인데, 이는 "이 물체가 특정 장소에서 **멈출 만한 이유가 없기**" 때문이다.[7]

나아가 아리스토텔레스는 다음과 같은 장차 문제의 소지가 있을 만한 생각을 제시했다. "동일한 무게의 물체의 속도가 다르다면 그것은 매질의 특성 때문이거나 혹은 '물체의 무게가 지나치게 무겁거나 지나치게 가볍기' 때문이다." 여기에 그는 그의 명성에 어울리지 않는 다음과 같은 설명을 덧붙인다. 만약 공기 밀도가 물 밀도의 절반이라면, 물보다 무거운 물체는 물속에서보다 공기 속에서 2배 빠른 속도로 이동하게 될 것이다. "그리고 매질이 형태가 없고, 저항이 적으며, 점도가 낮을수록 물체의 움직임은 빨라진다." 이 말에 따르면 물체는 진공 상태에서 무한한 속도를 갖게 되는데, 이는 이치에 맞지 않는 소리다.[8] 다르게 말하면, 무게를 제외한 다른 조건들이 동일하고 나아가는 방향이 비슷하다면, 동일한 공간에서 물체에 가해지는 충격이 클수록 더 빨리 움직인다. 이는 무거운 물체일수록 매질을 더 쉽게 가르며 나아갈 수 있기 때문이다. 가르고 나아갈 매질이 없다면 모든 물체는 같은 속도로 움직이게 된다. "하지만 이는 불가능하다."9 따라서 합당하고도 충분한 두 가지 증거 때문에 진공은 존재할 수 없고, (이 부분이 가장 중요한 부분인데) 우리는 원자론자들의 이론을 거부해야 한다.

이 부분을 정량적 관계를 엄밀하게 설명하기 위한 것으로 해석해서는 안 된다. 아리스토텔레스가 물체의 속도가 저항에 반비례한다고 표현한 것은 '밀도'를 속도 결정 요인의 분모로 두기 위함이었다. 공기의 밀도가 물에 비해 2배쯤 작다고 가정한 것도 문자 그대로 받아들여서는 안 된다. 마찬가지로 물질로 가득 찬 공간을 통과하는 물체가 '무게에 상관없이 가해지는 충격'의 세기magnitude에 비례하여 빨라진다는 모호한 설명은 속도가 무게에 비례한다는 법칙($v \propto \mathrm{W}$)을 세우기 위한 것이 아니라, 자신이 귀류법을 사용했다는 것을 확실하게 하기 위함이었다. 진공에서는 외부로부터의 힘이 없기 때문에 모든 물체가 같은 속도로 움직일 것이라는 추론이 이 귀류법의 핵심이다.

또 아리스토텔레스의 진공 상태에서 특별한 방향이 없는 움직임과 관련된 논의를 낙하 물체에 대한 설명으로 해석하는 것도 잘못된 것이다. 하지만 갈릴레오는 자신의 최종적인 운동 이론을 처음으로 공표한 『새로운 두 과학Two New Sciences』(1638)에서 아리스토텔레스를 무능한 소요학파 철학자에 비유하여 대화의 상대로 설정된 그에게 아리스토텔레스의 이론을 직접 '인용'하며 이와 같은 해석을 적용한다. 갈릴레오를 대변하는 인물은 자신이 가끔 약간 과장한다는 사실을 인정한 후 다음과 같이 말한다.

아리스토텔레스는 "1파운드의 쇠공이 1브라치오(braccio, 1브라치오는 58.4센티미터) 낙하하기도 전에 100브라치오 높이에서 떨어진 100파운드의 쇠공이 바닥에 닿는다"라고 한다. 하지만 나는 이 두 쇠공은 동시에 바닥에 떨어진다고 주장한다. 실험을 해보면 여러분은 큰 공이 작은 공보다 손가락 두 폭 만큼 앞서 떨어진다는 사실을 알 수 있을 것이다. 그렇다면 여러분은 아리스토텔레스의 99브라치오를 이 두 손가락 뒤에 감출 것인가?[10]

아리스토텔레스의 두 손가락! 그는 어찌 이런 명백한 사실을 모르고 있었을까?

1590년 갈릴레오는 이 명백한 사실에 자신 역시 확신을 갖고 있다고 했다. 비록 당시 그가 갖고 있던 운동 이론이 『새로운 두 과학』에서 주장한 이론과 매우 다른 실험적 결과를 예견했지만 말이다. 1590년경의 이론은 자유낙하 시 처음에는 가벼운 물체가 무거운 물체보다 먼저 떨어지고, 물체 투하 지점이 충분히 높을 경우 물체는 물체가 받는 중력과 공기가 받는 중력의 차이에 비례하는 속도를 얻게 될 것이라고 예견했다. "오! 이는 얼마나 난해한 발명품이고, 얼마나 아름다운 생각인가! 신성한 수학 지식 없이 철학을 논할 수 있다고 생각하는 모든 철학자들은 입을 다물도록!" 같은 주제에 대한 아리스토텔레스의 운동 이론은 어떻게 평가하고 있을까? "오! 이 얼마나 가당치 않은 생각인가? 불멸의 신이시여, 반대 증거가 이렇게 분명하게 나타나는데, 대체 누가 그것을 믿을 수 있겠나이까?"[11]

기울어진 사탑에서 물체가 수직으로 낙하할 수 있는 가장 긴 거리는 약 46미터다. 공기 저항을 무시하면 갈릴레오의 추는 바닥에 떨어지는 데 3초 정도밖에 걸리지 않는다. 갈릴레오와 그의 학생들은 (두 손가락 폭 범위 안에서) 물체들이 바닥에 동시에 떨어지는지 그렇지 않은지를 눈과 귀로 판별하는 데 어려움이 있었을 것이다. 따라서 그들은 갈릴레오가 실험 당시에는 생각하고 있지 않던 법칙, 즉 모든 물체의 낙하 속도는 (저항이 없는 상태에서) 동일하다는 법칙을 확인할 수 없었다. 그리고 그들은 갈릴레오의 실험으로 한 물체가 서로 다른 매질을 통과할 때 "[매질의] 저항 혹은 밀도에 반비례하는" 속도로 움직인다는 이론의 부당성을 증명해내지도 못했는데, 이는 그들이 공기 중에서 일어나는 낙하 운동만을 실험했기 때문이다. 하지만 그들은 서로 다른 물체의 속도는 "물체의 무게에 비례하지 않는다"는 사실을 확인할 수 있었다. 왜냐하면 모든 물체가 무게에 따라 속도가 달라진다면, 2배 무거운 물체는 절반의 무게를 갖고 있는 물체를 2배 정도 앞서나가게 되기 때문이다.

어쨌든 손으로 두 물체를 정확하게 동시에 수직 낙하시킨다는 것은 어려운 일이다. 갈릴레오의 피사 대학교 제자인 빈센초 레니에리(1606~1647)가 사탑에서 실험을 했을 때, 그는 갈릴레오가『새로운 두 과학』에서 확실하게 다루었던 이 문제의 결과를 확인하지 못했다. 레니에리의 실험이 실패로 돌아간 것이 갈릴레오가 전설이 되는 데에 일조했을 가능성이 매우 높아 보인다. '어떤 예수회 사람'(명성 높은 자연철학자 니콜로 카베오[1586~1650])이 무게가 동일하지 않은 두 물체를 같은 높이에서 떨어뜨리면 동시에 바닥에 떨어진다는 사실을 확인했다는 소식을 접하고 (레니에리는 이를 갈릴레오에게 편지로 알렸다) 그 결과에 의심을 품은 레니에리는 실험을 해 납공이 나무공보다 약 1미터 먼저 떨어진다는 사실을 확인했다. 서로 다른 무게를 가진 납공으로 이 실험을 반복한 후 그는 무거운 물체가 가벼운 물체보다 더 빨리 바닥에 떨어진다는 사실을 확신하고 나무로 된 물체는 낙하 종착점에 다다라서는 방향이 바뀌는 것이 아닌가 하는 생각을 하기도 했다.

　지금은 사라진 편지에서 갈릴레오는 레니에리에게 가장 확실한 자유낙하 법칙은 『새로운 두 과학』에서 찾을 수 있다는 사실을 알려주었음이 분명하다. 레니에리가 갈릴레오에게 보낸 답장의 내용은 갈릴레오 실험의 전설만큼이나 믿기 어렵다. 그는 그토록 기대를 한몸에 받던 갈릴레오의 책을 읽지 않았던 것이다! 레니에리는 2년이 넘는 기간 동안 많은 수업량 때문에 이 책을 읽지 못했다고 변명을 했다. 이것이 사실이라면 이는 교훈적인 이야기다. 그는 『새로운 두 과학』을 학기 중에는 읽기는 너무 부담되고 휴가 중에 시간을 내어 읽을 만큼 중요한 책은 아니라고 생각했던 걸까? 레니에리가 갈릴레오의 생각을 알게 된 것은 갈릴레오가 가택 연금형을 받고 여생을 보내던 아르체트리의 집에서 했던 대화를 통해서였을 가능성이 더 크다. 그는 친구이자 협업자로서 갈릴레오를 위로하기 위해 이 집을 자주 방문했다. 이곳에서 나눈 대화를 통해 레니에리는 물체가 무게에 비례하는 속도로 떨어지지 않는다는 사실을 받아들이게 되었다. 하지만 그는 납과 빵 껍질이 동시에 떨어진다는 카베오의 주장은 원칙 적용이 너무 지나쳤다고 생각했다. 레니에리는 동일한 질료로 만들어진 두 물체 가운데 무거운 물체가 더 빨리 떨어진다고 생각했는데, "내가 당신 갈릴레오를 통해 들었거나 읽은 것 같다"고 말했다. 레니에리는 이론異論들을 보고하고 비비아니에게 매우 다정한 인사의 말을 전하면서 편지를 끝맺는다.[12] 갈릴레오는 1641년 시력을 완전히 잃어버렸기 때문에, 비비아니가 레니에리의 편지를 갈릴레오에게 읽어주고 답장을 하는 데 도움을 주었을 것이다. 이런 과정에서 피사의 사탑에서 한 낙하 실험에 대한 대화가 스승과 제자 사이에 있었을 것이란 사실엔 의심의 여지가 없다. 구술 역사가들이 짐작하듯 대화는 다음과 같이 이루어졌을 것이다.

비비아니: 레니에리의 실험을 어떻게 생각하십니까, 선생님?

갈릴레오: 쉬운 문제가 아니야. 이와 같은 실험을 약 50년 전에 시도했지만, 결과는 내가 예상했던 대로 나왔지.

비비아니: 사물의 운동이 선생님 예상대로였나요?

갈릴레오: 예상과 꽤나 가까웠지. 나는 학생들과 다른 교수들 몇 명, 철학자들이 보는 앞에서 몇 번의 실험을 했어. 노교수 부오나미치도 한 번 왔었고, 야코포 마초니도 자신의 학생들을 여럿 데리고 왔네. 그는 당시 플라톤 철학과 아리스토텔레스 철학을 비교해, 수학을 무시해 나타난 아리스토텔레스의 오류를 찾아내는 그 유명한 작업을 하고 있었지.

비비아니: 선생님께서 명확하게 입증하셨던 것처럼 아리스토텔레스가 자신이 세운 비례 논리를 끝까지 따랐더라면, 그는 자신의 운동 이론이 허황된 것임을 알았을 것이 틀림없습니다.

갈릴레오: 물론이지……. 음, 그래, 마초니는 분명 그 자리에 있었을 거야. 우린 친구였고 철학의 문제점에 관해 많은 대화를 나누었네. 나는 그가 아리스토텔레스의 비수학적 방법을 반박하는 사례들을 개발해나가는 데 도움을 주었지.[13]

비비아니: 그렇다면 선생님께서는 50년 전에 레니에리처럼 사탑에서 실험을 하셨고, 몇몇 교수와 학생들에게 그 실험을 보인 것이지요? 그리고 실험의 결과를 통해 그들은 아리스토텔레스

의 운동에 관한 사이비 수학이 잘못된 것임을 분명하게 알
게 됐나요? 그리고 매질의 영향을 받아 속도가 줄어드는 경
우를 제외하면 모든 물체는 같은 속도로 떨어진다는 사실도
알게 됐나요?

갈릴레오: 대충 그렇지. 하지만 이는 오래전 일이고,『새로운 두 과학』
에서 설명한 운동에 관한 내 이론을 완성하기까지는 많은
시간이 걸렸네.

비비아니는 가지고 있던 자료들로 재작업을 하면서, 당시 피사의 모습
을 사실적으로 재현함과 더불어(낙하하는 물체들, 학생과 교수 등의 참관
인, 연극적 분위기의 아리스토텔레스 검증) 예술적 묘사를 가미해 전설에
생명을 불어넣었다(단 한 명의 실험자 갈릴레오, 실험 장소 사탑, 아리스토텔
레스의 세계관과 갈릴레오의 또 다른 세계관이 경합하는 실험). 갈릴레오의
글도 이렇게 손본 곳이 많다. 갈릴레오는 공격자의 위치에 있었음에도
자신을 피해자로 묘사했다. 그는 가상의 반대자들을 만들어놓고는 그들
을 완패시켰다. 그리고 실험 결과의 정확성과 신뢰성을 과장하기 위해
자신이 할 수 있는 최고의 미사여구들을 사용했다.[14] 그가 아리스토텔
레스의 '물체의 낙하 법칙'을 풍자한 부분은 비비아니의 풍자보다 훨씬
더 적나라하다. 갈릴레오는 자신이 창안한 물리학에 관한 이야기를 만
들어냈고, 비비아니는 이 대가가 이론을 만든 과정을 과장했다. 이 전
설은 스승과 제자의 합작품으로, 그들은 자신들의 지위를 한층 더 높
이고, 물리학에서 수학의 영향을 극대화시키고, 갈릴레오가 운동 이론
을 거의 완성한 시기를 그가 관련 실험을 처음으로 했던 시기로 앞당
기고자 했다. 교부 에우세비우스(275?~339)가 구약성서를 기독교 교회

역사에 포함시킬 때, 정교 신앙의 역사가 길어질수록 설득력을 얻게 될 것임을 이해했던 것처럼 말이다.

피사의 사탑 전설의 근원을 탐구하는 것은 갈릴레오 시대와 현시대 물리학 실험이 어떤 차이를 보이는지 확인하고 평가하려는 사학자에게 어느 정도 도움이 된다. 탐구를 더 하다 보면 다른 방면의 활용도 가능할 것이다. 갈릴레오의 실험에 어떤 실제적 어려움이 있었는지, 뉴턴 역학으로 기술된 자유낙하 실험에 어떤 세부 사항들이 있는지 분석하는 것은 효과적인 교육법일 수 있다. 전설이 만들어지고 꾸며지는 이유를 탐구하는 것도 가치 있는 공부다. 어떤 이론이 다른 이론에 승리한 것을 찬양하는 일은 중요하지 않다. 중요한 사실은, 물리학은 질적이고 일관성이 있고 설명적이어야 하느냐, 아니면 양적이고 단편적이고 서술적이어야 하느냐 하는 것과 같은 기본적인 질문에 이 전설이 답을 제공한다는 점이다. 제대로 조사하지 않고 통념을 퍼나르는 이들은 이 이야기가 경고하는 바로 그 잘못을 저지르고 있다. 그들은 자신들의 지적 판단보다는 권위와 풍문에 더 의지하고 있다.

통념 **6**

떨어지는 사과를 보고 뉴턴이 중력 법칙을 발견하자 신은 우주에서 사라졌다

퍼트리샤 파라

아이작 뉴턴은 종교에 또 다른 도전을 제기했다. 그의 운동 이론과 중력 이론은 신의 개입 없이도 자연현상을 설명할 수 있는 방법을 제시했다.

— 스티븐 와인버그, 「기독교와 이슬람의 신」(2007)

다윈과 월리스(찰스 다윈보다 먼저 진화와 관련된 논문을 발표한 영국의 과학자)는 19세기에 남아있던 신의 존재에 관한 가장 확실한 증거를 간단하게 없애버렸다. 그보다 2세기 앞서 뉴턴은 정교하게 움직이는 우주에서 신을 추방했다. 다윈과 월리스는 이 신을 지구상에서도 쓸모없는 존재로 만들었다.

— 존조 맥퍼든, 「인간의 생존」, 「가디언」(2008)

　　1970년대 런던의 『파이낸셜 타임스Financial Times』에 실린 광고는 아이작 뉴턴을 "어린 시절 보았던 떨어지는 사과를 마음속에 계속 간직하고 있다가 물리학 법칙을 발견해낸 영국 물리학자"로 칭송했다.[1] 과학에 큰 관심이 없는 학생들도 뉴턴의 사과 일화에 대해서는 잘 알고 있을 뿐 아니라, 수많은 과학자도 뉴턴이 신을 우주에서 쫓아냈다는 사실을 이미 잘 알고 있다고 생각한다. 하지만 이 두 이야기는 다른 타입의 이야기다. 역사가들은 뉴턴이 실제로 사과에서 영감을 얻었는지 확신하지 못하고 있다. 반면 그들은 뉴턴은 신이 우주에 항상 존재한다고

71　　　　　　　　　　　　　　　　　　　　　　　　1부 중세와 초기 근대 과학

믿는 매우 신앙심이 깊은 사람이었다고 확신하고 있다.

실제로 사과가 떨어지는 것을 봤는지는 중요하지 않다. 중요한 것은 뉴턴 물리학이 시작된 순간의 상징적 의의다. 이 이야기는 목욕탕에서 벌거벗은 채로 뛰어나오면서 '유레카Eureka'라고 외쳤던 아르키메데스(기원전 287?~기원전 212?)의 이야기, 어린 시절 끓고 있는 주전자에 푹 빠져 있던 제임스 와트(1736~1819)의 이야기처럼 극적인 발견을 한 사람들의 이야기를 낭만적으로 꾸며놓은 것에 불과하다. 교향곡이나 시가 불가사의하게 음악가나 시인의 머릿속에서 떠오르는 것과 마찬가지로, 깨달음eureka의 역사는 과학 이론들이 전적으로 과학적 천재성에서 비롯된 것이라고 설명한다. 정확하지 않은 역사적 세부 사항 때문에 실존했던 유명한 위인들이 신화적 인물이 되고, 이는 과학에 대한 사람들의 인식에 영향을 미친다.

뉴턴이 과학에서 신을 추방했다는 주장은 과학적 통념조차 아니다. 이는 뉴턴이 직접 출간한 작품에 나오는 증거로 분명하게 확인할 수 있는 잘못된 생각이다. '신 추방 오류'에 빠진 사람들은 뉴턴 역학의 초기 이론은 지금 우리가 알고 있는 것과 많이 다르다는 사실을 모르고 있다. 뉴턴의 신은 우주를 창조한 후 은퇴하지 않았다. 대신 자신의 창조물을 만들어내고는 이 창조물의 운용에 때때로 개입했다. 당시 비판적인 입장에 있던 사람들은 이를 근거로 들어 뉴턴이 신을 어설픈 시계 수리공으로 가정했다고 비난했다.

사과 통념

사과 일화가 널리 퍼진 것은 19세기이지만 말년에 이르러 뉴턴은 사과에 관한 일화를 4번 정도 말했다(사과가 그의 머리 위로 떨어졌다는 이야기는 후에 19세기 초 영국 총리 벤저민 디즈레일리의 아버지인 아이작 디즈레일리에 의해 각색된 것이다). 뉴턴의 친구이며 골동품 수집가이자 스톤헨지 전문가인 윌리엄 스터클리(1687~1765)는 그의 정원에서 뉴턴과 나누었던 대화를 상기하면서 이 일화를 자세히 서술했다. 스터클리에 따르면, 뉴턴은 학생 시절 전염병이 창궐하던 케임브리지를 떠나 자신이 태어난 링컨셔주의 작은 마을 울스도프에 머물렀던 약 60년 전의 일들을 회고하고 있었다. 그는 과수원에 앉아 "사과가 떨어지는 것을 보고 (…) 중력 개념을 깊이 생각했다. 왜 사과는 항상 수직으로 바닥에 떨어지는지 자신에게 물었다. 사과는 왜 옆이나 위로 움직이지 않고 항상 지구 중심을 향해 떨어지는가? 이는 분명 지구가 사과를 당기고 있기 때문이다. 그리고 우리가 지금 중력이라고 부르는 이 힘은 우주 전체로 퍼져나간다."[2]

이 이야기를 들은 당시 사람들은 오늘날의 사람들과는 매우 다른 반응을 보였을 것이다. 한 가지 예를 들면, 성경은 당시 사람들의 삶에 매우 중요한 위치를 차지하고 있었기 때문에 그들은 즉각 이브가 뱀의 설득에 넘어가 아담을 선악과의 열매로 유혹하면서 에덴동산에서 타락해가는 인간의 모습을 생각했을 것이다. '악evil'과 '사과나무apple tree'에 해당하는 라틴어 마룸malum과 마루스malus가 발음이 매우 비슷하기 때문에 선악과 열매는 사과를 연상시켰다. 아기 예수를 그린 중세 시대와 르네상스 시대 그림에는 아기 예수가 사과를 하나 들고 있는 모습이 종종 보이는데, 그 모습은 타락하고 죄를 지은 인류를 구원할 제 2의 아담을 비유한 것이다. 뉴턴의 동료들은 뉴턴을 자연에 관한 신의 수학 법칙을 밝혀줄 새로운 아담으로 생각했다.

현대적 관점에서 보면 달과 사과가 동일한 법칙의 적용을 받는 것이

자명해 보인다. 하지만 16세기와 17세기의 많은 사람은 여전히 하늘나라의 영속적 완전함과 땅의 처치할 수 없는 혼돈이 극명한 대조를 이루는 아리스토텔레스의 우주를 마음에 그리고 있었다(통념 3 참조). 모든 관측에 부합하는 만족할 만한 이론이 나오기까지 한 세기 반가량의 시간이 걸리긴 했지만, 이미 여론은 움직이기 시작했다. 1543년 우주의 중심은 지구가 아니라 태양이라고 가정한 니콜라우스 코페르니쿠스와 1619년 행성의 타원궤도를 설명하는 세 가지 수학법칙을 만들어낸 요하네스 케플러와 같은 천문학자들이 중요한 발견을 하기 시작했다. 여러 선구자를 따라 연구를 진척시켜나가면서, 뉴턴은 지구에서뿐만 아니라 천체에까지 작용하는 중력이라는 힘을 가정해 우주를 단 하나의 통합된 체계로 만들었다.

뉴턴이 사과나무 아래에서 갑작스런 깨달음을 얻었다는 이야기는 다마스쿠스로 가는 길에 신을 회의하던 사도 바울이 갑작스러운 신성神性의 부름을 받고 순간적으로 기독교로 개종했다는 이야기의 지적인 버전이다. 과학자들은 뉴턴이 취했다는 방법보다는 자신들의 철학적 이상에 따라 체계적으로 그리고 참을성 있게 증거를 축적하고 가설을 냉정하게 확인하는 연구를 이어가고 있다. 뉴턴의 사과는 이런 이상적 과정과 완전히 배치되는 반면 짧은 순간의 깨달음 덕분에 연구에 들이는 시간이 단축될 수 있다는 희망을 주기도 한다. 19세기 중반 새로 건립된 옥스퍼드 대학교 박물관에는 교복을 입고 사과를 빤히 쳐다보고 있는 뉴턴 조각상이 있는데, 이 조각상은 뉴턴이 번득이는 영감으로 자연의 진리를 순간적으로 깨달은 타고난 천재라는 인상을 풍긴다. 예술 비평가이자 후원자인 존 러스킨(1819~1900)의 후원을 받아 학생들에게 영감을 불어넣어주기 위해 만들어진 이 동상은 타고난 천재성에 관한 고정관념을 형성해 체계적 학문의 역할을 은연중에 축소시키고 있다(통념 25 참조).

이 기념비적인 사건의 효과가 바로 나타나진 않았을 것이다. 뉴턴이 떨어지는 사과를 보고 깨달음을 얻은 후 20년이 지나 그의 중력이론이 발표되었다.[3] 그동안 그는 연금술(통념 4 참조)과 광학을 포함한 몇 가지 연구를 하고 있었다. 다시 수리천문학을 연구하기 시작한 것은 예상치 못한 몇몇 혜성들이 빛을 내며 밤하늘을 가로지르는 것을 본 이후부터였다. 뉴턴은 계속 실험을 하고 이론을 수정했지만, 뉴턴을 경외하던 나이 어린 동료 에드먼드 핼리(1656~1742)가 걸작을 완성하도록 부추기지 않았더라면, 물리학은 아무런 변화 없이 그대로 남아 있을 수도 있었다. 그리고 그의 저작 『프린키피아Principia』가 1687년 출간됐을 때도 지적 혁명이 바로 일어나지는 않았다. 은둔형 과학자인 뉴턴은 자신의 물리학이 세상에 알려지는 것에 관심이 없었기 때문에, 그의 생각은 수십 년에 걸쳐 서서히 세상 사람들에게 알려졌다.

사과 이야기가 널리 알려지고 뉴턴이 과학 천재로 칭송받게 된 것은 19세기 초에 이르러서이다. 18세기에 뉴턴은 정확한 예측을 통해 우주에 질서를 부여하고 점성술사들을 대신해 천체 전문가를 그 자리에 앉힌 인물로 상징되는 그리 유명하지 않은 과학자였다. 뉴턴의 사과는 1821년 불어로 된 짧은 일대기에서 중요하게 다루어진 적이 있었는데, 이 일대기는 뉴턴이 영국의 영웅으로서는 상상할 수도 없는 불행인 정신이상을 한 차례 겪었다고 주장함으로써 뉴턴 추종자들을 몹시 화나게 했다.[4] 이런 불명예스러운 첫 등장에도 불구하고 뉴턴의 사과 이야기는 유명해졌고, 이 이야기가 빅토리아 여왕 시대에 강조되던 근면과 성실의 가치를 약화시킨다는 비판은 곧 무시되고 말았다. 19세기 초는

1부 중세와 초기 근대 과학

역사가 낭만적으로 묘사되던 시절이었다. 우화가 중요했기 때문에 스코틀랜드의 왕 로버트 1세(1274~1329)가 영국의 침략자들에 맞서 봉기할 수 있도록 거미가 끊임없이 거미줄을 쳐 그에게 용기를 줬다는 식의 이야기가 만들어졌다. 새롭게 만들어진 뉴턴에 관한 이야기 중에는 뉴턴의 개 '다이아몬드'가 출간을 앞둔 뉴턴의 두 번째 원고 위에 촛불을 쓰러트렸을 때, 다른 곳에 정신이 팔려 있던 뉴턴이 약혼자의 손가락으로 자신의 파이프에 담배를 다져 넣고 있었다는 말도 안 되는 이야기도 포함되어 있다. 뉴턴의 사과는 신화가 되어 살아남은 이야기다.

무신론의 오류

현대 과학자들은 뉴턴을 가장 큰 깨달음을 얻은 합리주의자, 즉 성서의 미신적 요소를 근절하고 이를 객관적 진실로 대체한 세계 최고의 물리학자라고 이야기한다. 하지만 사실 뉴턴은 신의 두 가지 위대한 작품, 즉 성서와 자연이라는 책을 이해하는 데 평생을 바친 종교적인 사람이었다.

뉴턴 버전의 뉴턴 역학에서, 신은 우주 어디에나 존재하고 우주의 안녕에 끊임없이 개입하는 존재다. 『프린키피아』 초판이 출간되고 25년이 지난 1713년 뉴턴은 『프린키피아』의 2판을 내놓았다. 2판에는 「일반 주해General Scholium」라고 하는 부분이 추가됐는데, 여기서 그는 신과 창조된 우주 사이의 관계에 대한 자신의 생각을 간략하게 설명했다. 뉴턴은 다음과 같이 기술하고 있다. "신은 영원하고 무한하며 전지전능하다. 신은 영원히 지속되며 세상 어디에나 존재한다. 세상 어디에나 항상 존재하기 때문에 신은 시간과 공간을 구성하고 있다."[5] 현대의 우리는 뉴턴이 원자의 움직임은 신의 명령에 영향을 받는 것이 아니라 불변의 자연법칙의 지배를 받는다는 결정론적 관점을 갖고 있던 물리학자로 여긴다. 뉴턴이 만약 이 사실을 알았다면 매우 놀랐을 것이다. 이 결정론 개념은 18세기 말 자칭 프랑스의 뉴턴이라고 하는 피에르 시몽 라플라스(1749~1827)에 의해 소개되었는데, 그는 어떤 짧은 순간에 각 원자가 어디에 위치하고 이 원자가 얼마나 빠른 속도로 움직이는지를 알 수 있다면, 원자가 미래의 어떤 시점에 어디에 있을지 알 수 있다고 (실제로는 불가능할 수 있지만 이론적으로는) 주장했다. 자칭 프랑스의 뉴턴에 관해서는 다음과 같은 출처가 불분명한 이야기가 전해져 내려온다. "너의 물리학 어디에 신이 존재하는가?"라고 나폴레옹 보나파르트(1769~1821)가 물었다. 그러자 라플라스는 "폐하, 제게는 그런 가설이 필요 없습니다"라고 대답했다는 것이다. 영국의 뉴턴에게도 가설은 필요 없었지만, 그에게 신이란 가설이 아닌 실재였다.

　세계적으로 뉴턴은 과학적 이성을 대표하는 인물로 알려져 있지만 사실 그는 자연철학자였다. 초기에 자연철학자라는 말은 결코 과학자를 일컫는 말이 아니었다. 자연철학자들이 자연을 연구하는 중요한 목적은 신성한 건축가인 신과 그의 역할을 보다 많이 발견하는 것이었다. 자연을 연구하는 이들은 과학을 이용해 성서가 틀렸음을 입증하기보다는 성서와의 조화를 통해 실험과 이론을 입증했다. 성서를 참고한 후 뉴턴은 사원의 비율이 우주 자체의 비율을 반영해야 한다는 믿음 하에 솔로몬 왕의 사원을 건립할 계획을 세웠다. 그는 무지개색을 일곱 개로 구분했는데, 이는 그가 그의 선배들보다 무지개색을 더 정확하게 식별해냈기 때문이 아니라 우주의 차원은 옥타브에 근거한 음악적 조화의 법칙을 따른다고 믿었기 때문이었다. 피타고라스(기원전 571~기원전 495)의 수학 원칙에 따라 뉴턴은 신의 창조를 완벽한 조화로 연결시킬 수 있는 비율을 찾아내려고 했다. 「일반 주해」에 그는 다음과 같이 썼다. "그리고 사물의 외관에서부터 신에 관한 담론에 이르기까지, 이처럼 신과 연관된 많은 것들은 분명 자연철학에 속한다."[6]

한 세기를 훨씬 넘는 혁신의 세월을 발판으로 뉴턴은 결국 두 개의 상반되는 접근 방법을 통합하는 데 성공한다. 그가 자신의 위대한 작품에 붙인 제목 『자연철학의 수학적 원리The Mathematical Principles of Natural Philosophy』를 보면 이를 잘 알 수 있다. 자연철학자들은 세상이 어떻게 움직이는지 근본적인 설명을 하려고 한 반면, 수학자들은 꼭 현실 세계를 표현하는 것은 아닐지라도 유용한 결과를 만들어낼 수 있는 기술적 모형을 만드는 데 초점을 맞추었다. 자연철학자들은 어떤 일들이 왜 벌어지는지 궁금해했던 반면, 수학자들은 이런 일들이 언제, 어디서, 어느 규모로 얼마나 자주 벌어지는지 알고자 했다. 중력을 단순한 수학 방정식인 역제곱 법칙의 한 변으로 둠으로써 뉴턴은 자연현상을 양적으로 설명할 수 있다는 점을 강조했는데, 이렇게 접근 방식을 근본적으로 바꾼 것은 근대과학에서 매우 중요한 역할을 했지만 그렇다고 뉴턴이 신을 부인한 것은 아니다.

출간된 뉴턴의 저작물에서 증명된 사실을 확인한 후, 역사학자들뿐만 아니라 과학자들도 뉴턴이 신학, 예언, 수비학數祕學, 연금술 그리고 지금은 과학과 전혀 관계가 없는 것으로 보이는 주제들에 얼마나 깊이 관여했는지를 분명하게 보여주는 책들을 연이어 내놓았다. 그래도 어떤 과학자들은 뉴턴이 우주에서 신을 추방했다고 여전히 주장하고 있다. 과학자들은 의도적으로 진실을 왜곡해 과학의 역사를 진리를 향한 불가피한 과정으로 표현할 수 있게 되고, 이로 인해 이득을 챙긴다. 이런 잘못된 역사적 관점 속에서 과학은 증명 불가능한 실체를 증거 없이도 믿는 학문이 아니라 궁극의 현실을 연구하는 이성에 근거한 학문으로서 화려한 모습을 드러낸다. 과학 지식을 이론의 여지가 없을 정도로 정확한 사실로 취급하는 것은 과학자들이 타고난 우수한 존재라는 인상을 준다.

천재성의 열매

종류는 다르지만 뉴턴에 관한 아래 두 일화는 천재성에 관한 관념과 연관이 깊다. 그중 하나는 수 세기 동안 사람의 입을 거치면서 이야기의 내용이 바뀌었다. 뉴턴의 청년 시절, 사람들은 일반적으로 선천적인 재능이나 능력은 태어날 때 신에게서 부여받는 것이라고 믿고 있었다. 예를 들면 뉴턴은 수학에 특별한 천재성이 있을 수 있고, 여자들은 자수나 노래에 천재성이 있을 수 있다는 식이다. 천재성을 어떤 집단이 아닌 한 개인에게 부여하는 경향이 점차 늘어나긴 했지만, 과학 천재에 대한 낭만적 개념은 19세기 초에야 나타났다. 그전에는 '과학 천재'라는 말은 모순된 말로 인식되었다. 위대한 시나 교향곡은 전적으로 천재의 머릿속에서 만들어지는 반면,(여성 천재는 가능하지 않았다) 과학자는 자신의 논리적 주장의 모든 단계를 설명할 수 있는 존재로 여겨졌던 것이다.

생전에 뉴턴은 종종 영국의 위대한 계몽주의 시인 알렉산더 포프(1688~1744)와 비교되곤 했다. 뉴턴의 영향을 받은 실험적 연구가 국가에 명성과 이익을 가져다줄 수 있는 가치 있는 행위로서 문학 작품과 어느 정도 어깨를 나란히 하기 시작했던 것이다. 뉴턴의 명성이 높아지는 만큼 포프의 명성은 주저앉았다. 뉴턴이 1727년 사망하자 포프는 뉴턴 묘비에 새겨지길 바라면서(하지만 그의 바람은 이루어지지 않았다)

다음과 같은 2행 시를 지었다.

자연과 자연의 법칙은 어둠 속에 숨겨져 있었다.
신이 말씀하셨다. 뉴턴이 있으라! 그러자 세상이 밝아졌다.[7]

성경의 창세기를 모방한 이 시에서 포프는 뉴턴을 인간의 무지와 미신이라는 어둠을 밀어내기 위해 신이 보낸 그리스도와 같은 과학 영웅으로 찬양하고 있다. 혼돈 중에서 지식을 포착해내는 갑작스런 과정은 사과 이야기에서 마찬가지로 되풀이되는데, 이 경우에만 뉴턴이 이미 성인이 되고 나서 영감이 떠오른 것으로 묘사되었고, 사과가 떨어진 것이 우연이었는지 아니면 신의 의지가 개입된 것이었는지는 명시되어 있지 않다.

19세기에는 과학과 종교가 표면적으로는 나뉘어 있었기 때문에 뉴턴 이론에서 신의 역할은 소거되었고, 신성함에 부여됐던 문화적 의미와 기능을 천재가 이어받게 되었다. 아직도 많은 관광객이 성지라도 되는 것처럼 울스도프로 몰려들어 썩어가는 사과나무를 보고 감탄을 금치 못하고 있거나, 케임브리지 트리니티 대학교 예배당 전실에 있는 뉴턴 조각상 앞에서 존경심을 드러내고 있다. 뉴턴의 사과는 다니엘의 사자(사자굴 속에 던져진 다니엘은 하나님의 보호 아래 이곳에서 빠져 나온다)나 알렉산드리아 성녀 카타리나의 바퀴(카타리나는 못이 박힌 바퀴에 고문당하고 목이 잘려 순교했다)와 같은 상징물이 되었다. 뉴턴이 무척 영리한 사람인 것은 분명하지만, 그를 과학 천재라고 찬양하는 것은 그를 초인적인 존재로 숭배하는 것이나 다름없다.

사과나무 이야기와 마찬가지로 뉴턴이 무신론자였다는 주장 또한 그 영향력이 사라질 기미가 거의 보이지 않는다. 이런 주장이 잘못된 것임을 증명하는 확실한 근거가 있음에도 말이다. 기술과학이 보다 힘을 얻었던 빅토리아 시대에는 다윈 학설이 여러 합목적적 진화 모델을 위협했다. 다윈 이론에 따르면 인류의 출현은 창조주인 신의 의도가 아니라 돌연변이와 자연선택에 의한 것이었다(통념 11 참조). 몇몇 과학자들과 성직자들은 과학과 종교가 원래 상반된 것이었다고 주장하는 것이 유리하다고 생각했다. 그래야 두 집단이 각각 사회에서 높은 위상을 계속 유지할 수 있었기 때문이었다. 오늘날 이런 수사적 전략은 무신론을 지지하는 과학자들이 창조론에 반대할 때 사용하는 새로운 논쟁 무기가 되고 있다. 공교롭게도 오늘날의 과학 투사들은 그들이 맹렬히 비난하는 근본주의자들만큼이나 독단적이고 선동적이다(통념 13과 24 참조).

2부

19세기

1828년 프리드리히 뵐러의 요소 합성은 생기론을 파괴하고 유기화학을 탄생시켰다

피터 J. 램버그

뵐러의 요소 합성은 처음으로 무기 물질로 유기물을 만들어냈다는 점에서 역사적으로 큰 의미가 있다. 이 결과는 유기물에는 모든 생명체에 내재해 있는 특별한 힘 혹은 생명력이 있다고 주장하는 생기론이라는 당시 주류 이론에 반대되는 것이었다. 생기론 때문에 유기 화합물과 무기 화합물은 분명하게 나눠져 있었다.

— 위키피디아, '뵐러 합성'(2014)

19세기 초 많은 과학자는 생명체에서 얻어진 화합물은 무기 화합물에는 없는 특별한 '생명력'이 있다고 믿었다. '생기론'이라고 하는 이 개념은 무기 화합물은 외부 생명력의 도입 없이는 유기 화합물로 전환될 수 없다고 규정했다. 그러나 1828년 독일 화학자 프리드리히 뵐러가 시안산암모늄(무기 염류로 알려진)을 소변에 존재하는 유기 화합물인 요소로 전환하는데 성공하자 생기론은 커다란 타격을 입게 되었다.

이후 수십 년에 걸쳐 다른 예들이 발견됨에 따라 생기론은 점차 힘을 잃게 됐다. 생기론이 추락하면서 유기 화합물과 무기 화합물 사이의 구분이 사라지게 됐다.

— 데이비드 클레인, 『유기화학』(2012)

　　1828년 프리드리히 뵐러(1800~1882)는 소논문을 하나 발표했는데, 여기서 그는 뜻밖에도 시안산과 암모니아를 합성해 요소를 합성했다고 보고했다. 요소라는 생성물이 나왔다는 것은 완전히 예상 밖의 결과였다. 왜냐하면 당시의 이론상 시안산과 암모니아는 소금의 특성을 갖고 있는 화합물을 만들어내야 했기 때문이다. 요소는 소금이 아니었으며, 시안산염에서 나타나는 특성을 전혀 갖고 있지도 않았다.[1] 논문에서 뵐러는 인공 합성이라는 색다른 결과를 반복해서 언급했지만, 그와 그의 스승인 스웨덴 유명 화학자 옌스 야코브 베르셀리우스(1779~1848)는 소금에서 비소금을 만들어낸 것과 시안산암모늄과 요소가 원자 구조가 같다는 사실에 가장 큰 관심을 보였다. 장두의 인용구가 암시하듯이 뵐러나 베르셀리우스 모두 합성이 생기론生氣論에 어떤 영향을 주는지는 언급하지 않았지만, 몇십 년 지나지 않아 화학자들은 뵐러의 실험을 생기론을 사장시키고 유기화학을 화학의 한 분야로 탄생시킨 '획기적인' 발견으로 인식하게 된다. 현대 유기화학 교과서의 90퍼센트가 이 같은 통념을 어느 정도는 언급하고 있다는 조사 결과를 보면 통념이 매우 오랜 시간 지속된다는 사실을 알 수 있다.[2]

요소 통념은 다음과 같은 세 가지 부분으로 나눌 수 있다. (1)뵐러가 원소들로 요소를 합성해냈다는 점 (2)이런 합성이 이루어짐으로써 무기화학과 유기화학이 같은 법칙하에 통합됐다는 점 (3)이런 합성이 이루어짐으로써 생명체에 존재하는 '생명력'의 개념이 사라졌거나 최소한 약화되었다는 점 등이다. 하지만 역사가들이 여러 면에서 지적하고 있듯이, 이 세 부분 모두 다음과 같은 면에서 문제가 있다. 첫째, 뵐러의 합성은 인공적이었기 때문에 '생명력'이 남아 있을 수 있다는 이유로 거부될 수 있는 것이었고, 실제로 거부되었다. 둘째, 요소 합성 훨씬 전에 베르셀리우스의 생각에 고무된 화학자들은 유기화학과 무기화학이 동일한 화학결합 법칙을 따를 것이라는 가정하에 실험을 했다. 셋째, '생기론'은 하나의 이론이 아니라, 뵐러의 합성 이후에도 화학적, 생물학적 맥락 속에서 여전히 계속되고 있는 생명의 특성에 관한 다양한 생각의 묶음이었다.

무기물 시재료?

빌러의 합성이 이루어지고 100년 넘게 화학자와 역사가 들은 일반적으로 이 합성이 실제로 '원소로부터 요소를 바로 합성한 것이기 때문에 완벽한 인공 합성이라고 생각했다. 그러나 1944년에 화학자이자 역사가인 더글러스 매키(1896~1967)는 실험의 시재료가 유기체에서 기인한 것이었고, 따라서 원소로부터 바로 요소를 합성해낸 것이 아니므로 빌러의 합성이 생기론의 종말을 고한 것은 결코 아니었다고 주장했다. 매키는 "빌러가 생기론을 유기화학에서 몰아냈다고 믿는 사람들은 아무거나 믿는 사람들이다"라고 단정적으로 말했다. 매키에 따르면 최초로 원소로 물질을 합성해낸 사람은 1845년 석탄에서 아세트산을 성공적으로 만들어낸 헤르만 콜베(1818~1885)였다.[3] 1960년대 중반까지 역사가들과 화학자들은 빌러가 '완전' 합성에 성공했는지 논쟁을 벌였지만, 1970년이 되자 빌러가 '원소에서' 직접 요소를 만들었는지 여부를 규명하는 것은 매우 어려운 문제인 것처럼 보였다.[4] '인공' 합성의 정의를 둘러싼 모호함은 이 통념이 형성되는 것을 방해하지는 않았지만 큰 도움이 된 것도 아니다.

화학의 통합?

1910년대 화학자들은 유기 화합물의 특성을 잘 알지 못했고 유기 화합물이 인위적으로 만들어질 수 있는지도 확신하지 못했다. 하지만 그렇다고 해서 화학자들이 화학결합 법칙을 따르는 화학물질인 유기 화합물을 연구할 방법이 없었다는 뜻은 아니다. 앙투안 라부아지에(1743~1794)는 생명체에서 분리된 화합물은 주로 탄소, 수소 그리고 산소로 이루어져 있다는 사실을 1780년대에 이미 증명해 보였다. 1910년대 화학은 새로 발견된 동전기current electricity 현상과 존 돌턴(1766~1844)이 발전시킨 새로운 원자론의 영향을 많이 받았다. 이 두 가지 학문적 발전을 이용해 베르셀리우스는 전기화학적 이원론이라는 이론을 만들어냈는데, 이 이론에 따르면 무기 화합물은 양의 부분과 음의 부분으로 이루어져 있어 정전기적 인력에 의해 서로 결합한다. 베르셀리우스의 이론은 무기 화합물에 잘 적용되었고, 무기 화합물은 서로 다른 여러 원소가 단순 결합해 만들어지는 것이기 때문에 구조 자체가 화합물의 화학적 특성을 나타낸다고 생각되었다. 하지만 이런 이론 체계는 유기 화합물에는 적용이 되지 않는 듯했다. 탄소, 수소 그리고 산소는 서로 결합해 다양한 종류의 화합물을 만들어낼 수 있어, 구조만으로는 각 화합물의 특성을 설명하는 것이 불가능해 보였기 때문이었다.

이런 문제가 있음에도 불구하고 화학자들은 유기 화합물과 무기 화합물은 확실한 화학결합 법칙을 따를 것이라는 사실에 전반적으로 동의했다. 예를 들어 1810년대에 미셸 외젠 슈브뢸(1786~1889)은 자연적으로 발생하는 유지油脂의 화학을 심도 있게 연구했다.[5] 슈브뢸은 동물성 지방을 따로 분리해내고는, 이 지방들이 확실한 구조를 갖고 있고 각 지방은 글리세린과 세 개의 고분자 지방산large-molecular-weight fatty acid이 결합해 만들어진다는 사실을 알아냈다. 당시 많은 존경을 받고 있던 슈브뢸은 지방은 무기 화합물처럼 체계적인 화학분석의 대상이 되며, 확실한 화학결합 법칙을 따른다고 주장했다.[6]

1810년대에는 베르셀리우스가 원자의 결합 비율을 측정할 수 있다는 원칙을 공고히함으로써 돌턴의 원자론을 옹호했다. 베르셀리우스는 유기화학과 무기화학은 동일한 결합법칙을 따른다고 오랫동안 생각했고, 1814년에는 다음과 같은 글로 자신의 연구를 유기화학 쪽으로 전환한다는 사실을 분명히 했다.

무기물에 확실한 비율이 존재한다는 사실에서 유기물에도 확실한 비율이 존재한다는 결론을 분명히 이끌어낼 수 있다. 하지만 유기물 구조는 무기물 구조와 근본적으로 다르므로 차원이 서로 다른 이 두 물질에 이런 법칙들을 적용할 때에는 근본적인 수정이 반드시 필요하다.[7]

유기 화합물이 화학결합 법칙을 일관되게 따른다는 사실을 증명하기 위해, 베르셀리우스는 각 순수 유기 화합물은 일관되게 동일한 원소 비율을 갖고 있다는 사실을 발견한 후, 순수 유기 화합물에 있는 탄소, 수소 그리고 산소의 원자 비율을 알아낼 수 있는 기술을 개발했다. 그는 유기 화합물은 원자론 측면에서 해석될 수 있고, 무기 화합물과 마찬가지로 측정 가능하고 확실한 결합 비율이 있다고 결론지었다.[8]

종합적이고도 영향력 있는 자신의 책 『화학비율 이론에 관하여Essay on the Theory of Chemical Proportions』(1819)에서 베르셀리우스는 유기 화합물의 결합 비율은 무기 화합물의 결합 비율보다 복잡하다고 분명하게 말했다.[9] 무기화학은 유기 화합물 구조를 이해하는 데 도움이 될 수 있다고 믿었기 때문에, 베르셀리우스는 자신의 전기화학적 이원론이 유기 화합물에도 적용되어야 한다고 주장했다.[10] 따라서 유기 화합물 합성 이론의 장애물은 유기 화합물을 유지하는 여러 종류의 화학적 힘을 모르는 것이 아니라, 분자를 구성하는 원자 '배열'의 복잡성이었다.

생기론의 종말?

이 통념을 설명할 때 생기론은 생명체에는 존재하지만 무기물 체계에는 존재하지 않는 신비롭고 비물질적인 실체, 즉 생명체에 존재하는 복잡한 시스템을 유지하는 역할을 맡고 있는 '합리적 영혼'의 존재를 가정하는 이론으로 간주된다. 이는 게오르크 에른스트 슈탈 (1659~1734)과 같은 18세기 초 생기론 옹호자들이 한 설명 가운데 하나임이 분명하다. 하지만 생기론에 대한 슈탈의 설명은 생명 본질에 관한 여러 설명 중 한쪽의 극단에 자리 잡고 있었다. 정반대의 극단에는 생명체가 물리적, 화학적 법칙에 의해서만 움직이는 복잡한 기계로 그려지는 순수 유물론이 있다. 전적인 '반생기론적' 입장은 18세기 중반에 형성됐는데, 쥘리앵 오프루아 드 라메트리(1709~1751)가 자신의 저서 『인간 기계론Man a Machine』(1748)에서 이런 입장을 취한 것으로 유명하다.[11]

다른 철학자들은 생기론 개념에 대해 다른 입장을 취했다. 예를 들어 알브레히트 폰 할러(1708~1777)와 자비에 비샤(1771~1802)는 외면적인 비물질 실체external nonmaterial entity로서의 생기론의 개념을 거부했다. 대신 그 특징은 기술되고 연구될 수 있지만 본질은 밝혀지지 않은, 서로 끌어당기는 뉴턴의 만유인력과 유사한 어떤 특정한 힘을 생명체가 갖고 있다고 주장했다. 요한 프리드리히 블루멘바흐(1752~1840)와 요한 크리스티안 라일(1759~1813)은 '생기적 유물론vital materialism'이라고 하는 생기론의 또 다른 국면을 발전시켰는데, 이 이론에 따르면 생명력은 독립된 실체가 아니라 유기체의 화학적, 물리적 성분들의 복잡한 상호작용에서 나오는 어떤 것이다.[12] 생명 체계가 화학적, 물리적 법칙을 따른다 하더라도 생명현상은 생명체 각 부분의 단순한 합 이상이다. 이런 예들은 생기론이 획일적이고 단일한 체계로 이해할 수 있는 이론이 아니라, 생명의 시스템에 관한 다양한 이론을 제시했다는 점을 보인다.

베르셀리우스도 이미 1806년에 생기적 유물론에 관한 설명을 진척시켰는데, 그의 1827년판 교과서의 유기화학 장에 이에 관해 언급되어 있다. 그는 이후에 출간된 교과서의 표제어에 많은 수정을 가하지 않았다.[13] 마찬가지로 유스투스 폰 리비히(1803~1873)는 그의 저서 『동물화학Animal Chemistry』(1842)에서 생명력을 "어떤 물체에 내재되어 있고, 물체의 소립자들이 하나의 배열 혹은 형태로 연결되면 감지할 수 있는 독특한 특성"으로 묘사했다.[14] 이 힘은 중력 혹은 전기력처럼 시스템의 복잡성에서 생겨났다. 단일 화합물 합성은 조직화된 시스템에 관한 생명력 이론에 별 영향을 주지 못했기 때문에, 뵐러와 베르셀리우스가 그들이 주고받은 서신에서 요소 합성이 생기론에 미치는 영향에 대한 논의를 제대로 하지 못했다는 점과 초기 유기화학 교과서가 뵐러 혹은 요소 합성에 대해 언급하지 않았다는 점은 놀라운 일이 아니다.[15]

생물학자들 사이에서 생기론은 힘을 얻었다가 잃었다가를 반복했다. 1890년대에 한스 드리슈(1867~1941)는 자신이 '엔텔러키entelechy'라고 명명한, 유기체의 성장을 관할하는 비물질적 요소가 분명 존재한다고 주장했다. 1920년대에는 노벨상 수상자 한스 슈페만(1869~1941)이 배자 발생에 대한 정교하고 포괄적인 이론을 개발했는데, 당시 사람들은 이를 생기론으로 생각하는 잘못을 저지르곤 했다.[16] 생물학적 시스템, 생명의 기원, 지능 그리고 경제 시스템과 은하 형성과 같은 다양한 현상들을 설명하기 위한 '돌발적 구조emergent structures'와 '자기 조직화self-organization' 등의 현대적 개념 역시 형태를 달리 한 생기적 유물론

의 일환이다.[17]

　화학자들이 더 많은 유기 화합물을 성공적으로 만들어내긴 했지만, 이것이 유기 화합물과 무기 화합물 사이의 차이를 완전히 없앤 것은 아니었다. 1848년 루이 파스퇴르(1822~1895)는 타르타르산 분자는 왼편으로 혹은 오른편으로 비대칭적 형태를 하고 있는데, 이런 사실에서 생명체에서 분리된 많은 화합물이 두 가지 형태 가운데 오직 한 가지 형태로만 이루어져 있다는 결론을 이끌어낼 수 있다고 주장했다. 이런 형태를 인위적으로 만들려고 시도하자 두 가지 형태가 모두 망가지는 결과가 나왔다. 1860년 '천연 유기농 제품의 비대칭성에 관하여'라는 유명한 강연에서, 파스퇴르는 비대칭성의 존재는 "아마도 죽은 자연dead nature 화학과 살아있는 자연living nature 화학 사이에 우리가 지금 그릴 수 있는 유일한 확실한 경계선일 것이다"라고 말했다.[18] 파스퇴르에 따르면 비대칭 분자는 '비대칭적 힘'에 의해서만 만들어질 수 있는데, 이런 관점은 알코올 발효는 효모의 생존 과정이지 화학적 작용이 아니라는 신념 그리고 이후 자연발생설이 틀렸음을 입증하는 계기와 긴밀한 연관이 있었다(통념 15 참조).[19]

　1898년 영국 화학자 프랜시스 잽(1848~1928)은 분자 단계에서 나타나는 비대칭성은 비물질적 원인 때문이라고 분명하게 주장했다.

　생명이 처음 탄생하는 순간 지향력이 작용하게 되는데, 이 힘은 지능을 갖춘 운영자가 자신의 의지를 행사함으로써 좌우대칭의 결정을 명확하게 하고 비대칭 결정을 거부하게끔 한다.[20]

1894년 에밀 피셔(1852~1919)는 발효와 효소 작용에 대해 화학적이고 기계론적인 관점을 명확하게 밝혔는데, 여기서 그는 생물학적 비대칭이 나타나는 이유는 자물쇠와 열쇠가 들어맞듯 비대칭 분자에 꼭 맞는 효소에 이미 비대칭성이 존재하고 있기 때문이라고 주장했다. 잽은 이런 기계론적 해석이 사실이라 할지라도 비대칭성의 근원은 여전히 설명되지 않고 있다는 점을 지적하면서 교묘하게 피셔의 이론을 반박했다. 사실 분자 비대칭성의 원인은 오늘날까지도 풀리지 않는 문제로 남아 있다.

통념이 지속되는 이유

이 책에 있는 다른 통념들과 마찬가지로 뵐러의 통념은 사라질 기미를 보이지 않는데, 그 이유는 뵐러의 통념이 몇몇 특정 목적에 도움이 되기 때문이다. 유기화학자들은 뵐러의 통념 탓에 뵐러를 매우 중요한 의미를 갖는 특정한 시대적 과업을 이루어낸 영웅으로 바라본다. 뵐러 통념은 1882년 그가 사망한 이후 널리 퍼졌는데, 그 이유는 뵐러 통념이 어느 정도는 유기화학 이론을 생물학이나 물리학의 개념을 더 이상 차용할 필요가 없는 하나의 원칙으로 자리 잡게 했기 때문이며, 어느 정도는 독일 화학자들이 합성을 주요 과제로 삼은 영향력 있는 독일 화학 공동체의 원형을 바로 자국에 만들어 놓으려 했기 때문이다.[21] 뵐러 통념은 생기론을 지나치게 단순하게 다룸으로써, 생물학을 생명력과 같은 '유사 과학' 영역에서 분리하고 보다 '과학적'으로 만드는 과정에서 생리학자들이 어떻게 화학과 물리학의 엄격한 기계론적 방법과 정량적 방법을 채택했는지 쉽게 포장할 수 있도록 했다.[22]

통념 **8**

윌리엄 페일리가 생명의 기원에 대한 과학적 질문을 제기했고, 찰스 다윈이 이에 답했다

애덤 R. 샤피로

1802년 출판된 [윌리엄 페일리의] 『자연신학, 혹은 자연의 외형에서 수집한 신의 존재와 특성의 증거』는 '설계론 증명'으로 가장 잘 알려져 있고, 신의 존재에 관한 논쟁에서 큰 영향력을 행사하고 있다. 이 책은 내가 아주 존경하는 책인데 그 이유는 지금 내가 하려고 하는 일을 저자가 그의 시대에 성공적으로 해냈기 때문이다. 그가 유일하게 잘못했던 점은(이는 분명 가벼운 문제가 아니다) 설명 자체였다. 그는 문제에 대해 기존의 종교적 관점을 유지한 채 이전의 그 누구보다도 더 분명하고 설득력 있게 다듬은 답을 내놓았다. 진정한 설명은 이와는 전혀 다른 것이다. 그리고 진정한 설명을 듣기 위해서는 가장 혁신적인 사상가 가운데 한 명, 즉 찰스 다윈이 나타나길 기다려야 했다.

—리처드 도킨스, 『눈먼 시계공』(1986)

다윈이 나타날 때까지 이 세상이 설계된 것이냐에 대한 논쟁은 사실상 철학과 과학에서 흔히 있는 일이었다. 하지만 논쟁의 지적 타당성은 형편없었는데, 이는 아마도 다른 의견들과의 경쟁이 부족했기 때문이었던 듯하다. 다윈 이전 설계론의 영향력은 19세기 영국 성공회 신부 윌리엄 페일리의 저작을 통해 절정에 달했다. 신을 열광적으로 옹호하던 페일리는 자신의 작품을 논리적으로 만들기 위해 많은 과학적 지식을 인용했지만, 공교롭게도 이것이 도를 넘는 바람에 자가당착에 빠지는 결과를 초래하고 말았다.

—마이클 베히, 『다윈의 블랙박스』(1996)

리처드 도킨스(1941~)와 '지적 설계'를 옹호하는 마이클 베히(1952~)는 많은 부분에서 의견이 일치하지 않는데, 특히 진화에 있어서 의견이 분명하게 갈린다. 심지어 이들은 윌리엄 페일리(1743~1805)를 18세기 사람으로 볼 것이냐 아니면 19세기 사람으로 볼 것이냐 하는 문제에 있어서도 의견의 일치를 보지 못하고 있다. 하지만 이들은 찰스 다윈(1809~1882)의 『종의 기원Origin of Species』(1859)이 페일리의 『자연신학Natural Theology』(1802)을 반박했다고 주장한다는 점에서는 일치한다. 또 이들은 페일리가 자연세계에서 볼 수 있는 복잡한 구조(눈, 귀, 폐, 팔 그리고 그 이외의 기관들)의 기원을 설명하려고 했다는 점에도 동의한다. 시계의 목적이 시간을 알려주는 것이듯 이러한 기관들도 특정한 목적을 가지고 있다고 페일리는 보았다. 페일리는 생명체의 기원을 설명하다가 지적 설계자인 신이 존재한다는 결론을 내렸다는 것이다. 그리고 다윈의 자연선택에 의한 진화 이론이 발표되기 전까지 페일리의 논증은 심각한 도전을 받지 않았다.

다윈이 복잡한 생명에 대한 페일리의 과학적 설명을 반박했다는 이 통념은 몇 가지 측면에서 잘못 이해되고 있다. 페일리의 논증은 생명체의 기원에 대한 것이 아니었을 뿐 아니라, 과학적 논증도 아닌 신학적 논증이었다. 다윈이 페일리의 논증이 설득력이 없다는 사실을 알고 있긴 했지만 다윈의 목적은 페일리의 논증을 반박하는 것이 아니었다. 실제로 다윈과 동시대 사람들은 자연선택을 페일리의 자연신학 논증과 양립할 수 있는 것으로 생각했다. 20세기에 들어 진화론이 새롭게 통합되면서 페일리의 본래 사상이 풍자되었고, 그때부터 사람들은 설계론에 대한 과학적 논증이 반박됐다고 주장하기 시작했다.

『자연신학Natural Theology』은 만약 들판에서 돌을 하나 우연히 발견하게 되면, "나는 아마도 그 돌이 항상 그곳에 있었다고 생각할 것이다"라는 진술로 시작한다. '항상'이라는 말을 사용함으로써 페일리는 태초를 염두하지 않았다. 그는 시작도 끝도 없는 영원함을 논했다. 페일리가 『자연신학』을 집필할 당시에는 시작도 끝도 없다는 영원한 우주에 대한 생각을 천문학자들과 지질학자들이 진지하게 받아들였다. 그리고 이런 생각은 수 세기 동안 기독교 안에서 논쟁거리가 되었다. 페일리는 만약 우리가 그 자리에서 돌이 아닌 시계를 발견했다면, 무한하고 영원한 우주라는 생각을 배제해야만 한다고 주장했다. 누가 시계를 그곳에 가져다 놓았는지는 중요하지 않다. 중요한 것은 시계를 바라보고 있는 순간에도 시계는 목적을 가지고 있다는 증거를 보여주고 있다는 점이다. 설사 이 시계가 중력이 아닌(모래시계, 추시계 혹은 괘종시계가 작동하는 방법이 아닌) 태엽으로 작동되는 것이라 할지라도, 시계 부품들은 나름의 방식으로 정렬한 채 중력이 행성을 움직이게 하는 것과 합치하는 방식으로 작동한다. 다시 말해 시계는 시간을 측정한다. 페일리는 "하나가 자연의 법칙과 관련이 있다면, 다른 하나는 세상에 존재하는 물질들을 정렬하는 것과 관련이 있다"라고 덧붙였다. 자, 보라. 이런 물질들(눈, 귀, 폐)은 자연의 법칙(광학, 음향학, 압력)을 이용할, 즉 자연법칙에 적응할 준비가 된 것 같아 보이지 않는가. 물질이 특유의 자연법칙에 적응하는 것은 사실이다. 그리고 이런 사실을 간파한 페일리는 모든 것 뒤에는 지적 설계자가 존재한다는 결론에 이르게 된다.[1]

우선 이 논증은 이런 물질들이 어떻게 만들어졌는지에 관한 것이 아니다. 페일리는 독자들에게 자신과 똑같은 시계를 조립해내는 기능을 갖춘 시계를 하나 상상해보라고 제안한다. 그러면 지금 우리 눈앞에 있는 시계는 그 이전 시계가 만든 것이고, 그 시계는 또 다른 시계에 의해 만들어졌다고 생각하게 된다(영원히 존재해왔던 세계를 상상해보라). 그의 논증은 변하지 않는다. 왜냐하면 그는 이 시계가 처음에 어떻게

만들어졌는지를 묻는 게 아니라, 목적론의 증거로서 시계를 탐구하기 때문이다.[2]

페일리는 세상의 시작이 있었다고 믿었지만, 이를 당연시하려고 하진 않았다. 그래서 그는 그의 논증에서 설계자만을 가정했고, 영원한 세계도 가능성으로 받아들였다. 그의 의도가 설계자가 존재한다는 사실만 보여주기 위한 것이 절대 아니었기 때문에 이는 중요했다. 그의 목적은 신학을 실현하는 것, 즉 목적으로 가득 찬 세계를 창조할 능력을 갖춘 존재에 대한 종교적 질문에 답하는 것이었다. 자연법칙은 어디에나 적용되고 동일하게 나타나기 때문에, 그는 설계자는 단 한 명뿐이고 어디에나 존재한다고 추론했다. 즉 신 말이다. (그의 생각에 따르면) 이 세상엔 불필요한 고통은 없고 기쁨의 경험은 종종 그것 자체가 목적으로 보이기 때문에, 그는 이 설계자가 선한 존재라고 추론했다. 우리가 자연을 공부하고 합리적인 사고를 하면 이 세상은 알아볼 수 있는 신의 증거를 제시하기 때문에, 그는 신은 모든 사람들이 자신을 이해하기를 바란다고 추론했다. 심지어 계시, 성경 혹은 신의 존재를 확인할 수 있는 개인적인 방법을 받아들이기 이전에도 말이다.[3]

자연이 설명할 수 없는 것들이 존재하고, 자연적인 원인만으로는 일어날 수 없는 일들이 일어난다는 사실을 예로 들면서 신의 존재를 증명할 수도 있었다. 하지만 페일리는 이런 식의 증명은 개인적 경험에 연연할 수 있고, 계시 혹은 성경을 달리 해석함으로써 발생하는 종교적 갈등을 정당화할 거라는 사실을 두려워했다. 페일리는 자연을 신학의 시발점으로 생각했다. 합의를 이끌어내는 가장 좋은 방법이 자연 관찰에 근거한 일반지식이라고 생각한 그는 자연을 신학의 출발점으로 끌어들였다.[4]

페일리는 최고의 사회란 사람들이 자연신의 뜻을 따르는 보수적인 사회일 뿐 아니라 전반적으로 지식인, 노동자, 지도자, 기능공 그리고 군인이 최적의 균형 상태를 유지하는 사회임을 자연세계가 증명한다고 생각했다. 사람들이 이런 자연적 성향(페일리는 이런 성향은 일반적으로 유전된다고 생각했다)을 무시하면 사회 전반에 최고의 선을 가져다주는 이 신성한 공리주의 시스템은 무너진다. 페일리의 관점에서 이는 정확히 프랑스 대혁명 당시 발생한 일이었다.[5]

페일리에게 자연이란 신이 도덕을 구현해내는 방법이었다. 기관의 각 부분이 아니라 전체 생태계가 균형을 이루어야만 고통이 최소한이 될 수 있다. 페일리는 신과 신의 도덕률에 대한 자신의 주장을 펼치기 위해 자연(사람과 짐승의 구조와 기관 그리고 이종異種간의 관계)을 이용했다. 페일리는 과학에 관여하지 않았는데, 이는 자연을 설명하는 데 '과학'이란 단어를 사용하는 것이 시대착오적이라는 생각 때문은 아니었다. 페일리는 자연사와 자연철학을 이용했는데, 이는 오늘날 우리가 과학적이라고 하는 결론에 이르기 위해서가 아니라 종교적 주장을 펼치기 위해서였다. 페일리는 자연을 설명하기 위해 신을 끌어들인 것이 아니라 신을 설명하기 위해 자연을 끌어들였다. 그의 저서 『자연신학』은 진정 신학의 영역에 포함되는 작품이다.[6]

1830년대에 들어서자 페일리의 논증은 다르게 소개됐다. 1836년 출판된 이 책의 주석판 첫 단락에 편집자 헨리 브로엄과 찰스 벨이 각주를 달았는데, 그 내용은 최근 지질학계의 발견에 의하면 돌이 오래전부터 항상 그 자리에 놓여 있었다는 추론은 더 이상 사실이 아니라는 것이었다. 다시 말해 그 돌은 어느 특정한 시간에 만들어진 것일 수도 있다. 이 각주는 지질학적 정보를 업데이트한 것이었지만, 설계자가 기원에 의존적이지 않다는 페일리의 신학적 관점을 약화시켰다. 1830년대에 태양계와 지질학적 형성의 발전에 대한 새로운 이론들이 등장하면서 영원한 우주에 대한 독자들의 관심이 줄어들었다. 독자들이 알고 싶어한 부분은 우주의 출발점이 있었는지 없었는지가 아니라, 우주가 탄생한 이후 물질이 변화했는지 했다면 어떻게 변화했는지였다.[7]

여기서 종의 기원에 대한 질문이 나타난다. 지구의 생명체는 오랜 시간에 걸쳐 변화했다고 가장 먼저 주장한 사람은 찰스 다윈이 아니었다. 1802년 『자연신학』을 집필할 당시 페일리는 새로운 종을 소개하기 위한 두 가지 주요 이론에 관심을 두고 있었다. 첫째는 뷔퐁 백작인 조르주루이 르클레르(1707~1788)의 이론이었는데, 이 이론에 의하면 세상은 물질을 구성하고 새로운 생명을 탄생시키는 고유한 특성을 지닌 생체분자organic molecule라고 하는 창조 입자creative particle로 가득차 있다. 뷔퐁의 이론은 점진적인 발생을 가정하지 않았기 때문에 진정한 진화론은 아니었지만, 최초의 우주 창조 이후 언젠가 새로운 종들이 나타날 거라고 주장했다. 페일리가 관심을 둔 또 다른 이론은 찰스 다윈의 할아버지인 이래즈머스 다윈(1731~1802)이 제기한 욕구 이론appetency이었는데, 이 이론은 생명이 새로운 성장과 새로운 복잡성을 얻으려고 하는 의도적인 노력의 과정이라고 주장했다. 이는 진정으로 진화론적인 이론이었고, 페일리는 새로운 형태의 생명은 '오랜 세대를 거쳐 진행된 지속적인 노력에 의해' 나타난다고 기술했다.[8]

페일리는 뷔퐁의 이론을 확실하게 거부했다. 그의 이론이 부정확하고 무신론적이라고 평가한 페일리는 새로운 종들이 자연발생적으로 나타났다는 증거가 없으며, 자연이 새로운 종들을 이런 방법으로 만들어내는 힘을 갖고 있다는 가설을 뒷받침할 만한 증거도 없다고 말했다.

하지만 그는 이래즈머스 다윈의 욕구 이론을 이와는 달리 취급했다. 페일리에 따르면 (1802년에는) 과거에 진화가 일어났다는 주장을 뒷받침할 만한 증거는 거의 없었지만, 이런 변화가 일어나는 것이 불가능한 것은 아니다. 그는 "나는 이를 무신론적 설계라고 부를 생각이 없다. 왜냐하면 변화의 본성과 무수한 다양성은 지적 설계자인 창조주의 계획 자체에 의한 배치와 임명에 기인한 것이기 때문이다"라고 썼다. 뷔퐁과는 달리 이래즈머스 다윈은 이 세상에 추가적인 창조력이 존재한다는 사실을 받아들이지 않았다. 여러 세대를 거치면서 점차적으로 축적되는 자연 생명체의 성장과 유전 과정은 새로운 변화를 일으킬 수도 있는 것이었다. 하지만 페일리는 점진적 진화에 관한 이래즈머스 다윈 고유의 설명에 대해서는 "목적 원인을 배제한다"는 이유로 계속 반대 입장을 취했다. 페일리는 진화론자는 아니었지만 그의 논증이 특별히 창조된 종들에 의존한 것은 아니었다. 설계자에 관한 그의 논증은 기원을 보여주기 위한 것이 아니라 목적론을 보여주기 위한 것이었기 때문에, 페일리는 진화적 설계는 (목적을 위한 역할이 존재하는 한) 그의 논증과 배치된다고 주장하지 않았다.[9]

시간이 흐르면서 찰스 다윈은 내재하는 선천적인 창조력 때문이 아니라, 보다 나은 생존과 재생을 위한 환경 요구에 보다 잘 적응하기 위해 생명체가 진화하는 계를 사실로 받아들였다. 자연선택은 목적론을 배제하지 않는다. 왜냐하면 자연선택은 적응력 증가(하지만 절대 완벽해지지는 않는)라는 목적에 따라 작용하기 때문이다. 다윈은 자연선택은 페일리의 공리주의가 했던 것과 비슷한 방식으로 생명체에 관한 생각에 전체적으로 좋은 결과를 야기했다고 주장했다. 실제로 페일리는『종의 기원』에서 단 한 번만 언급되는데, 여기서 그의 생각은 부인되지 않

고 받아들여졌다.[10]

> 자연선택은 분명 생명체 안에 해가 되는 구조가 아닌 도움이 되는 구
> 조를 만들어낼 것이다. 왜냐하면 자연선택은 각각의 이익에 의해서만,
> 그리고 각각의 이익을 위해서만 작동되기 때문이다. 페일리가 지적했듯
> 이, 그 어떤 기관도 그 기관을 소유하고 있는 생명체에 통증을 유발하
> 거나 해를 끼칠 목적으로 만들어지진 않을 것이다. 만약 이익과 해악
> 이 각 기관에 같은 비율로 균형이 맞춰져 있다면, 각 기관은 전체적인
> 면에서 이익이 되는 방향으로 흘러가게 될 것이다.[11]

비록 다윈이 자신은 결국 페일리의 종교적 판단을 설득력이 없는 것이
라고 본다고 말하긴 했지만, 그는 결코 이런 판단을 진화를 입증하기
위해 거부해야 할 생명의 기원에 대한 과학적 논증으로 보지 않았다.
페일리가 다윈주의 이전에 신학적 사고에 갇혀 있던 풍자적 인물로 부
활한 것은 생물학에서 목적 혹은 진보에 대한 논의를 가차 없이 배제
하려 했던 신다윈주의적 통합 이론이 등장한 20세기에 이르러서였다.
진화에 대한 종교적 반대의 근거가 자연신학이 아닌 성경과의 불일치
로 제시되었던 1925년의 스콥스 반진화론 재판에서 페일리는 사실상
무시되고 말았다. 1959년 『종의 기원』 출판 100주년 기념행사에 참석
한 역사가들과 해설자들은 페일리를 다윈과 대비되는 인물로 설명했는
데, 초기 교과서에는 이렇게 설명되어 있지 않았다. 1980년대에 들어와
서야 페일리와 다윈의 관계에 대한 (도킨스의 설명과 같은) 설명이 『자연
신학』을 종교 작품보다는 과학 작품으로 보기 시작했다.[12]

통념 9

19세기 지질학자들은 격변론자와 동일과정론자로 나뉘어 대립했다

줄리 뉴얼

우리의 저자[찰스 라이엘]나 다른 여러 지질학자와 마찬가지로, 우리는 옛날에 일어났다고 하는 지질학적 현상들이 현재 우리가 경험할 수 있는 평범한 현상과 동일한 것이라고 주장할 수도 있다. 그렇다면 우리가 생각해봐야 할 문제는 현재 우리가 경험하고 있는 지질학적 현상의 규모와 상황이 지금까지 수집된 과거에 일어난 지질학적 현상의 규모와 상황에 부합하는가 하는 것이다. 우리를 어떤 지질학적 상태에서 다른 상태로 이끄는 변화는 긴 평균치에서 보면 강도 면에서 동일한 것인가, 혹은 상대적으로 평온한 시기 사이에 끼어든 발작적이고 격변적인 변화였던가?

 이런 견해 차이는 아마도 얼마 동안은 지질학계를 동일과정론자와 격변론자로 불리는 두 진영으로 나누어놓을 것이다.

— 윌리엄 휴얼, 『지질학 원리』에 관한 논평(1832)

인간은 태어날 때부터 격변론자거나 동일과정론자다. 인간은 모든 물리적, 사회적, 정치적 위기가 임박했다고 믿는 상상력이 풍부한 부류와 자신의 영혼을 있는 그대로 고정시키는 부류로 나눌 수 있다. 첫 비를 대비해 평생 방주를 만드는 사람들이 있고, 용한 기상예보를 보지 않으며 우산도 준비하지 않는 사람들이 있다. 이런 기본적인 차이가 지질학에서는 격변설과 동일과정설이라는 두 역사적 부류로 발현되었다.

— 클래런스 킹, 「격변설과 진화」(1877)

　지질학은 역사적 관점의 과학이다. 그만큼 지질학은 과거의 기록을 정확하고 세부적으로 살려내는 작업에 초점을 맞춘다. 과거를 이해한

103　　　　　　　　　　　　　　　　　　　　　　　　　　　　　　2부 19세기

다는 것은 증거를 찾고, 증거에 어떤 가치가 있는지를 파악하고 그 증거를 통해 어떤 방법으로 과거의 사건들을 추정할 수 있는지를 이해하는 것이다. 지질학을 발전시키기 위해 지질학자들은 이 모든 것들을 실행할 수 있는 유용한 방법들을 받아들여야 했다. 그들은 여러 장소에서 여러 번에 걸친 관찰을 하고 관찰 결과를 어떻게 해석할 것인지 기나긴 논의를 한다. 이런 활동을 통해 학식 있고 경험이 풍부한 사람들은 활발하고 구체적인 논의를 할 수 있었다. 하지만 이 논의에 대한 잘못된 평가는 참가자들이 두 진영으로 양분되었다고 묘사하며 그들의 활동을 지나치게 단순화하고 오도한다.

18세기 말, 아브라함 고틀로프 베르너(1749~1817)의 추종자들과 제임스 허튼(1726~1797)의 추종자들의 대립이 초창기의 예다. 베르너주의자들은 지구의 암석층은 해양의 광물 퇴적물로 만들어졌다는 베르너 이론에 동의했을 것이다. 마찬가지로 허튼주의자들은 지하의 열기가 지구의 암석층을 만드는 데 중요한 역할을 했다는 허튼의 주장을 받아들였을 것이다. 그러나 허튼과 베르너 모두 물과 불을 따로 떼어놓고 둘을 대립적으로 파악하기보다는 훨씬 더 자세한 생각을 제시했다. '허튼주의자' 혹은 '베르너주의자'라는 칭호가 붙은 많은 사람은 암석 형성의 이론 체계에 집착하기보다는 각 이론의 실제 유용성에 훨씬 더 많은 관심을 갖고 있었다.

허튼의 저작은 문단 수가 무척 적은 반면 문단의 길이가 길어 읽기 힘들었는데, 이 책을 통해 그의 이론이 유명해진 것은 아니었다.[1] 존 플레이페어(1748~1819)의 『허튼 지구이론 해설Illustrations of the Huttonian Theory of the Earth』(1802)이 허튼의 이론을 독자들에게 쉽게 전달했다. 플레이페어는 그의 저작에서 상반된 견해를 칭하는 두 명칭을 언급했다.

광물계鑛物界에서 일어난 현상을 설명하기 위해 구축된 이 체계의 역사를 그 등장부터 읊는 것은 현재 목적에 맞지 않다. 이 체계가 지구의 기원을 불로 보느냐 물로 보느냐에 따라 두 가지로 분류된다는 것과 이 구분에 따라 각 이론을 따르는 추종자들이 이후 **화성론자**Vulcanist와 **수성론자**Neptunist라는 색다른 이름으로 분류됐다는 것을 지적하는 것만으로 충분하다. **허튼 박사**는 수성론자보다 화성론자에 훨씬 더 가까웠다. 비록 그가 물과 불 시스템 모두를 도입하긴 했지만, 두 범주 모두에 속할 수는 없었다.[2]

사실 두 범주 모두 개개인의 입장을 완전하게 설명하지는 못한다. 인간을 양자택일 범주로 완벽히 분류하는 것은 있을 수 없는 일이다. 특히 이것이 관념에 관련된 것일 때는 더욱 그러하다.

허튼의 중심 개념 가운데 세 가지가 이후 지질학에 상당한 영향을 미쳤다.

현실활동주의: 지질의 변화는 반드시 현재에 관측할 수 있는 메커니즘, 즉 **사실 확인이 가능한** 원인으로 설명되어야 한다.

점진주의: 지질학적 특성은 현재 관측 가능한 힘의 종류 내에서 설명되어야 할 뿐 아니라(현실활동주의) 그 변화 속도 역시 현재 관측 가능한 범위 내에서 설명되어야 한다.

시간: 현실활동주의와 점진주의 모두 관측 가능한 지질학적 변화를 설명하기 위해서는 아주 긴 시간을 필요로 한다.

이 개념들은 지질학 역사상 최고의 작품으로 손꼽히는 찰스 라이엘

(1797~1875)의 『지질학 원리Principles of Geology』(총 3권)에서 중요한 역할을 한다. 현실활동주의와 점진주의의 개념은 1831년 출판된 제1권의 제목, 『지질학 원리: 현재 작동하는 원인의 참조를 통한 지구 표면의 과거 변화를 설명하기 위한 시도Principles of Geology: Being an Attempt to Explain the Former Changes of the Earth's Surface, by Reference to Causes Now in Operation』에 잘 나타나 있다. 라이엘은 과거의 지질학적 변화는 물에 의한 침식과 퇴적 그리고 화산 분출 등 현재 관측할 수 있는 것과 동일한 종류의 지질학적 과정에 의해서 설명되어야 한다고 주장했다. 또한 그는 이런 힘들이 항상 현재 관측되는 강도와 같은 수준으로 작용했기 때문에 관측 가능한 효과를 나타내기 위해서는 긴 시간이 필요했을 것이라고 주장했다. 라이엘은 현실활동주의와 점진주의가 서로 불가분의 관계에 있다는 것을 보이기 위해 이 둘의 개념을 하나로 통일하는 수사적 기법을 사용했다.[3]

　　동료 지질학자이자 성직자인 윌리엄 대니얼 코니비어(1787~1857)는 라이엘의 작품 제1권을 읽고 난 뒤, "지질학적 현상을 일으키는 물리적 원인들은 일관적이지만 이들이 서로 다른 시기에 작동하면서 그 활동 수준과 강도가 다르게 나타났다는 사실을 그 어떤 철학자도 의심하지 않았다고 생각한다"고 말했다. 즉 코니비어는 지질학적 변동을 일으킨 원인이 현재 우리가 관측 가능한 것이라는 라이엘의 주장은 많은 지질학자가 인정하는 바이지만, 가장 유력한 원인이 다른 환경 조건하에서 다른 방식으로 작동했을 수 있다고 주장했다. 밝혀지지 않은 과거의 환경 조건에서 어떤 일이 일어났는지 주장하는 것은 단지 어림짐작일 뿐 타당한 과학이 아니었다. 동일과정론은 현실활동주의의 합리성에 추측에 근거한 점진주의를 접목시켰다.[4]

1832년 라이엘의 『지질학 원리』(1832) 제2권에 관한 논평에서, 코니비어는 윌리엄 휴얼 이후 철학자와 역사가가 지질학자들을 동일과정론자와 격변론자의 두 부류로 나누었다고 말했다. 이러한 이분적 분류는 이후로도 종종 인용되곤 했지만, 각 지질학자가 어느 부류에 해당되는지를 정확하게 명시하지 않거나 세심하게 분류하지 않았다. 코니비어와 마찬가지로 휴얼은 과거의 지질학적 변화 속도는 동일과정론자인 라이엘과 그 이외의 대다수 지질학자 사이에서 의견이 일치하지 않는 주요 부분이라고 주장했다.[5]

장두의 인용문에서 나타나듯 휴얼은 지질학적 변화가 지구 역사의 서로 다른 시기 동안 서로 다른 비율로 진행됐다고 주장하는 대다수의 지질학자들을 '격변론자'로 지칭했다. 라이엘은 전혀 다른 체계를 근본으로 하는 현상을 받아들인다는 것은 추론적이고, 그래서 비과학적이라고 주장했다. 반면 다른 학자들(특히 휴얼과 코니비어)은 힘이 작용하는 속도가 오랜 시간에 걸쳐 달라질 가능성이 있다는 사실을 부정하는 라이엘의 생각이 추론적이고, 그래서 비과학적이라고 주장했다. 하지만 소위 말하는 격변론자들과 동일과정론자들은 다른 많은 주요 관점에서는 서로 생각이 일치했고 서로의 연구 결과를 칭찬하기도 했다.[6]

라이엘과 동일과정론자를 과학적인 것으로, 격변론자를 믿음에 근거한 반라이엘주의자로 치환한 것은 라이엘 비판론자들의 주장을 지나치게 단순화하고 왜곡한 결과다. 반라이엘주의자에게 지질학적 근거를 제시해준 사람은 라이엘 자신이었다. 이 부분이 『지질학 원리』 제1권에서 많은 부분을 차지하고 있다. 휴얼은 '격변론자'라는 용어를 선택함으로써 점진주의에 대한 라이엘의 입장을 거부하는 지질학자들과, 성경의 권위와 초자연적 원인을 언급하여 지질 현상을 이해하고자 하는 저술가들을 하나로 묶어버렸다. 코니비어와 같은 반라이엘 지질학자들은 신앙과 과학을 동시에 추구하는 저명한 과학자들이었지만 후자는 주로 폭넓은 대중을 위한 글을 쓰는 신앙인이었지 과학자는 아니었다. 즉 갈등은 과학과 종교 사이에 존재했던 것이 아니라, 지질 현상을 설명할 때 과학 외적인 정보와 원인을 받아들이는 사람들과 거부하는 사람들 사이에 존재했다.[7]

라이엘의 『지질학 원리』는 널리 읽혔다. 삽화가 들어있고 읽기 쉽게 구성된 이 책은 신판을 출간하면서 여러 번 내용이 추가됐고, 가격도 그리 비싸지 않았다. 변호사 개업을 포기한 다음 수입의 많은 부분을 책 판매에 의존하고 있었던 라이엘은 『지질학 원리』를 이해하기 쉽고 최근 자료가 많이 포함된 책으로 만드는 데 많은 관심을 기울였다. 『지질학 원리』는 영국에서 12판까지 나왔고 미국에서도 1판(1842)이 나왔다. 라이엘의 생각이 찰스 다윈에게 어느 정도 영향을 미쳤다는 사실 때문에 『지질학 원리』는 더욱 명성을 얻어 강력한 영향력을 행사하게 되었다.[8]

영국 지질학자들과 마찬가지로 미국 지질학자들도 라이엘의 설득력 있는 생각들을 읽고 토론하고 이를 선별적으로 받아들였다. 벤저민 실리먼(1779~1864), 에드워드 히치콕(1793~1864) 그리고 제임스 드와이트 데이너(1813~1895)를 포함한 당시 미국의 주요 지질학자들은 주로 종교인이었다. 그들의 신앙은 미국의 많은 독자들이 과학에 보다 많은 관심을 갖도록 하는 역할을 했지만, 그렇다고 해서 그들의 타당한 과학적 성과를 저해하지는 않았다. 그들의 저작은 과학과 종교 사이 갈등의 반례를 보여준다.[9]

찰스 라이엘과 그의 작품인 『지질학 원리』로 상징되는 **동일과정론자**는 20세기 초까지 지구 역사를 설명하는 데 종교가 개입하는 것을 반대한, 진정한 과학의 전설적인 전문가로 인용되었다. 격변론자는 종교적 요인과 초자연적 힘에 기반하여 현상을 이해하는 지질학자로 상징되었다. 하지만 21세기 초, 지구에 대한 외계 천체의 영향, 빙벽의 붕괴로 인한 사전에 예측할 수 없는 홍수 등과 같은 '대이변'이 지구의 지질학 역사를 과학적으로 분명히 설명할 수 있는 자연적 힘으로 밝혀지게 되었다. 그 결과 동일과정론자들을 과학적 독단에 빠져 상황을 제대로 인식하지 못한 사람들로, 근대 격변론자들을 증거에 따라 문제에 접근하는 사려 깊은 과학자로 묘사하는 문헌이 증가하고 있는 추세다.[10]

휴얼이 1832년 '동일과정론자'와 '격변론자'라는 명칭을 만든 이후, 이 두 명칭은 관련 문제에 대한 지질학자의 견해를 이해하는 수단으로 보다는 좋은 인간과 나쁜 인간을 식별하는 수단으로 사용됐다. 이 용어들은 분명하게 정의되지 않았을 뿐만 아니라 역사적으로 꾸준히 유효하게 성립하지도 않았다. 이 범주는 지질학자들을 편리하게 두 부류로 나누는 데 이용되는 진영이 아니며, 지질학 역사를 이해하는 데 도움이 되는 분석 범주도 아니다.

통념 **10**

라마르크의 진화론은
용불용설에 의존하고 있고,
다윈은 라마르크의 방법을 거부했다

리처드 W. 버크하트 주니어

[다윈의 자연선택 이론과] 경쟁 관계에 있는 유명 생물학자 장 바티스트 라마르크의 이론은 진화가 획득된 형질의 유전에 의해 발생한다는 것이었다. 라마르크에 따르면, 평생에 걸쳐 획득된 개체의 행동과 몸의 변화는 후손에게 전해진다. 반면 다윈 이론에 따르면, 변화는 경험으로 인해 만들어지는 것이 아니라 개체 사이의 기존의 유전적 차이의 결과물이었다.
—피터 H. 레이븐, 조지 B. 존슨, 『생물학』(2002)

생물학 교과서에서 장바티스트 라마르크(1744~1829)와 찰스 다윈의 진화론을 비교할 때, (1)획득형질의 유전은 라마르크 이론의 주요 메커니즘이고, (2)다윈은 이런 메커니즘을 부인하고 대신 자연선택론을 주장했다고 서술한다. 장두의 인용문을 적절한 예로 들 수 있을 것 같다. 앞의 인용문은 교육계에서 가장 유명한 교과서에 나오는 문장이다.

하지만 이런 설명에는 다음과 같은 두 가지 중요한 문제점이 있다. 첫째, 획득형질의 유전, 즉 용불용用不用의 유전 효과는 라마르크의 유기체 변화이론의 주요 요소가 아니었다. 둘째, 다윈은 용불용설이 자연선택 이론에 '중요한' 역할을 했다는 사실을 인정하면서, 용불용 효과의 유전을 확고하게 믿고 있었다.[1] 게다가 라마르크는 어떻게 한 세대에서 형질이 용불용 효과를 통해 획득되는지를 전혀 설명하지 않았던

111   2부 19세기

반면, 다윈은 이를 "범생설(pangenesis, 환경의 영향으로 축적된 변이가 범유전자를 만들고 혈액을 통해 생식 세포로 이동해 유전된다는 학설) 임시 가설"로 설명했다.[2] 다윈은 성공을 거두려는 목적으로 자신이 그 누구보다도 용불용 유전 효과에 대한 관측 자료들을 많이 모았다고 강력하게 주장했다.[3]

라마르크의 경우부터 살펴보도록 하자. 획득형질의 유전이 라마르크의 진화론적 사고에서 중요한 부분을 차지한 것이 사실이긴 하지만, 라마르크는 사실 두 가지 요소로 이루어진 진화론을 주장했는데, 이 이론에서 획득형질의 유전은 확실한 제1요소가 아닌 부차적 요소였다. 획득형질의 유전은 종 단계에서 일어나는 변화에 관한 라마르크의 논의에서 중요하지만, 그의 유기체 변화 이론은 이보다 더 넓은 개념이었다. 이 이론은 라마르크가 다양한 동물 생태의 상호 관련성의 일반적인 모습을 그려내고, 이 그림이 왜 이런 모습을 취하게 됐는지를 설명하는 데 많은 노력을 기울였다는 사실을 보여준다.[4]

파리 자연사 박물관의 무척추 동물학 교수였던 라마르크는 칼 폰린네(1748~1836)가 대충 2개의 동물 강綱, 즉 곤충 강과 벌레 강으로 나눈 어지러운 형태 분류에 목目이라는 분류 단위를 부여하려고 했다. 식물학자 앙투안 드 쥐시외(1748~1836)와 동물학자 조르주 퀴비에(1769~1832)의 뒤를 따라, 라마르크는 어떤 유기체들이 서로 가장 비슷한가를 (혹은 서로 가장 다른가를) 식별하는 가장 좋은 방법은 유기체들의 외형보다는 내부 기관을 자세히 살펴보는 것이라는 결론을 내렸다. 그는 각 동물들의 기관계器官系를 식별하는 작업을 거치면 동물 강의 두루뭉술한 분류를 세분화할 수 있을 뿐만 아니라, 복잡성이 가장 낮은 것부터 복잡성이 가장 높은 것까지 각 분류를 복잡성이 증가하고 감소하는 단일 열列에 배치할 수 있다는 사실을 발견했다. 1800년에 그는 무척추 동물을 폴립류polyps, 발광류radiates, 벌레류worms, 곤충류 insects, 거미류arachnids, 갑각류crustaceans, 연체동물류mollusks 등 7개의 강으로, 그리고 척추동물은 어류, 파충류, 조류, 포유류 등 4개 강으로 구분했다. 1815년까지 그는 6개의 무척추동물 강을 추가로 소개했다.[5]

1800년에 라마르크는 유기체의 가변성에 대한 자신의 새로운 생각을 학생들에게 강의하기 시작했다. 처음에 그가 한 강의의 대부분은 종 단계에서의 변화와 관련된 것이었지만, 자연은 매우 단순한 형태의 생명체에서 시작했고, 이런 단순한 형태의 생명체에서 나머지 모든 것들이 만들어졌다는 훨씬 폭넓은 관점을 넌지시 비치기도 했다. 2년 후 그는 학생들에게 다음과 같이 충고하면서 이런 관점을 강력하게 피력했다.

> 가장 단순한 것에서 가장 복잡한 것까지, 가장 불완전한 극미동물極微動物에서 조직과 기능 면에서 가장 완벽한 동물에 이르기까지 살펴보십시오. 그리고 무리 어디에나 유지되고 있는 관계 질서 등을 파악해보십시오. 그러면 여러분은 자연이 만든 모든 것들을 서로 연결하고 있는 진정한 실마리를 파악할 수 있을 것이며, 자연의 진행 원리를 알게 될 것이며, 가장 단순한 자연 생명체가 다른 복잡한 생명체로 계속해서 상승해간다는 사실을 확신하게 될 것입니다.[6]

이후 15년간 생명체의 다양한 형태가 어떻게 나타나게 됐는지를 연구한 후에 라마르크는 동물의 계층 구조가 완전히 고정되는 경향보다 복잡성이 증가하는 경향이 우선한다고 주장했다. 1809년에 출간된 『동물 철학Zoological Philosophy』에서 그는 "우리가 지금 보고 있는 모든 동물은 한편으로는 균일한 점진적 변화를 만들어내는 생물 조직화의 산물이지만, 다른 한편으로는 점진적 변화를 파괴하는 경향을 보이는 여러 다양한 환경의 영향을 받은 것이다"라고 썼다.[7] 6년 후, 위대한 학술서『무척추동물 자연사The Natural History of the Invertebrates』1권에서 그는 동물의 다양성의 "두 가지 매우 다른 원인"을 언급했다. 그중 "첫 번째이자 더 우세한" 원인은 조직을 계속해서 복잡하게 만드는 동물의 힘이었다. 첫 번째 원인과 연관이 없는 두 번째 원인은 다양한 주변 환경의 영향이었다. 이 원인 때문에 생물 간의 차이에 불연속성이 생겼고, 한 생물에서 갈라져 나온 생물이 더 복잡한 형태를 띠게 됐으며, 기존의 생물과는 다른 기관계가 생기게 되었다.[8]

라마르크는 생명체의 복잡성이 증가하는 이런 경향을 '생명력'이라고 불렀다. 그는 이것이 동물 신체 내부의 혈관과 기관을 흐르는 유체가 오랜 시간에 걸쳐 동물 조직을 점차 복잡하게 만들어 생기는 유체역학적 작용으로 보고 순전히 물질적 용어로 설명했다.[9] 라마르크의 설명에 따르면, 주변 환경이 생명체에 미치는 영향은 비교적 간접적이다. 그는 동물은 장소, 온도, 기후 등에 적응하면서 새로운 습성을 발달시킨다고 설명했다. 새로운 습성을 받아들일 때 동물은 결국 어떤 기관은 많이 사용하고 어떤 기관은 적게 사용하게 된다. 그리고 이 과정이 반복되며 동물들의 기능이나 체형이 "세대를 거쳐 생존하고 번식할 수 있게" 변하게 된다.[10]

라마르크는 유체의 생산적인 활동으로 인해 동물 신체 안에 만들어진 변화와 신체 기관의 용불용의 결과에 따라 획득된 변화 모두 다음 세대로 전달된다고 생각했다. 그는 오늘날 기린의 목과 앞다리가 긴 것은 기린 무리가 높은 나뭇가지에 붙은 나뭇잎을 뜯어먹기 위해 목과 앞다리를 길게 뻗는 일을 세대를 거치며 반복해온 결과라고 설명했다. 그가 그의 저서 『동물학』에서 밝혔듯이, 그의 이론을 대표하는 것은 '두 가지 법칙'이다.

법칙 1. 오랜 시간에 걸쳐 자신을 발전시킴으로써 살아남은 모든 동물은 특정 기관을 보다 자주 그리고 지속적으로 사용함으로써, 사용 기간에 비례해 이 기관을 조금씩 강화하고, 발전시키고, 확장하며 이 기관에 힘을 부여한다. 반면 지속적으로 사용하지 않으면 이런 기관은 서서히 약해지고 악화되어 점차 기능이 줄어들다 결국에는 사라지게 된다.

법칙 2. 개체의 종족이 오랜 시간 노출됐던 환경의 영향 그리고 그에 따른 기관의 반복적인 사용 혹은 지속적인 불용不用의 영향으로 개체가 획득하거나 잃어버린 모든 특성은, 만약 이 획득된 변화가 개체의 암수 혹은 새로운 개체를 만들어낸 상황에 공통적인 것이라면, 이 개체의 후손에게 전달된다.[11]

라마르크가 획득형질의 유전에 관한 생각이 자기 고유의 것이라고 주장하지 않았다는 사실은 의미가 있다. 게다가 그는 이런 생각을 지지할 만한 증거를 수집하거나 실험을 하지 않았으며, 획득형질이 어떻게 한 세대에서 다음 세대로 전달되는지에 관한 가설을 과감하게 제시하지도 않았다. 1815년 그는 "이 자연법칙"은 "사실적인 측면에서 매우 정확하고 뛰어나고 충분히 입증되었기 때문에, 이 법칙의 진실성을 의심

의 눈초리로 바라보는 사람은 아무도 없다"고 말했다.[12]

하지만 획득형질의 유전use inheritance이 라마르크 시대에 일반적인 생각이었다는 사실을 인정한다고 해서, 라마르크가 이런 생각을 처음으로 한 사람이 절대 아니었다는 얘기는 아니다. 획득형질의 유전을 믿고 있던 저술가들은 일반적으로 획득형질의 유전이 종의 변화를 일으키는 수준까지 진행될 수 있다는 사실을 부인했다.[13] 라마르크가 자신이 독창성과 우선권을 갖고 있다고 주장하는 부분은 "이 법칙의 중요성과 동물들이 놀라울 정도로 다양하게 존재할 수 있는 원동력이 바로 이 법칙임"을 인식했다는 점이다. 그는 모든 개체를 "강, 목, 수많은 속 그리고 여러 종"으로 분류해 놓은 것보다(그는 다른 동물학자들의 연구 목적이 이것이라고 말했다), 이런 성과를 거둔 것에 훨씬 더 만족감을 드러냈다.[14]

이제 다윈으로 돌아가보자. 앞서 언급했듯이 다윈은 자연선택이 생물 변화의 주요 동인이라는 확신이 있긴 했지만, 획득형질이 유전된다는 것을 강력하게 믿고 있었다. 『종의 기원』 초판(1859)에서 그는 "나는 가축이 어떤 부분을 자주 사용하면 이 부분이 강해지고 커지며, 이 부분을 사용하지 않으면 이 부분의 기능이 약화된다는 사실, 그리고 이런 변화는 유전된다는 사실은 의심할 여지가 거의 없다고 생각한다"고 말했다.[15] 예를 들어 그는 집오리는 야생오리에 비해 날개는 짧지만 다리는 더 길고, 비행거리는 훨씬 짧지만 걷는 거리는 더 길다는 사실에 주목했다. 마찬가지로 많은 가축의 귀가 야생동물의 쫑긋 올라간 귀에 비해 상대적으로 처져 있는 것은 "위험을 감지할 필요가 적은 동물들이 귀 근육을 사용하지 않는 것이" 원인이라고 생각했다. 그리고 그는 어떤 동굴 동물들이 시력을 잃은 것은 "시각을 전혀 사용하지 않은" 결과로 본 반면, 두더지와 그 이외의 몇몇 설치류의 제대로 발달하지 못한 눈은 "어쩌면 자연선택으로 인해 조성됐을 수도 있는" 불용 효과를 나타낸다고 주장했다.[16]

흥미롭게도 다윈은 획득형질의 유전에 관한 생각을 라마르크의 공으로 돌릴 필요성을 느끼지 않았다. 라마르크는 집오리가 야생오리만큼 잘 날지 못하는 이유와 두더지의 눈이 제대로 발달하지 못한 이유를 설명하기 위해 획득된 불용 효과를 주장했지만, 다윈은 이 점에 관해 라마르크를 언급하지 않았다.[17]

다윈은 평생 라마르크의 생각과 자신의 생각에 거리를 두려고 했다. 그는 라마르크가 진화의 실례를 제대로 들지 못했고, 라마르크의 증가하는 복잡성의 경향에 관한 개념은 근거가 결여되어 있으며, 동물은 바람 혹은 기대에 의해 새로운 기관을 얻는다고 주장하는 잘못을 저질렀다고 생각했다(설령 라마르크의 부주의한 글쓰기 때문에 일반적인 견해를 제대로 전달하지 못했다 할지라도, 이런 식의 글을 썼다는 것은 그의 책임이라는 것이다). 다윈이 획득형질의 유전에 관한 생각을 라마르크의 이름과 분명하게 연결시킨 것은, 획득형질의 유전은 실효성이 없으며 자연선택만이 효과를 낸다는 확신을 내비쳤을 때 단 한 번뿐이었던 듯하다. 생식불능이 된 곤충에 관해 쓰면서 다윈은 "생식력이 전혀 없는 한 집단의 개체들 안에 아무리 많은 훈련, 습성 혹은 의지가 존재하더라도, 후손을 남기는 생식력 있는 개체들의 구조 혹은 본능에 영향을 줄 가능성은 없다"고 썼다. 그리고 그는 "잘 알려진 라마르크의 학설에 반하는 이런 생식불능이 된 곤충의 결정적인 사례를 그 누구도 제시하지 않았다는 사실에 나는 놀랐다"고 썼다.[18]

그렇긴 하지만 다윈은 획득형질의 유전을 매우 현실적인 현상이라고 믿었다. 1868년 그가 『가축 및 재배식물의 변이The Variation of Animals and Plants under Domestication』를 출간한 목적 가운데 하나는 "어떤 부분을 오랜 기간 사용하거나 사용하지 않음으로써 나타나는 효과 혹은 신체와 정신의 습성 변화의 효과가 어떻게 유전되는지"를 설명하기 위함이었다. "이보다 더 복잡한 문제는 나오기 힘들다"는 간단한 평을 하면서, 그는 자신이 답을 찾아냈다는 생각에 기뻐했다. '범생설 임시 가설'에서 그는 체세포가 유전 입자(소아체小芽體, gemmule)를 내보내면, 이 유전 입자는 생식을 통해 다음 세대로 전달된다고 가정했다. 그는 체세포가 용불용에 의해 변화되면 그에 따라 변화한 소아체를 만들어낸다고 가정했다.[19]

1872년 출판된 『종의 기원』 제6판에서 다윈은 생물 변화의 주요 요인으로 자연선택을 제시했지만, 자연선택을 "크게" 도운 요인으로 "기관 용불용의 유전 효과"를 지목하며 "비교적 사소한 방식으로" 작용한 (최소한 적응의 관점에서) 여러 다른 요소들과 비교했다. 그 와중 다윈은 자신이 언급한 기관 용불용의 중요성을 모두 무시하고 "종의 변화가 단지 자연선택에 의해서만 발생한다고 주장했다"며 자기 생각을 왜곡한 자들에 대한 불평을 털어놓았다. 다윈은 좀처럼 볼 수 없는 짜증스런 투로 다음과 같이 말했다. "한결같은 왜곡의 힘은 대단하다. 하지만 다행스럽게도 과학의 역사는 이런 힘은 오래 지속되지 않는다는 사실을 보여준다."[20]

이 책의 나머지 부분이 가리키는 바와 마찬가지로, 한결같은 왜곡의 힘에 관한 다윈의 첫 문장은 정당하지만, 두 번째 문장은 너무 낙관적이다. 통념이 사실이 아니라는 점을 보여주려는 과학사학자들의 노력에도 불구하고, 과학사에서 일반적 통념은 여전히 지속된다. 용불용의 유전 효과가 라마르크 진화론의 주요 메커니즘을 구성했다는 통념과 다윈이 이 메커니즘을 거부했다는 통념도 그중 하나다.[21] 이 장에서 이런 통념이 잘못됐다는 사실을 보였지만, 이런 통념이 쉽게 종지부를 찍으리라고 생각하지는 않는다.

통념 **11**

다윈은 20년간 자신의 이론을 비밀리에 연구했고, 두려움 때문에 발표를 연기했다

로버트 J. 리처즈

다윈은 진화론을 발표했을 때 쏟아질 유명 과학자들의 관심을 돌려놓을 만한 방법을 찾지 못했다. 그래서 다윈은 거의 강제로 발표하게 될 때까지 20년 동안 자신의 연구를 발표하지 않았다.

—마이클 루스, 『다윈은 누구인가』(2009)

이 책의 주요 주제 가운데 하나는 다윈이 자신의 이론 발표를 늦춘 이유에 관한 것이다. 그가 박해와 조롱을 두려워했던 것은 진화론이 인기가 없었기 때문만 아니라 유물론 지지자들에게 가해지는 맹렬한 응징 때문이었다.

—하워드 E. 그루버, 『인류에 대한 다윈의 생각』「서문」(1974)

찰스 다윈의 『종의 기원』에 관한 두 가지 소문은 오랜 시간에 걸쳐 이어져왔다. 첫 번째 소문은 다윈은 20년간 두려움에 떨며 자신의 이론을 비밀리에 연구했다는 것이다. 하지만 어떤 두려움을 말하는 것인가? 여러 종류의 두려움이 그에게 있었다. 무신론, 유물론으로 비난받는 것, 혹은 다윈의 할아버지인 이래즈머스 다윈 혹은 프랑스의 박물학자 장 바티스트 라마르크(통념 10 참조)처럼 터무니없이 사변적인 수작을 부리는 나쁜 과학으로 몰릴 수 있다는 두려움 말이다. 두 번째 소문은 이런 두려움 때문에 다윈이 자신의 이론을 발표하지 못했고, 이로 인해 그의 위대한 작품이 세상에 나타나는 것이 지연됐다는 것이다.

얼마 전부터 나는 다윈의 『종의 기원』 출간이 연기된 이유를 학자들이 어떻게 다루었는지 연구하기 시작했다.[1] 연구를 해나가면서 나는 이 주제가 사소한 문제에 시간을 낭비하지 않고 진정 흥미로운 질문을 다루어보길 원하는 학자들의 구미를 당기는 문제인가 하는 질문을 해 보았다. 그렇다면 질문을 흥미롭게 만드는 요소는 무엇일까? 위대한 인물의 주요한 생각들을 문제 삼는 것은 분명 꽤 흥미로울 것이다. 그리고 다윈이 출간을 연기했다는 설은 이 기준에 부합한다. 어떤 문제가 흥미로운지 결정하는 또 다른 조건은 학자들의 기대감이다. 다윈은 자신의 이론을 정립하는 데 엄청난 시간과 노력을 쏟아 부었다. 비글호를 타고 탐사 여행을 하고 돌아온 때부터(1836) 『종의 기원』을 출판할 때까지 그는 끊임없이 자신의 노트에 그의 이론에 관한 항목들을 만들었고, 종種에 관한 질문에 답변해줄 수 있는 수많은 박물학자와 서신을 교환했으며, 어려운 문제들을 연구했고, 수많은 실험을 했다. 그리고 그는 『종의 기원』을 별 볼 일 없는 작품으로 만들 수도 있었던 책을 쓰기 시작했다. 그는 이 책을 '종의 기원'에 관한 보다 폭넓은 개설서라고 생각했지만, 이 대작은 출간되지 않았다. 그래서 다윈의 책 출간이 연기된 것은 흥미로운 문제로 보인다.

어떤 문제가 흥미롭다고 결정하는 마지막 조건은 학자들이 이런 문제를 흥미롭게 바라보았느냐 하는 것이다. 즉 하나의 질문을 던졌을 때, 학자들이 이를 받아들일 것이냐 하는 것 말이다. 비록 산발적이고 불분명하긴 했지만 학자들이 다윈의 작품 출간이 연기된 것에 관심을 갖기 시작한 것은 1959년 다윈 탄생 기념행사 이후부터였다. 예를 들면 존 그린(1917~2008)이 자신의 『아담의 죽음Death of Adam』(1959)

에서 친구 조지프 후커(1817~1911)에게 고백했듯이 다윈은 그의 이론이 "살인 행위를 고백하는 것과 같다"고 생각했기 때문에 '대담한 가설'을 발전시키는 데 극도로 신중했다고 한다.[2] J. W. 버로(1935~2009)는 자신의 생각이 엄청난 비난을 받은 로버트 체임버스(1802~1871) — 그는 1844년 익명으로 『창조의 자연사적 흔적Vestiges of Natural History of Creation』을 출간했다 — 와 같은 진화적 관점으로 오해받을까 두려워 다윈이 책의 출간을 망설였다고 생각했다. 단지 또 다른 진화이론가로 여겨지지 않을까하는 두려움을 갖고 있던 "다윈은 자신의 생각을 발표하는 데 신중을 기하면서 참을성 있게 증거를 수집했다"고 버로는 썼다.[3] 마이클 루스(1940~)는 버로와 같은 생각을 가지고 있었다. 다시 말해 다윈은 로버트 체임버스와 같이 어설픈 비전문가로 인식되지 않을까 하는 걱정을 했고, 이로 인해 다윈이 책 출간을 주저했다는 것이다.[4] 하워드 그루버(1922~2005)는 그가 생각하는 다윈의 근본적인 두려움을 객관화했다. 그는 다윈의 메모를 면밀히 검토하면서, 이 박물학자가 자신의 이론의 유물론적 함의에 민감하게 반응하게 됐다고 암시하는 문장들을 주시했다. 그루버는 이 문장들을 진화론 자체보다는 서양 문명의 전통을 파괴하는 것으로 각색했다.[5] 스티븐 제이 굴드(1941~2002)는 다윈이 출간을 연기한 이유를 알아내기 위해 온 힘을 기울였다. 그는 다윈이 유물론적 생각을 갖고 있다는 이유로 자신이 추락할 수 있다는 두려움을 품고 있었다는 그루버의 생각을 지지했다.[6] 그리고 에이드리언 데즈먼드와 제임스 무어는 그들이 공동 집필한 다윈 평전 『다윈: 고뇌하는 진화론자의 초상Darwin: The Life of a Tormented Evolutionist』(1991)에서 자신의 유물론적 이론이 급진적 사회주의자들의 생각과 일치하고, 동료 과학자들로부터 엄청난 비난이 쏟아질 수도 있다는 사실을 인정해야 하는 이제 막 머리가 벗겨지기 시작한 젊은 영국 과학자의 고뇌를 묘사했다.[7] 심지어 미국의 한 주간잡지 『뉴요커The New Yorker』에서도 이 문제의 중요성을 다룬 것을 볼 수 있다. 애덤 고프닉은 "다윈의 망설임은 이제 햄릿의 망설임만큼이나 유명해졌다"며 다윈의 업적을 평가했다. 그리고 이는 일반적인 관점, 즉 다윈이 책 출간을 미룬 것은 '영향력 있고 편견이 매우 심한 사람들의 공격에 대한 두려움' 때문이었다는 생각을 보여주고 있다.[8] 이처럼 1959년부터 21세기 초까지 학자들은 다윈이 자신의 이론 발표를 20년간 연기한 이유를 상당 부분 제시하고 있다.

하지만 다윈이 실제로 연구 발표를 연기했는가? 다윈이 『종의 기원』 집필을 연기했다고 가정하는 것은 그가 자신의 연구를 매우 일찍 완수했지만, 의지의 미약함(이는 아마 부적절한 두려움일 것이다)이 연구 발표를 방해했다는 것을 암시하는 것이다. 내 논문에서 나는 대부분의 인간 행동은 일반적으로 한 개인에게 영향을 줄 수 있는 다양한 원인들에 의해 결정된다는 일반적인 사실에 주목했다. 나는 20년의 간격을 주목한 것은 나름 근거가 있는 것이며, 역사가의 임무는 이 근거를 알맞게 전달하는 것이라고 생각했다. 하지만 사람들은 몇 가지 중요한 점들, 즉 이론이 점점 복잡해졌다는 것과 이론의 성공을 위해 다윈이 수많은 중요한 문제를 해결해야 했다는 것을 간과하고 있는 것으로 보인다.

해결해야 할 중요한 문제 가운데 하나가 사회성 곤충social insects 현상이었다. 즉 꿀벌의 정육각형 모양의 벌집, 몇몇 개미 종의 노예 사역 행위 그리고 병정개미의 자기희생 행위와 같은 사회성을 갖춘 일벌과 일개미라는 '경이로운 곤충들'이 만들어내는 현상 말이다. 1840년대 다윈은 자연선택설로는 곤충들이 보여주는 이런 협력적이고 이타적인 행위를 절대 설명할 수 없다는 사실에 당혹스러워했다. 왜냐하면 자연선택은 행동 특성을 소유한 개체의 이웃들을 번영시키는 것이 아니라 오직 소유자만의 번영을 강화하기 때문이었다. 하지만 이것 말고 문제는 또 있었다. 일벌과 일개미는 알을 낳지 못한다. 다시 말해 이들은 유익한 행위를 승계할 수도 있는 자손을 번식시키지 않는 것이다. 1848년 원고에서 다윈은 이를 "내가 만난 것 중에 가장 특별한 어려움"이라고 고백했다.[9] 그리고 『종의 기원』에서 그는 자신이 처음에는 자손을 번식시키지 못하는 곤충들의 본능의 문제는 "내 전체 이론에 치명적인" 것으로 생각했다고 잘라 말했다.[10] 이는 그가 간과할 수 있는 문제가 아니었다. 왜냐하면 오직 신의 현명함만이 일벌에게 기하학적 구조를 가르칠 수 있는 것처럼 보였기 때문이다. 그래서 해법을 쉽게 찾을 수 없는 부분이 상당히 많아지는 문제가 발생했던 것이다. 다윈은 『종의 기원』이라는 제목이 붙게 되는 원고를 온 힘을 기울여 작성하던 1858년이 되어서야 이 문제를 해결했다. 마침내 그는 자연선택은 전체 집단 혹은 공동체에게 이익이 되는 특성을 보여주는 개체들을 우연히 갖게 된 이런 곤충 집단을 선택하도록 작동했다는 결론에 이르렀다.[11]

이제 나는 다윈이 이론을 발표하기 전에 해결해야 한다고 생각했던 또 다른 두 가지 중요한 문제를 다루겠다. 첫째는 1850년대 이전에 그가 무시했던 문제, 즉 분기分岐, divergence의 문제다. 다시 말해 무엇 때문에 발단종發端種, incipient species은 서로 다른 형질로 분기하고, 서로 다른 속屬은 큰 형태적 차이를 보이는가 하는 문제였다. 다윈은 이 문제를 "내 이론을 뒤엎을 수 있는 가장 중대한 반증"이라고 말했는데, 자신이 오싹한 반응을 일으킬 또 다른 당혹스러운 문제를 지적한 적이 있다는 사실을 잊어버린 게 분명하다.[12] 분기의 문제를 이해한 뒤 그는

약 80페이지 분량의 원고를 책에 추가했다.[13]

다윈은 훌륭한 자연과학 이론은 수학적 요소를 갖추어야 한다는 사실을 알고 있었고, 따라서 그는 종의 형성을 수학적으로 보여주기 시작했다. 12권으로 된 방대한 양의 식물도감을 이용해 그는 작은 종의 수에 대한 큰 종의 수(즉 상당히 많은 종류의 큰 종과 상대적으로 제한된 종류의 작은 종)를 통계적으로 분석했다. 그리고 그는 작은 속 수에 대한 큰 속(즉 많은 종을 포함하고 있는)의 수를 계산했다. 그의 계산은 그의 이론이 예견했던 종 계보의 유형, 즉 큰 속은 큰 종을 갖고 있다는 유형이 사실임을 확인해 주는 것처럼 보였다. 그리고 이는 종은 보다 초기의 변이에서 발생했다는 사실을 시사하고 있었다. 조지프 돌턴 후커가 이런 계산의 세부 사항들을 『종의 기원』에서 생략하라고 권했기 때문에(이는 계산 세부 사항들에 수학자들이 관심을 갖지 못하도록 하기 위함이었다), 다윈은 정확한 수치는 제시하지 않은 채 자신이 이끌어낸 결론만을 논했다.[14] 이처럼 그는 식물 통계학에 엄청난 시간과 노력을 쏟아부었던 반면, 이와 관련된 증거는 숨겼던 것이다.

해결하는 데 많은 시간이 필요한 주요 문제들을 해결함과 동시에 다윈은 훌륭한 박물학자라면 반드시 정리해야 할 경험적 증거들을 제시하는 실험들을 수행했다. 그는 씨앗을 수 주간 바닷물에 담가 섬에 사는 식물이 어디서 왔는지를 밝혀냈고, 각종 색깔의 비둘기들을 서로 교배시켜 계보 관계를 밝혀냈다. 그리고 그는 작은 토지에 서로 다른 식물들을 심어 경쟁 우위를 비교했고, 서로 다른 종의 배아들을 해부해 이 배아들의 모습이 성체의 모습보다 더 닮았다는 사실을 밝혀냈다. 이런 실험과 그 이외의 실험—이 모두는 많은 시간을 필요로 한다—은 그의 이론에 증거를 제공했고, 다윈에게 수동적 관찰자가 아닌 실험자로서의 권위를 부여했다.

　다윈이 극복해야 할 주요 장애물과 그의 이론에 맞는 가장 확실한 주장을 제시하기 위해 꼭 실행해야 할 실험은 단지 몇 가지밖에 없다. 그리고 절대 잊지 말아야 할 사실은 그가 자신 특유의 어법으로 하나의 '긴 논의'를 이어가고 있었다는 것이다.[15] 그가 1859년 책 출간에도 많은 노력을 기울였다는 것은 일반적으로 알려진 사실이다. 글렌 로이에 있는 호안단구열湖岸段丘列, parallel roads에 관한 매우 복잡한 논쟁에 과감하게 참여했을 때(1839), 그는 훗날 이 스코틀랜드의 능선들이 다윈이 생각하고 있듯이 바다의 영향에 의해 형성된 것이 아니라 빙하호가 사라지면서 형성된 것이라는 사실을 보여준 루이스 아가시(1807~1873)에게 심한 비난을 받았다.[16] 다윈은 자신의 글렌 로이 논문은 '처참한 실패작'이라는 것을 인정했고, 이를 '창피하게' 생각했다.[17] 『종의 기원』에 관한 복잡한 논쟁을 철저하게 준비하는 데는 많은 시간이 걸렸다. 특히 치명적인 실수로 그동안의 연구가 손상될 가능성이 있는 상황에서는 더욱 그랬다.

　2007년에 존 밴 와이는 지난 50년간 많은 학자들의 단언과 가정에도 불구하고 다윈이 책 출간을 연기했다는 생각은 그가 1858년까지 자신의 이론을 비밀에 부쳤다는 생각과 마찬가지로 근거 없는 통념에 불과하다고 주장했다.[18] 와이는 이런 가정들이 이전 역사가들이 다윈의 노트, 원고 그리고 편지를 포함한 전집을 제대로 읽지 않고 여러 견해를 무비판적으로 수용한 결과라고 설명했다.[19] 와이는 두려움 때문에 다윈이 자신의 이론 발표를 머뭇거렸다는 생각에 주목했다. 그는 이 무신경한 영국인이 엘리트 계층의 분노를 두려워해서 책 출간을 머뭇거렸다는 증거는 전혀 없다고 주장했다.

한 개인이 무슨 이유로 행동을 취하지 않거나 반응을 보이지 않는지를 알아낸다는 것은 매우 어렵다. 특히나 이 사람이 오래전에 사망한 경우에는 더욱 그렇다. 하지만 다윈의 경우는 조금 다르다. 그는 상당량의 일지, 평론, 편지 그리고 원고를 남겨놓았다. 이런 증거를 고려해보면, 우리는 내가 언급했던 2개의 가정이 통념의 영역으로 분류될 수 있는 상당한 개연성을 갖고 있다는 추론들을 해 볼 수 있다. 하지만 우리는 통념이라는 겉모습을 한 진실도 종종 존재한다는 사실을 기억해야 한다.

두려움 때문에 다윈이 책 출간을 하지 못하고 있었다는 것은 분명 사실이 아니다. 그는 문제의 20년 동안 증거를 수집하고, 자신이 맞닥뜨린 여러 어려운 문제들을 해결해나가고 많은 식구를 챙기면서 자신의 이론을 계속 연구했다. 다윈이 혁명 집단 혹은 고위 성직자와 고위 권력층의 경멸에 겁을 먹은 채 벽 뒤에 몸을 웅크리고 있는 한 개인, 즉 데즈먼드와 무어의 평전에서 얘기하는 고뇌하는 진화론자였다는 것은 극적 효과를 만들어내기 위한 허구에 지나지 않는다. 그럼에도 다윈은 '초기 천문학자들에 대한 박해'를 알고 있었고 이에 두려움을 갖고 있었던 듯하다. 그리고 그는 실제로 "모든 분류 범주에 관한 광범위한 반대 의견에서 오는 두려움[커다란 해악]"을 드러내기도 했다.[20] 그는 자기 이론의 유물론적 중요성을 자주 다루었다.[21] 물론 그는 그의 할아버지, 라마르크 그리고 체임버스의 진화론적인 생각이 과학계에서 완전히 묵살되고 있다는 사실을 잘 알고 있었다. 그리고 우리는 다윈이 자신의 책을 집필하기 시작한 것이 찰스 라이엘의 다그침 때문이었다는 점을 기억해야 한다. 본질적으로 이런 여러 증거들은 다윈이 자신의 이론을 옛 영국 군함과 같이 튼튼하게 만들기 위해 충분한 시간을 할애했다는 사실을 보여주고 있다. 이는 다윈이 두려움 때문에 무능력해진 인간이 아니라, 자신의 이론이 지식 사회의 압박을 버텨내도록 하기 위해 경계의 끈을 놓지 않았던 인간이었다는 사실을 보여주고 있다.

와이는 증거가 되는 원고를 모르는 학자들만이 출간 연기를 설명하기 위해 온갖 가상적인 이유에 의지한다고 주장했다. 하지만 이 주장은 쉽게 무너진다. 왜냐하면 애초에 그루버가 출간이 지연된 이유가 유물론에 대한 두려움 때문이었다고 주장하게 된 것이 바로 다윈의 노트를 확인한 후의 일이니 말이다. 다윈의 업적을 연구하는 가장 명망 있는 학자들은 이에 관한 기록을 갖고 있으며, 이 기록들은 『종의 기원』의 출간이 늦춰진 것은 합리적인 두려움 때문이었음을 암시하고 있다.

다윈은 1858년까지 자신의 이론을 비밀에 부쳤을까? 와이는 그린, 로렌 아이슬리, 데즈먼드와 무어, 피터 J. 보울러, 루스, 존 볼비, 재닛 브라운, 레베카 스토트 그리고 데이비드 쾀멘과 같은 학자들은 다윈이 사실은 그의 가까운 친지들에게 자신의 이론을 설명했다는 사실을 언급하지 않았다고 주장한다. 이는 단지 와이의 경솔한 판단일 수도 있다. 앞서 언급한 모든 학자는 다윈이 1844년 조지프 후커에게 자신의 생각이 라마르크의 생각과 유사하다는 것을 인정하며 "살인 행위를 고백하는 것 같다"고 말했음을 분명 알고 있었다.[22] 이 학자들은 다윈이 어떤 동료들에게 자신의 이론에 관해 이야기했는지도 알고 있었다. 볼비가 작성한 목록은 다음과 같다. 찰스 라이엘, 존 헨즐로(1796~1861), 조지 워터하우스(1810~1888), 조지프 후커, 레너드 제닌스(1800~1893), 토머스 울러스톤(1822~1878) 그리고 아사 그레이(1810~1888).[23] 장두에 인용된 루스의 판단은 타당하다. 왜냐하면 윌리엄 휴얼, 리처드 오언(1804~1892) 혹은 애덤 세지윅(1785~1873)과 같은 유망한 박물학자들은 앨프리드 러셀 월리스(1823~1913)와 다윈이『린네학회 학회지 Journal of the Proceedings of the Linnean Society』에 공동으로 논문을 실은 1858년 이전에 다윈의 이론을 알지 못했기 때문이다.[24] 비밀 하나가 여기 남았지만, 그것은 다윈이 비밀로 하지 않은 것이기도 하다.

약간의 진실이 포함되어 있기는 하지만 다윈이 자신의 이론 발표를 연기했다거나 자신의 연구 내용을 숨겼다는 추측은 통념이나 전설일 뿐이다. 그리고 이런 통념이 책에까지 실렸다는 것은 다윈의 이론이 당시 사람들의 지적인 면과 도덕적인 면에 큰 영향을 미쳤다는 사실을 여실히 보여주고 있다.

통념 12

진화에 관한
윌리스와 다윈의 설명은
사실상 같은 것이었다
마이클 루스

> 윌리스는 동물 종은 자연선택을 통해 서로 다르게 진화했다는 생각에 있어 다윈과 같은 입장을 취했다. 이 이론은 윌리스가 독립적으로 정립한 것이었다.
> — 조지 레드야드 스테빈스, 『생물의 진화과정』(1971)

> 생존 경쟁에 따른 '자연선택'에 관한 제 생각을 간단하게 설명했을 때, 당신은 "나는 이런 우연의 일치를 본 적이 없었다"라고 말씀하셨습니다. 만약 윌리스가 제가 1842년에 쓴 원고 개요를 보았더라면, 그는 보다 나은 논문 초록을 쓸 수 없었을 것입니다. 비록 그가 사용한 학술 용어들이 제 논문 각 장의 제목으로 올라 있긴 하지만 말입니다.
> — 다윈이 찰스 라이엘에게 보낸 편지(1858년 6월 18일)

　절대 부인할 수 없는 사실들을 알아보도록 하자. 찰스 다윈과 앨프리드 러셀 윌리스는 둘 다 진화론자다. 그리고 이 둘은 자연선택이라는 개념을 만들었다. 비록 윌리스가 다윈에게 허버트 스펜서(1820~1903)의 '적자생존'이라는 용어를 강력하게 권고할 때도 다윈은 혼자 '자연선택'이라는 용어를 사용하긴 했지만 말이다. 이 둘은 토머스 로버트 맬서스(1766~1834)를 자신들의 발견에 주요 영향을 미친 사람으로 꼽았다. 이들은 환경 적응을 진화의 과정과 결과의 중요한 부분으로 생각했다. 이는 사실이다. 그리고 이 둘은 독립적으로 자기 이론을 발견했다.

다윈의 이름과 월리스의 이름이 서로 연결되어 있는 데는 그럴 만한 이유가 있다. 그리고 '월리스'의 혁명이라고 하지 않고 '다윈'의 혁명이라고 한 데도 그럴만한 이유가 있다. 월리스보다 20년 앞서 다윈이 자연선택이라는 주제를 다루었다는 사실 이외에도, 연구를 시작했을 때부터(1842년의 개요Sketch) 다윈은 사회적 행동, 고생물학, 생물지리학, 분류학, 형태학 그리고 발생학에 관한 휴얼의 '귀납의 일치consilience of inductions'를 아우르는 전체 이론을 염두에 두고 있었다. 월리스가 생물지리학 분야에서 중요한 역할을 하긴 했지만, 이는 훗날의 일이었다. 즉 다윈과 월리스가 첫 작품을 발표한 1850년대 말의 일이 아니었다.[1]

그렇기는 하지만, 우리 모두는 두 사람 간에 차이가 있다는 것을 알고 있다. 그리고 나는 월리스의 1858년 논문(월리스가 다윈에게 보낸 논문)을 수년 만에 다시 읽으면서, 그 차이가 얼마나 큰지 알고는 충격을 받았다는 사실을 고백해야겠다. 나는 피터 보울러만큼 열광적으로 가상 역사에 관심이 많지는 않지만, 그리고 어차피 우리가 현재 알고 있는 진화론과 맥을 같이 하는 어떤 이론이 나왔을 것이라고 확신하지만, 그래도 다윈이 없고 월리스만 있었다면 역사가 좀 달라졌을 것이라고 생각한다. 이런 생각은 월리스가 자신의 논문을 발표하고 주목받는 데 어려움을 겪었을 것이라는 사실에서 출발한다.[2]

사람들이 일반적으로 지적하는 월리스와 다윈 사이의 가장 분명한 차이는 가축과 인위선택artificial selection 부분이다. 다윈은 가축과 인위선택 이론을 자기 이론의 중심으로 삼았던 반면, 월리스는 이런 부분을 언급하지 않았을 뿐만 아니라 이 둘의 관련성을 적극 부인했다. 월리스는 가축의 변이는 결코 영구적이지 않다는 일반적인 견해에 동의했다. 그는 이것이 자연적 변이와 다르다는 것을 보여주어야 했는데, 다리가 짧아지고 몸은 뚱뚱해지는 것과 같은 가축의 변이는 야생에서는 항상 해롭게 작용하기 때문에 지속될 수 없다는 사실을 보여줌으로써 이를 증명했다. 따라서 나름 고유한 방법으로 일어나는 가축의 변이는 자연 변이와는 다른 것이다.

논리적 경험주의 전통에서 철학자 훈련을 받았던 젊은 시절이었다면 나는 유유히 이런 문제는 그리 중요하지 않다고 주장했을 것이다. 그리고 가축은 실제로 다윈의 주장(이는 맬서스와 생존 경쟁으로만 시작된다)에서 중요한 부분이 아니었으며, 그래서 농장이나 사육사에 관한 이야기는 무시해도 된다고 말하며 다윈과 월리스를 화해시켰을 것이다. 그러나 40년간 과학사를 연구하다 보니 그렇지 않다고 확신하게 되었다. 『종의 기원』(그리고 그 이전 설명에도)에는 발생학을 다루는 것만큼이나 가축에 대해 다루고 있다. 발생학과 가축 모두 중요하게 다뤄진다.

우리는 가축이 다윈 이론에 들어가 있는 이유를 알고 있다.[3] 다른 사람들과는 달리 다윈은 시골 생활을 한 경력이 있었고, 반세기 동안 농장에서 사육 일을 했던 사람들이 이루어낸 위대한 진보들을 알고 있었다. 그의 외삼촌 조사이어 웨지우드 2세(1769~1843) ―그는 다윈의 아내인 에마(1808~1896)의 아버지이기도 하다― 는 인위선택 실험을 여러 번 한 대농장주였다. 다윈은 변이가 어떻게 효과적으로 촉발되는지를 알고 있었다. 또한 다윈은 (월리스에 비해) 방법론적인 면에서 훨씬 더 높은 수준에 있었다. 인위선택 덕분에 다윈은 경험주의적으로 자연선택(다윈의 지적 스승인 존 허셜의 사고에서 크게 형성된 요구사항)을 지지하는, 이미 알려진 원인들과 조화를 이루는 원인'을 다룰 수 있는 능력을 갖추게 되었다.[4] 인위선택은 인간의 의지로 만들어낸 힘으로, 우리가 직접적으로 경험할 수 없는(혹은 다윈이 그렇게 생각했던) 자연선택이라는 유사한 힘을 그럴듯하게 만들었다.

　나는 지금 이런 문제들을 더 깊이 생각해보려 한다. 인위선택은 본질적으로 창조론과 매우 깊은 관계가 있다. 다윈은 이에 관해 축산가 존 세브라이트(1767~1846)의 경우를 예로 들었다. 여러분은 여러분이 원하는 동물 혹은 식물을 선택하고 그다음 이를 생산해낼 수 있다. 이와 비슷한 맥락에서, 윌리엄 페일리와 같은 자연신학자들은 자연선택이 생명체의 기능을 설계하기 위한 그리고 신의 존재를 증명하기 위한 수단이라고 본다. 지금 나는 다윈도 신의 존재에 관해 신학적 관심을 갖고 있었는지에 관해선(그는 처음에는 증거가 있다고 생각했지만, 이후 다른 식으로 생각했다) 관심이 없다. 그리고 이는 신新-자연철학가 다윈이 생명력이 자연 속에 만연해 있는 것으로 판단하고 있다는 사실을 암시하는 것이라는 내 동료 로버트 J. 리처즈의 생각이 맞는지도 관심이 없다(다윈은 그렇게 판단하지 않았고, 그런 면에서 리처즈는 틀렸다). 또한 이런 생각이 다윈을 과도한 적응주의로 이끌었다는(이는 사실과 다르다) 스티븐 제이 굴드의 주장이 맞는지도 관심이 없다. 내가 관심 있는 것은 여러분은 비유를 포기할 수 없고—나는 사실 논리적 경험주의는 넘어섰다!—설계론으로 이어지는 이러한 선택의 비유가 월리스에는 해당되지 않는 다윈 이론의 본질적 부분임을 강조하는 것이다.

　월리스가 (1858년 자신의 논문에서) 적응과 적응의 중요성을 인정하고, 그 후(1850년대) 다윈의 영향을 받아 나비와 나방의 적응에 관한 중요한 연구를 한 것은 사실이다. 하지만 나는 첫 메모부터 『종의 기원』에 이르기까지(그리고 그 이후에도) 우리가 다윈에게서 발견하는 설계론 도취 현상을 월리스의 작업에서는 보지 못했다. 월리스는 적응을 번식 성공에 중요하게 생각했지만 다윈이 그랬던 것처럼 생물의 본질을 파악하기 위해 설계론을 이용하지는 않았다. 월리스의 작업에서 목적인(final cause, 물질의 궁극적 목적) 또한 문제가 된다. 월리스는 한 마리 새가 다른 새보다 잘 날 수 있는 것은 그 새가 보다 강한 날개를 갖고 있기 때문이라고 생각하는 반면(그가 제시한 성공의 예가 나그네비둘기라는 점은 안타깝게도 역설적이다), 다윈은 보다 훌륭한 날개는 보다 빠르게 날기 위해 존재한다고 생각했다. 리처즈에게는 미안한 얘기지만 결국 이 둘은 모두 유물론자인데도(이 모든 것은 월리스가 유심론자spiritualist가 되기 이전의 일이다), 적어도 다윈은 월리스에게는 없었던 발견적 연구 방법이 있었다. 즉 월리스와는 다른 방식으로 적응 문제를 바라보았다.[5]

가축에 관한 유추는 이쯤에서 그만두기로 하자. 이 부분에 관해선 끝에 가서 다시 다루겠다. 지금부턴 피터 보울러가 약 30년 전에 발견한 부분에 관해 얘기하고자 한다.[6] 다윈과 월리스 모두는 맬서스가 얘기하는 투쟁은 개인들 사이에서 나타난다는 사실을 알고 있었다. 어떤 새는 다른 새보다 더 빨리 날 수 있고, 이로 인해 포식자들로부터 도망칠 수 있다. 이는 다윈에게 근본적인 문제였다. 변이는 여기서부터 시작된다(그리고 나는 여기서 끝난다고 말한다). "따라서 생존 가능한 개인보다 더 많은 개인이 태어나기 때문에, 동일종의 한 개체와 다른 개체와의 관계에서, 혹은 다른 종의 한 개체와 다른 개체와의 관계에서, 혹은 한 개체와 물리적 생활 조건과의 관계 등에서 모든 경우에 생존 경쟁은 나타나게 마련이다."[7] 월리스는 그럼에도 개체의 투쟁은 그 개체가 속한 집단 내에서 보다 분명하게 나타난다고 생각했다. 만약 여러분이 열등하다면, 여러분은 곧 도태되고 말 것이다. 변이는 집단 현상이다. 어떤 변종은 다른 종류보다 더 뛰어나게 된다. 이는 『원래 유형에서 무한히 멀어지려는 변종들의 경향에 대하여On the Tendency of Varieties to Depart Indefinitely from the Original Type』(1858)라는 월리스의 에세이 제목에 잘 나타나 있다. 이뿐만 아니라, 한 변종이 다른 변종과의 투쟁에서 승리하기 때문에 변이가 발생하는 것처럼 보이지는 않는다. 이 모든 것은 환경의 변화와 다른 변종보다 새로운 환경에 더 잘 적응하는 변종의 문제다. 그래서 만약 한 종 내에서 새로운 변종이 나타나고 환경이 변하며 이 새로운 변종이 모종mother species보다 우월하다면, 모종은 도태되고 변이가 일어난다. 이런 견해는 변이가 분명 환경의 변화ㅡ예를 들어 새로운 포식자ㅡ때문에 나타날 수 있지만 한 형태가 다른 형태들보다 먹이를 좀 덜 먹는 경우처럼 집단 내부에서도 발생할 수 있다는 다윈의 설명과는 매우 다르다.

그래서 나는 어떤 면에서는 월리스를 다윈보다 수동적이라고 판단하고 있다. 월리스는 외부 세상이 변이를 일으킨다고 생각한 반면, 다윈은 스스로 변이를 일으킬 수 있다고 생각했다. 이것이 다윈이 획득형질 유전설(즉 '라마르크설')을 수용하고 월리스는 이를 거부한 것과 연관이 있는지에 관해선 확실하게 말할 수 없다(이는 또 다른 차이이며, 후대에서는 월리스가 옳고 다윈은 틀렸다고 분명하게 판단하는 부분이다. 통념 10 참조). 보다 중요한 것은 이것이 월리스와 다윈 사이에서 항상 존재하는 또 다른 차이를 분명하게 보여준다는 것이다. 윗대(특히 할아버지 대)가 기업가였던 다윈은 항상 애덤 스미스(1723~1790)의 이론(즉, 보상의 기대 없이는 그 누구도 타인을 위해 일을 하지 않는다)을 믿고 있었다. "우리가 식사를 하는 것은 정육점, 양조장 혹은 빵집의 선행 때문이 아니라, 그들 자신들의 이익 추구 때문이다."[8] 요즘 말로 하자면 다윈은 항상 개체 선택론자individual selectionist였다. 어릴 적 사회주의자 로버트 오언(1771~1858)에 관해 처음 듣고는 말년에 오언의 사상이 그에게 가장 큰 영향을 미쳤다고 말한 월리스는 항상 집단 선택론자group selectionist 였다. 다윈 가문과 웨지우드 가문 사이에 있었던 다윈(그는 자신의 누이와 같이 자신의 외사촌과 결혼을 했고, 병을 얻은 후에는 다운하우스에 칩거했다)은 가족을 개인의 일부분으로 생각했다. 월리스에게 있어서 집단은 서로 협력하고 외부 세계의 풍파를 견디며 삶을 이어나가게 하는 것이었다. 다윈과 월리스가 이 문제에 관한 자신들의 차이점을 잘 인식하고, 1860년대에 서로 상대방의 의견을 바꾸려 하지 않은 채 이 주제에 관한 주장을 이어갔다는 점은 주목해볼 만하다.[9]

이 시점에서 나는 가축의 개체변이 혹은 집단변이에 관한 초점의 차이를 한데 합치기로 하겠다. 처음부터 다윈은 이차적인 메커니즘, 즉 성선택을 생각하고 있었고, 이를 수컷 투쟁과 암컷 선택으로 나누었다(통념 14 참조). 이는 분명 우리가 가축을 식용과 그 이외의 유용한 용도로 이용하기 위해 선택하거나 스포츠와 오락을 위해 선택한다는 생각에서 유래한 것이다. 후자의 경우는 일반적으로 두 가지 형태, 즉 경쟁을 위한 짐승(보통 수컷)과 아름다움을 보여주기 위한 짐승(이 또한 보통 수컷이 이용된다)으로 나뉜다. 『종의 기원』이 출간될 때까지 그리고 출간 이후에도 성선택은 사실상 이차적인 개념이긴 했지만, 다윈에게 이 개념은 매우 중요해졌다. 인간은 자연적으로 만들어질 수 없는 존재라고 주장하는 월리스의 배신행위에 충격을 받았지만, 많은 특성들(예를 들면 대머리)은 자연선택으로 설명될 수 없다는 점에서 월리스가 옳다고 인정하던 다윈은 성선택을 논거로 이용했고 이 메커니즘은 『인간의 유래The Descent of Man』(1871)에서 주요 주제와 수단이 되었다.[10]

예상한 대로 월리스는 1858년 자신의 에세이에서 성선택에 관해 아무런 언급을 하지 않았으며, 그 이후 수컷 투쟁을 통한 성선택을 받아들이긴 했지만, 수컷의 색이 보통 화려하고 암컷의 색이 보다 단조로운 이유는 선택과 아무런 상관이 없고 위장과만 상관이 있다고 주장하면서 암컷 선택을 통한 성선택은 즉각 부인했다. 소극적으로 알이나 새끼를 품고 있는 암컷은 적에게 발각되지 않아야 했고, 따라서 암컷은 자신의 색을 역할에 맞게 진화시켰다는 것이다.[11]

나는 성선택은 개체 선택의 전형이라고 확신한다. 성선택은 동일 종 개체들 사이에서만 발생하며, 그 어떤 개체도 다른 개체들을 위해 일을 하지 않는 것은 확실하다. 이는 본질적으로 다윈의 생각이다. 나는 월리스가 성선택이 개인주의적이라는 이유로 이를 부인했다고 생각하지는 않는다. 그는 수컷 투쟁을 항상 수용했지만, 이런 방식을 고집하지는 않았고, 암컷의 색이 단조롭다는 가설은 외부의 압력 때문에 여러 변이가 나타난다는 그의 이론에 잘 들어맞는다.

물론 다윈과 월리스가 같은 이론을 갖고 있긴 했지만, 상황을 정확히 파악해보면, 그들의 이론 이면은 대부분의 사람이 생각하듯이 그렇게 유사한 것은 아니었다.

다윈의 자연선택은 '인류 최고의 이론'이다
니콜라스 럽케

모든 것이 시작된 그 유명한 책인 『종의 기원』의 마지막 단락에서 찰스 다윈은 진화의 아름다움을 다음과 같이 표현했다. "가장 아름답고 가장 경이로운 생명체들은 매우 단순하게 시작해 끊임없이 진화해왔고 지금도 진화하고 있다."

—제리 A. 코인, 『지울 수 없는 흔적: 진화는 왜 사실인가』(2009)

우리는 가장 아름답고 가장 경이로운 무수한 생명체들로 둘러싸여 있다. 이는 우연한 일이 아니라, 자연선택에 의한 진화의 직접적인 결과다. 이는 인류 최고의 이론이자 지상 최대의 쇼다.

—리처드 도킨스, 『지상 최대의 쇼』(2009)

2009년은 찰스 다윈의 『종의 기원』이 출간된 지 150주년이 되는 해였다. 이 기념행사에서 가장 흥미를 끄는 부분은 현재 진화론에 관한 베스트셀러 작가인 시카고 대학교 생물학과 교수 제리 코인(1949~)과 옥스퍼드 대학교에서 과학을 대중에게 강의했던 리처드 도킨스(1941~)의 연구 발표였다. 이 두 작가는 서로를 칭찬하는 글을 썼고, 다윈의 자연선택에 의한 진화 개념은 '가장 아름다운 무수한 생명체들', 즉 생명체들의 걸출한 변종을 설명할 수 있는 유일한 개념이라는 데 서로 뜻을 같이하고 있다. 이 둘은 그들이 갖고 있는 많은 진화의 증거를 자연선택 효과의 이유로 제시하고 있다. 도킨스는 다윈의 이론을 '인류

최고의 이론'이라고 결론 내린다. 다윈에 대한 유일하고도 심각한 도전
은 지적 설계—비과학적인, 혹은 그들이 비과학적이라고 주장하는—
를 믿는 창조론자들의 도발뿐이다.

하지만 이런 주장은 대체로 애매하고 부정확한 것이다. 이는 하나의
통념에 불과하다. 왜냐하면 진화적 변화를 추진하는 힘으로서의 자연
선택을 전적으로 부인하지는 않지만, 자연선택을 유기적 형태의 기원
과 종의 다양성에 기여하는 요소 정도로만 보는 과학적 대안은『종의
기원』이 출간되기 훨씬 전부터 존재했기 때문이다. 이 글에서 내가 추
구하는 바는 어떤 과학적 관점이나 철학적·신학적 관점을 주장하려는
것이 아니라 이 문제를 역사적으로 다루려는 것이다.

다윈의 관점을 창조론이라는 성서적 믿음에 대한 대안으로 제시해,
이를 생명의 기원에 관한 유일한 과학 이론으로 보려는 것은 전혀 새
로운 시도가 아니다. 이를테면 모세와 다윈의 비교는 사실『종의 기원』
제4판에 진화론적 사고의 '역사적 개요'를 추가하면서 다윈 자신에 의
해 시작된 것이다. 그는 여기서 "지금까지 대부분의 박물학자는 종은
불변의 창작물이며 각기 창조된 것이라고 믿었다. 반면 소수의 박물
학자는 종이 변화를 겪고 기존 생물 형태는 그 이전에 존재하던 형태
의 자손이라고 믿었다"라고 썼다.[1] 하지만 이 소수의 박물학자는 증거
를 완벽하게 제시하지 못했기 때문에, 단지 다윈 이론의 선조로만 불렸
다. 그리고 한 다윈 숭배자는 "다윈은 이전에 알려진 모든 증거와 이전
의 학자들이 이미 내놓은 가설을 통합해 윤곽이 잡힌 이론을 훌륭하
게 만들어냈다. 이런 통합은 공정성과 포괄성이 너무 뛰어나기 때문에
토머스 헨리 헉슬리(1825~1895) 같은 학자들은 '이런 통합을 이전에 하
지 않았다는 것이 얼마나 바보 같은 짓인가!'라고 말했다"라고 썼다.[2]

다시 말해 다윈의 진화론을 진화 그 자체와 동일시하는 것은 다윈 자신이 시작해 코인과 도킨스에 의해 오늘날까지 이어지는 통념으로, 구조주의자(혹은 형식주의자)의 진화론은 무시하면서도 스스로 창조설과 반대 입장에 서 있다고 규정하는 진화생물학의 역사적 서술 형태에서 드러난다. 즉 생명의 기원과 생명체가 가지는 많은 속성이 주로 자연선택보다는 물리화학적이고 기계적인 힘의 작동에 기인하기는 하나, 그렇다고 해서 자연선택의 영향이 부인되는 것은 아니다.[3] 다윈에 관한 설명에서 허구적인 부분은 망각, 무시 그리고 왜곡과 같은 의도적인 서술적 계책에 근거한다. 가장 뻔뻔스럽고 가장 오래도록 사람들 입에 오르내리는 왜곡된 사실 가운데 하나는 다윈이 런던 자연사 박물관의 설립자이자 다윈을 비판하는 구조주의자인 리처드 오언을 창조론자라고 주장했다는 것이다.[4] 역사학계가 오래전에 오언을 다윈주의자는 아니지만 진화론자로 규정했음에도 불구하고, 150년이 지난 오늘날까지 도킨스는 이런 왜곡된 사실을 반복해 말하고 있다.[5] 다윈 이론을 비판하는 또 다른 과학비평가들 또한 창조론자 혹은 겉으로 모습을 드러내지 않는 창조론자로 의심받지 않을까 하는 걱정을 했다.[6]

이제 『종의 기원』 이전과 이후의 구조주의적 전통의 특징과 명성을 요약해보도록 하자. 생명체의 다양성 문제를 생명의 기원에 관한 문제와 본질적으로 연관된 것(즉, 자연발생론)으로 다루었다는 이유만으로도 처음부터(즉 18세기 말부터) 종의 기원에 대한 구조주의적 접근은 과거 혹은 현재 취하고 있는 다윈 이론의 접근보다 더 포괄적이었다. 이는 일단의 물질적 조건과 분자력에 의해 발생하는 자연스러운 과정(자연발생)으로 여겨졌고, 생명 진화의 역사를 지구, 태양계, 은하 그리고 원소의 진화와 연결시켰다. 이런 대통합에 관해 전문가적 입장에서 쓴 작품의 전형으로는 알렉산더 폰 훔볼트(1769~1859)의 『코스모스: 우주에 관한 물리적 기술 개요Cosmos: A Sketch of a Physical Description of the Universe』(5권, 1845~1862)가 있었고, 보다 비전문가적이지만 기탄없이 쓴 작품으로는 로버트 체임버스의 『창조의 자연사적 흔적』이 있었다.[7] 이 두 작가는 우주의 역사를 자연법칙을 따르는 물질적 복잡화의 과정으로 보았고, 생명과 종의 기원(생물 진화)을 오늘날의 전문용어로 '분자 진화molecular evolution'라고 하는 분자력에 의해 작동되는 과정으로 이해했다. 오언은 형성력을 '내부 경향'으로 생각했다. 오언이 사망한 지 100년 후 양자역학에 획기적인 공헌을 한 노벨상 수상자인 에르빈 슈뢰딩거(1887~1961)는 자신의 저서 『생명이란 무엇인가: 살아 있는 세포의 물리적 측면What Is Life?: The Physical Aspect of the Living Cell』(1943)에서 이와 유사한 구조주의적 입장을 취했던 한편, 오늘날 사이먼 콘웨이 모리스는 '심층 구조'를 얘기하고 있고, 키스 베넷은 "대진화macroevolution는 대체적으로 변화하는 환경에의 적응이 아니라 내부적으로 발생하는 유전적 변화에 의해 장기간에 걸쳐 발생한다"고 주장하고 있다.[8]

'생물학'이라는 용어가 만들어지고 이에 관한 주제가 학문적 모습을 갖추었던 1800년경, 즉 생물학 초기 시대에는 많은 사람들이 인간을 포함한 모든 종들은 자연적으로 만들어진 배아에서 생성됐고, 종들은 현지성autochthonous을 갖고 있다고 (즉, 종들은 자신이 발견된 장소에서 자연적으로 발생했다고) 믿었다. 고생물학적 기록에 나타나는 갑작스럽게 복잡한 동물이 출현하는 현상을 포함한 세계 전 지역에 걸쳐 생물의 지정학적 분포가 지역별로 구분되는 것을 보면 이런 생각이 이해될 법도 했다.[9] 그러나 19세기의 반이 지나는 동안, 사람들은 종의 변이는 대부분 작은 변화가 축적되어 점진적으로 일어나는 것이 아닌 큼

직한 변화가 순간적으로 일어나는 과정을 겪어 왔다는 것에 의견을 모으게 되었다. 순간적인 유전 과정은 우심증(dextrocardia, 심장의 정점이 가슴 왼쪽이 아닌 오른쪽을 향하고 있는 증상), 좌우-바뀜증(situs inversus, 내장이 정상 위치의 거울상 위치에 들어 있는 기형)과 같은 선천적 상황, 혹은 (유성세대와 무성세대가 서로 교대 반복할 때 발생하는) 순정세대교번 사이클metagenetic cycle을 통해 알려진 것과 같은 극적인 변신적 변화 metamorphic change를 전형적인 예로 든다.

결정과 뼈의 유사성에 주목하는 결정학crystallography은 유기체와 유기체의 규칙성 및 대칭성 연구에 영향을 미쳤다. 19세기 초부터 20세기 초에 이르는 100년간 카를 구스타프 카루스(1789~1869), 에른스트 헤켈(1834~1919) 그리고 다시 톰슨(1860~1948, 그는 자신의 저서 『성장과 형태에 관하여On Growth and Form』에서 이에 관한 내용을 설명했다)과 같은 몇몇 유명 학자들은 수학으로 생명을 설명하려고 시도했다.[10] 이들은 환경 조건에 따른 변화를 예측할 수 없는 외부 형태보다 내부 형태의 건축학적 논리를 더 중요한 것으로 간주하였다. 진화 추진 과정이 보여주는 분자적 특성은 잎차례, 규조류와 방산충의 뼈대가 지니는 생결정체적 특성, 그리고 특히 식물에서 볼 수 있는 많은 대칭성 같은 유기적 형태를 연산과 기하학(피보나치 수열, 황금 비율, 결정 대칭)으로 설명할 수 있는 이유를 설명해준다. 이후 이런 예들은 바이러스, DNA의 나선 구조, 양치식물 잎의 프랙털 특성 그리고 에디아카라기 화석들에서도 나타났다. 생명의 형태는 구조적 논리를 표현하고, 어느 정도는 예측 가능한 것이다. 무수한 수렴 진화convergent evolution의 예들은 특정한 방향을 선호하는(아마도 최근 콘웨이 모리스가 저서 『생명의 해법Life's Solution』에서 제시한 대로 목표, 목적을 향하는 행보) 진화의 패턴과 경로를

시사한다.[11]

그렇다면 다음과 같은 의문이 제기될 수밖에 없다. 어떻게 다윈주의가 유일한 진화론이라는 통념이 자리를 잡을 수 있었을까? 어떻게 다윈은 도킨스의 도움을 받아 진화생물학이라는 이름으로 학계에 복귀할 수 있었을까? 얼마나 많은 유기적 다양성이 구조주의적 용어로 설명될 수 있고, 자연선택이 어느 범위까지 형태학적 효과를 내는 역할을 했는지에 관해 여기서 구체적인 과학적 논쟁을 벌이지는 않을 것이다. 오히려 나는 구조주의 대 다윈주의의 문제를 지식지리학geography of knowledge 측면에서 검토하고 장소의 중요성을 강조하고자 한다. 보다 구체적으로 말하자면, 보다 포괄적으로 구조주의적이었던 이전의 접근법에 대해 다윈주의가 (2차 세계대전 이후) 승리한 것을 이해하기 위해서는, 우리는 과학적 문제에서 한 걸음 물러나 진화론적 지식지리학, 다윈주의가 번성했던 장소, 구조주의적 접근이 구체화되었던 장소 등을 살펴보아야 한다. 데이비드 리빙스턴은 최근 있었던 기포드 강연에서 다윈이 시기와 장소에 따라 얼마나 다르게 해석되었는지를 보여주었다.[12] 나는 이 주장을 확대해 자연 자체가 여러 장소에서 다르게 해석되었고 시간과 장소의 정서에 적응했다고 주장하려 한다. 생물 진화에 관한 이 두 가지 접근법은 전반적으로 분명한 국가 문화의 산물이었다는 사실을 이해하는 것이 중요하다. 얼마 전 존 C. 그린은 이에 관해 다음과 같이 지적했다.

19세기 전반에 자연선택 사상을 제기했던 (거의) 모든 사람이 영국인들이었다는 것은 특이한 사실이다. 과학의 국제적 성격을 고려해보면, 자연이 자신의 가장 심오한 비밀을 영국인들에게만 누설했다는 사실은 이상하게 보인다. 그럼에도 자연은 그렇게 했다. 이런 사실은 시장에서의 적자생존 규칙에 근거한 영국의 정치경제학과 경쟁 기질이 영국인들로 하여금 식물과 동물 그리고 인간에 관한 이론을 세우는 데 있어 경쟁 우위에서 기반을 두고 생각하게 했다는 가정으로밖에 설명할 수 없을 듯하다.[13]

지난 반세기에 걸친 다윈 연구를 통해 우리는 다윈이 영국의 정치경제학, 특히 토머스 맬서스(1766~1834)의 『인구론An essay on the principle of population』(1766년에서 1826년까지 6판 출간)에서 영향을 받았다는 점을 알게 되었다. 게다가 이는 다윈의 생각이 설계 논증과 윌리엄 페일리의 『자연신학』의 기능주의의 영향을 받았다는 점까지도 강조했다. 다윈의 진화론은 영국, 특히 영국인 문화의 산물이었다.[14] 적응을 강조하는 다윈의 자연선택에 의한 진화론은 맬서스와 페일리의 생각이 합쳐진 것이었으며, 비록 그가 페일리의 설계 논증을 뒤집어놓기는 했지만, 그의 이론은 영국 기능주의자들이 심취해 있는 주요 부분이라고 말할 수 있다. 지리적 그리고 사회 정치적 활동 중심지가 여전히 영어권 국가인 (그들 간에 차이가 존재함에도 불구하고) 현대 지적 설계 지지자들과 논쟁을 벌이면서, 도킨스는 오늘날에도 같은 주장을 계속하고 있다.

이와는 대조적으로 구조주의는 주로 대륙, 특히 독일에서 성행했다. 구조주의자 대부분은 독일인이었다. 괴팅겐의 요한 프리드리히 블루멘바흐(1752~1840)와 그의 제자인 로렌츠 오켄(1779~1851)과 고트프리트 라인홀트 트레비라누스(1776~1837)는 몇 안되는 구조주의 초기의 영향력 있는 인물들이다. 구조주의에서 가장 유명한 인물들로는 예나와 바이마르(신생 국민국가 독일의 문화 중심지)에서 활동한 요한 볼프강 폰 괴테와 드레스덴의 대학자이자 괴테의 전기 작가인 카루스를 들 수 있다. 카루스는 독일 낭만주의와 이상주의 철학의 맥락에서 유기체에 대한 건축학적 접근을 발전시킨 구조주의의 고전인『뼈 내부와 외부의 기본 성분Von den Ur-Theilen des Knochen- und Schalengerüste』(1828)의 작가이기도 하다. 19세기의 예나는 형태학적 방법론의 요람이었는데, 이 방법론을 대표하는 주요 학자로는 카를 게겐바우어(1826~1903)와 에른스트 헤켈이 있었다.[15]

헤켈은 독일이 굴욕적인 패배를 당한 1차 세계대전이 끝난 직후인 1919년 사망했다. 헤켈이 살아있는 동안 독일의 생물 진화에 관한 접근은 여전히 진화형태학Evolutionsmorphologie의 형태로 남아 있었고, 성장과 형태의 역학에 관심을 두고 있었다. 하지만 2차 세계대전에서 독일이 패배하면서 구조주의적 진화론은 심각한 손상을 입고 말았다. 제3제국, 히틀러 치하의 독일 통치 기간 동안 교수와 정치 지도자들은 독일 낭만주의와 이상주의(특히 괴테와 훔볼트의)를 무단으로 도용했다. 나치가 작성한 훔볼트 전기는 훔볼트가 괴테의 이상주의에 영향을 받았다는 점을 강조했고, 이 둘 모두는 국가 사회주의의 선구자로 소개되었다.[16] 오스트리아 순純고생물학 공동 창시자인 오테니오 아벨(1875~1946)과 같은 몇몇 구조주의적 진화론자들은 분명한 반유대주의자들이었으며, 나치 정치에 적극적으로 참여했다. 꽃차례inflorescence 연구로 알려진 식물학자 빌헬름 트롤(1897~1978)은 괴테의 전통에서 나타나는 이상주의적 형태학을 아돌프 히틀러(1889~1945)의 정치와 연결시켰다. 제3제국 통치 기간 동안 다윈주의는 '반독일적' 사고가 되고 말았다.

2차 세계대전 이후 나치 협력자와 동조자들의 흔적으로 온통 손상된 구조주의적 생물 진화 이론을 주창하는 것은 조심스럽게 말해서 시기가 적절치 않았다. 예를 들면, 튀빙겐 대학교의 광물학자이자 괴테학자인 볼프 폰 엥겔하르트(1910~2008)를 비롯한 여러 유명 과학자들이 구조주의적 전통을 회복시켜 이어나가려는 조심스런 시도를 했지만, 그들의 생각을 담은 학회지 출간이 오래 지속되지 않으면서 그들은 큰 성과를 거둘 수는 없었다. 아벨과는 달리 제3제국 통치 기간 동안 정치적 오점을 남기지 않았던 또 다른 튀빙겐 대학교의 유명 학자인 오토 신데볼프(1896~1971) 또한, 볼프에른스트 라이프(1945~2009)를 포함한 젊은 고생물학자와 생물학 사학자들이 '외부 환경 변화에 대한 지속적인 적응에 근거한 영국의 오랜 기능주의 이론'으로 관심을 돌리면서 이들에게 자신의 생각을 주입시킬 수가 없었다.[17]

2차 세계대전 이후 독일과 독일에 협력했던 인근 국가에서 다윈주의자가 된다는 것은 일종의 인증서를 받는 것과 같은 것이었는데, 이 인증서는 나치 동조자들의 죄와 오명을 씻어주는 역할을 하거나, 단지 과거 정치와는 거리를 두고 승리한 동맹국들의 문화 전통에 합류한다는 것을 의미했다. 반면 영국의 다윈주의자들은 독일식 구조주의를 폄하할 수 있게 되었다. 오늘날 도킨스는 독일어로 '건축 설계도Baupläne'라고 하는 '기본 체제body plan'를 무시하고 있다.[18]

끝으로 사실을 한 가지 더 추가해야 할 것 같다. 다윈의 진화론이 '인류 최고의 이론'이라는 통념이 자리를 잡을 수 있었던 것은 자연선택에 의한 진화론이 다윈 자신의 젊은 시절 이야기부터 에른스트 마이어의 『생물학적 사고의 발전The Growth of Biological Thought』(1982)[19]까지, 『종의 기원』이 출간된 지 100년째 되는 1959년부터 '다윈 산업'을 세간에 유통시킨 기사와 책들에 실린 역사적 설명 덕분에 엄청난 이득을 보았기 때문이다. 진화생물학의 형태학적 전통은 역사에 이와 같이 자리매김해본 적이 없다. 다시 말해 이해하기 좋은 서사로 구성되어 본 적이 없다는 말이다. 우리는 구조주의적 전통에 관해 포괄적으로 이해함으로써 진화생물학의 역사를 바로잡을 필요가 있다.[20]

통념 **14**

다윈의 성선택은 로버트 트리버스가 부활시키기 전까지 무시되었다
에리카 로레인 마일럼

진화론에서 중요한 다른 모든 것들과 함께 찰스 다윈은 성선택을 발견했다. 다윈 이후 성선택 개념은 1972년 로버트 L. 트리버스가 이 주제를 다시 다루기 전까지는 대체적으로 무시되었다.

—존 앨콕, 『동물의 행동: 진화론적 접근』(1989)

로버트 트리버스(1943~)가 전문가로서의 명성을 얻는 데는 시간이 걸렸다. 1960년대 말 하버드 대학교 생물학과 대학원에 등록하기 전에, 트리버스는 초등학생을 위한 'Man(학습 지도 요령, 'MACOS'라고도 한다)'이라고 하는 1년짜리 프로그램을 만들어내는 케임브리지 소규모 교육기관에서 일했다. 그는 『동물의 적응Animal Adaptation』 『자연선택Natural Selection』 그리고 『선천적 행동과 학습행동Innate and Learned Behavior』과 같은 소책자들을 만들면서 처음으로 진화에 관해 알게 되었다.[1] 학부에서 역사를 전공한 그는 MACOS에서 한 경험을 통해 인간(그리고 동물) 행동의 이유를 설명하겠다는 생각을 갖게 되었다. 이에 트리버스는 1970년대 초 논문 몇 개를 발표했는데, 이 논문들은 1980년대에 성선택이라는 영역이 교육과정에서 주요하게 다뤄지는 데 중요한 역할을 했다. 많은 생물학자들이 동물의 구애행동 연구에 초점을 맞추면서, 상호

149   2부 19세기

이타성, 부모 투자, 자식의 성비 그리고 부모-자식 간 갈등에 관한 트리버스의 논문을 인용했다. 성선택이 하나의 영역으로 자리를 잡아가면서, 트리버스는 이 분야의 전문가 중 한 명으로 자리를 잡았다. 하지만 트리버스가 단독으로 100년간 무시됐던 "이 주제를 부활시켰다"고 주장하려면 성선택을 자연적 조건하의 동물에만 적용되는 개념이라고 재규정한 이후에만 가능한 일이다.[2]

자연선택을 자신의 이론으로 사용하려면 찰스 다윈은 동일종의 동물들이 어떻게 극적으로 다른 외양과 다른 행동을 취할 수 있는지를 설명해야 했다. 자연선택이 생존을 촉진하는 특성을 만든다면, 모든 개체들은 분명 상당히 비슷한 모습을 하고 있어야 한다. 그런데 성선택은 생식 능력을 향상시키고 성 간의 분명한 차이를 통해 진화의 여지를 만들어냈다.[3] 다윈은 처음 성선택을 공식화하면서 다음과 같은 두 가지 요소를 포함시켰다.[4] 첫째, '수컷 경쟁'은 한 종의 개체들이 먹이 혹은 영역을 두고 다투는 것처럼, 수컷들이 가임기의 암컷들을 두고 다툰다는 사실을 주장했다. 둘째, '암컷 선택'은 이런 경쟁의 근거를 다른 수컷보다 특정 수컷과 교미하기를 더 선호하는 암컷의 특성으로 규정했다.

다윈에게 이 두 요소(수컷의 배우자 경쟁과 암컷의 구애자 선택)의 상호 교환은 몇몇 종에서 수컷과 암컷이 서로 매우 다른 모습인 이유를 설명하는 것이었다. 즉 수컷들 간의 경쟁은 뿔과 같은 무기로 이어졌던 반면, 암컷 선택은 수컷의 아름다움을 설명했다. 게다가 다윈은 당시 인종학자들이 인종 집단을 규정하기 위해 사용했던 분명한 신체적 차이의 기원을 설명하기 위해 성선택을 사용했다.[5] 두 메커니즘 모두 박물학자들이 동물의 특성으로 보길 거부했던 자신과 타자에 대한 정신적 인식이 동물에게 존재함을 시사했고, 다윈이 암컷의 선택을 자세히 설명하기 위해 의인화된 표현을 사용함으로써 이는 더 두드러졌다. 인간 남성과 여성이 항상 그런 판단을 한다는 점에는 논란이 없었으며 실제로 영국뿐 아니라 그 외의 국가들에서 융성하던 우생학의 중요한 요소가 되었다.[6]

이후 수십 년간 생물학자들은 도마뱀, 물고기 그리고 특히 어디에서나 흔히 볼 수 있고 빠르게 번식하는 초파리의 배우자 선택 효과를 연구했는데, 이는 2차 세계대전 이후 실험적 집단유전학 연구를 구체화하는 계기가 되었다.[7] 하지만 연구자들은 성선택을 성 간의 형태적 차이를 만드는 메커니즘으로 이해하기보다는, 진화 과정에서 종 간의 생식적 격리를 유지시키는 원리로 이해했다. 많은 집단유전학자들과 이론가들은 성선택과 자연선택 사이의 명확한 경계에 대해 의구심을 품기 시작했다. 그리고 그들은 다윈의 암컷 선택이 처음에 맞닥뜨렸던 회의를 불러일으킨 의인화된 언어를 의도적으로 피했다.

리 어만(1935~) 그리고 클로딘 프티(1920~2007)같은 생물학자들은 암컷 초파리가 배우자를 받아들이는 방법, 즉 동일종의 수컷과만 짝짓기를 하는 방법이 매우 특별한 것이라고 생각했다(반면 수컷 파리의 짝짓기 행위에서는 이런 점이 나타나지 않는다). 1960년대에 이르러서 피터 오도널드(1935~)와 존 메이너드 스미스(1920~2004)같은 수학적 방법론을 토대로 하는 동물학자들까지도 어떤 조건하에서 성선택이 개체 짝짓기 성공에 상당한 영향을 미칠 수 있는지, 지리적 격리 없이 종분화specification가 어떻게 일어날 수 있는지 모델링했다.[8]

성선택에 대한 연구가 동물학계에서 일상적으로 이루어지지 않았다 하더라도, 트리버스는 이런 연구가 이루어지고 있다는 사실을 알고 있었고, 진화론에 관한 자신의 첫 연구에 이 연구들을 이용했다. 다시 말해서 트리버스를 오랫동안 기다려온 다윈의 계승자로 보기 위해서는 이전 수십 년간 이어져 오던 암컷 선택에 대한 연구를 성선택에 관한 연구가 아닌 무언가로 재정의할 필요가 있었다. 사람들은 암컷 선택이 우생학 이론과 연관성을 갖고 있다는 이유로, 혹은 암컷 선택이 진화 메커니즘으로서 성선택의 수학적 타당성을 구축했지만 경험적 증거는 제공하지 못했다는 이유로 암컷 선택을 깎아내렸다. 하지만 이 중 어느 이유도 성선택을 하나의 영역으로 규정하는 데 있어서 트리버스가 얼마나 중요한 역할을 했는지에 대한 적합한 설명이 아니다.

진화 생물학에 관한 독창적인 첫 논문에서 트리버스는 인간(그리고 동물) 사회에서의 사회적 협력의 근거를 설명하는 자신의 상호이타성 이론이 "오는 정이 있으면 가는 정이 있다"와 같은 직관적인 개념이라고 설명했다.[9] 개체가 자신의 동족에게 기울이는 노력은 개인적 대가가 크다 할지라도 다음 세대에서 공유할 수 있는 유전자를 퍼뜨리는 데 도움이 되기 때문에, 트리버스는 이를 이치에 맞는 것으로 생각했다. 보다 어려운 문제는 개체들이 시스템을 속여 아무 대가도 지불하지 않은 채 모든 이익을 얻을 수 있음에도 불구하고, 동족이 아닌 개체들이 왜 서로에게 이타적으로 행동하느냐 하는 것이었다. 현재의 협력을 미래의 이익과 연계시키면서(진화론에 적용되는 일종의 인류학적 증여 문화), 트리버스는 속임수를 쓰는 개체들이 만약 자신들의 속임수가 발각되면, 이런 상호 교환 이익 체계에서 배제된다는 사실을 지적했다.[10] 이처럼 그는 협력적 사회 행동의 진화를 이타적인 본성과 이기적인 본성, 그리고 보편적인 이타성의 충동에 의지하지 않고 건강한 정도의 의심을 통해 이를 저지하는 본성 사이의 균형이라고 설명했다.[11]

배우자 선택으로 관심을 돌리면서, 트리버스는 수컷 공작 한 마리는 자신의 새끼들을 돌보는 데 적은 에너지만을 사용하면서도 여러 암컷 공작에게서 얻은 새끼들의 아버지가 될 수 있는 반면, 암컷 공작은 번식기에 낳은 갓 부화한 새끼들의 생존을 위해 훨씬 더 많은 시간, 관심 그리고 역량을 쏟아야 한다는 면에서, 수컷과 암컷은 새끼에게 서로 다른 양의 역량을 투자한다고 판단했다.[12] 부모 투자에서 나타나는 이런 차이는 수컷의 생식력이 암컷의 생식력을 훨씬 앞지른다는 것을 의미했다. 따라서 암컷이 배우자 선택에 있어 수컷보다 훨씬 까다로울 수밖에 없다고 결론 내리게 된다. 다윈이 암컷 선택과 수컷 경쟁을 성선택의 주요 메커니즘으로 강조했던 것은 올바른 생각이었다. 더 나아가 트리버스는 시대의 흐름을 알고 있었다. 즉 그에 따르면 남자와 여자는 결혼과 삶에서 다른 것을 원했다. 따라서 이런 근본적인 진화적 욕구는 현대 사회에서의 이성 간의 갈등에 대한 하나의 근거를 제시할 수도 있다.[13]

계속 출간되고 있는 존 앨콕(1942~)의 교과서 『동물 행동Animal Behavior』을 여기저기 읽다보면 트리버스가 성선택의 영역을 확장하기 위한 연구를 했다는 점과 트리버스가 이 분야에서 우상화되고 있다는 점을 알 수 있다.[14] 앨콕은 하버드 대학교에서 박사 학위를 취득한 지 6년밖에 지나지 않은 1975년에 그의 교과서 초판을 출간했는데, 그와 트리버스가 모두 동물 행동에 관심이 있었던 것을 고려해보면, 앨콕이 트리버스를 알게 된 것은 하버드 대학교에서였던 듯하다. 앨콕은 자신이 대학을 떠난 후 몇 년 동안 에드워드 O. 윌슨(1929~)이 만들어낸 사회생물학 이론과 그의 이전 동료들이 게임이론과 수학적 모형을 유전 과정에 적용해서 얻어낸 이론의 중요성을 매우 찬양했던 것이 분명하다.[15] 『동물 행동』은 결국 9판까지 출간됐으며, 이 주제에 관한 가장 인기 있는 대학 교재 가운데 하나가 됐다.[16] 하지만 앨콕이 트리버스가 기여한 부분이 '매우 중요하다'는 언급을 한 것은 2판(1979)에서였다.[17] 3판에서 그는 시야를 넓혀 부모 투자에 관한 트리버스의 연구는 '성선택에 관한 관심을 다시 불러일으키는 데 막대한 영향'을 미쳤다고 인정했다.[18] 1980년대 말 앨콕은 다윈을 성선택을 포함한 진화론의 모든 '중요한' 관점들을 창시한 사람이라고 불렀고, 이후 몇몇 짧은 논평을 통해 진화론이 '부활'한 것은 트리버스 덕이라고 했다. 따라서 진화론자로서의 트리버스의 주요 역할은 앨콕에게도 처음부터 분명한 것은 아니었다.

1980년대에 등장한 신세대 생물학자들에게 성선택 이론은 인간 및 동물 생식행동의 진화를 설명하는 이론으로 자리매김했다. 동물의 구애 행동에 관한 현장 연구는 분자생물학과 유전학의 괄목할 만한 성장에도 불구하고 중요한 역할을 했다. 이 동물학자들은 이전 수십 년의 기간을 야생종의 성 행동에 관한 신중한 관찰과 이런 관찰 내용을 해석할 이론 체계가 부재했던 기간으로 생각했다. 그들의 연구 분야를 생명과학의 새로운 주요 분야로 올려놓음으로써, 그들은 다윈 시대부터 1970년대까지 학계에서 거의 도외시되었던 성선택의 역사를 재정립했다. 이런 맥락에서 보면 트리버스는 이전 세대의 무시를 완전히 물리친 영웅이었다.[19]

하지만 이후 출간된 앨콕의 교과서에서 트리버스의 명성은 희미해진다. 앨콕은 최근 연구에서 밝혀진 성선택에 관한 미묘한 차이를 설명하는 몇몇 부분을 다윈과 트리버스 사이에 끼워 넣음으로써 다윈을 트리버스와 거리를 두고 생각하기 시작했다.[20] 그다음 앨콕은 각 4개 분야에서 트리버스가 기여한 부분(각 부분은 그의 주요 논문 하나하나와 연관이 있다)을 검토하지 않은 채 트리버스를 이 분야를 통합한 주요 인물에서 완전히 배제해버렸다.[21] 그 이유는 성선택 연구가 하나의 학문 분야로 자리를 잡고 전문적 권위를 인정받으면서 이에 관한 연구가 급격히 늘어남에 따라, 트리버스의 초기 연구는 더 이상 학계의 관심을 끌지 못했기 때문이었다. 게다가 트리버스는 자신의 첫 작품과 유사한 획기적인 작품을 더 이상 내놓지 못했으며, 동료들과의 개인적인 갈등으로 괴로워했다.[23] 그의 이론이 힘을 잃었다는 사실이 널리 인정된 것을 보면, 다윈은 성선택 역사에서 유일한 우상으로서의 우선권을 되찾았다.[23]

성선택이 주로 암컷 선택 때문에 100년간 빛이 바래 있었다는 통념이 형성되는 데는 수많은 사안이 나름 역할을 했다. 이념적인 면에서 보자면 2차 세계대전 이후 생물학자들은 우생학과 관련된 이론과 거리를 두려고 했다. 전문 과학자들이 동물 행동에 관심을 집중함에 따라, 의인관anthropomorphism은 비전문가들과 탁상공론만 하는 과학자들이나 하는 것이라고 여겨졌다. 그리고 생물학 연구의 역학이 바뀐 것도 또 다른 차이를 만들었다. 1970년대에 성선택을 연구하던 과학자들은 주로 자연적 환경을 조성하여 연구했고, 이전의 실험실 연구와 자신들의 연구를 의식적으로 분리시켰다.

그렇기는 하지만 교과서에 등장하는 과학자들은 자신들이 교육적으로나 학문적으로 유용할 때에만 영웅으로 인정받는다. 트리버스 이야기는 양쪽 기능을 짧은 시간에 충족시켰다. 부모 투자는 이 분야에 관한 최근 연구에 이해하기 쉬운 개념적 가교 역할을 했고, 트리버스의 이론은 다양한 계파를 방법론적인 면에서 하나로 묶는 역할을 했다. 이후 수십 년간 성선택 연구는 새로운 여러 분야로 확장되어 나갔다.[24]

그리고 트리버스는 MACOS에서 일할 당시 이해하지 못했던 문제를 다시 제기했다. 명확한 이해가 중요시되는 세계에서, 우리는 삶에 있어서의 기만과 자기기만의 가치를 어떻게 이해해야 하는가?[25] 성선택이라는 유산이 분기를 거듭하며 심화되고 있음에도 불구하고, 생물학자들은 성선택을 다윈이 성별 간의 차이를 설명하기 위해 개발한 거의 변화 없는 도구로 취급하면서 이 메커니즘을 자연세계를 탐구하는 다른 방법들과 계속 구분한다. 그 결과 성선택은 거의 100년 동안 사실상 잊혀져 있었다는 통념이 계속되고 있다. 유일하게 성선택을 중요한 연구 분야로 다룬 트리버스를 제외하고 말이다.

루이 파스퇴르는 과학적 객관성에 근거해 자연발생설을 반증했다

갈런드 E. 앨런

> [파스퇴르]의 종교적 신념은 그가 내린 과학적 결론에 영향을 준 적이 없다. 그는 과학이라는 학문이 종교, 철학, 무신론, 물질주의, 그리고 심령론 등과는 거리를 두어야 한다고 믿었다. 파스퇴르는 삶에서의 물질적 조건이 종교에 중대한 영향을 끼칠 수는 있지만, 실험 결과들의 객관적 해석을 방해해서는 안 된다고 강조했다.
>
> —토머스 S. 홀, 『삶과 물질에 관한 관념들』(1969)

루이 파스퇴르(1822~1895)가 19세기 과학계에서 꽤나 중요한 위치에 있었다는 것은 아무도 부정할 수 없다. 화학과 결정학을 전공한 파스퇴르는 포도주나 맥주 제조의 기초가 되는 미생물학, (백신 접종의 기초가 된) 면역학, 19세기 포도를 재배하던 프랑스 농민들을 괴롭히던 해충 포도나무뿌리진디 퇴치를 위한 생물학, (분자 비대칭성의 근거나 편광의 광학 회전값을 알아내는) 유기화학 등 다양한 분야에서 인정을 받았다. 당시에 쓴 파스퇴르에 대한 수많은 글을 보면 그가 거의 신화적 인물에 가까웠음을 알 수 있다. 그는 아이작 뉴턴(통념 6 참고)의 대를 잇는 초인적인 과학자로 추앙받기까지 했는데, 예를 들어, "프랑스에서는 무정부주의자, 공산주의자, 허무주의자가 될 수 있을지언정 파스퇴르를 부정하는 사람은 될 수 없다고 할 정도로, 단순한 과학의 문제가 애

국심의 문제로까지 이어졌다"[1]고 1887년의 어떤 자료가 증언하고 있다.

파스퇴르는 1861년에서 1864년까지 프랑스 출신의 동식물학자 펠릭스 악시메드 푸셰(1800~1872)와 당시 뜨거웠던 주제인 자연발생의 가능성 여부에 대해 논쟁을 했는데, 이 논쟁은 파스퇴르를 완벽히 신격화하기에 충분했다. 푸셰가 자연발생설을 주장한 반면에 파스퇴르는 이에 반대했는데, 둘 다 각자의 주장을 뒷받침할만한 실험 결과가 있었다. 파스퇴르는 선입견이 없고, 철학적·정치적 견해에 영향을 받지 않으며, 자료 수집과 해석에 완벽하게 공정하고 어디에서나 진리를 따르는, 그리고 어느 한쪽으로 치우치지 않는 과학자로 미화된다. 이 파스퇴르 신화는 두 가지 면에서 우리가 과학의 본질이 과정이라는 사실을 이해하는 것을 방해하는데, 한 가지 면은 과학을 객관적으로 바라보는 가장 뛰어난 (그리고 비현실적인) 과학자의 전형으로 파스퇴르를 보는 지극히 주관적인 관점이며, 다른 하나는 "과학적 방법scientific method(통념 26 참고)"이라 불리던 과장되고 이상적인 관점이다. 존 팔리(1936~)와 제럴드 L. 게이슨(1943~2001)과 같은 역사학자 겸 인문학자들은 파스퇴르 신화가 틀렸음을 알렸고 사례 연구를 통해 과학의 인간적이고 사회적인 과정들을 좀더 명확하게 보여주었다.

1864년 4월 저녁, 소르본 대학에서 파스퇴르는 그가 하려고 하는 실험이 당시 미생물의 자연발생설을 믿던 과학계에 큰 충격을 줄 것이라고 발표했다. 나폴레옹 1세의 조카딸인 마틸다 보나파르트(1820~1904) 공주, 작가인 알렉상드르 뒤마(1802~1870)와 조르주 상드(1804~1876) 등 당대의 유명 인사들이 참석한 자리에서 파스퇴르는 자연발생설에는 종교적이고 철학적인 문제들 즉 물질주의, 진화, 그리고 무신론이 연관되어 있다고 밝혔다. 그러나 그는 이러한 문제 중 어떠한 것도 지난 4년간 푸셰와의 논쟁에서 얻은 실험 방법의 차이에 대한 자신의 판단을 바꾸지는 않는다고 했다.

> 종교, 철학, 무신론, 물질주의나 강신론 중 어떤 것도 관련이 없다. 심지어 나는 과학자로서 그런 것들에 별로 신경 쓰지 않는다고 말할 수도 있다. 이것은 사실과 관련된 문제이다. 나는 이것을 어떠한 선입견도 없이 연구해왔고, 자연발생설을 믿는 사람들이 아무것도 모른다는 것을 확신한다. 그러나 만일 실험 결과가 입증한다면 나는 자연발생이 맞다고 말할 수도 있다.[2]

이런 과학관은 지난 시간 동안 군중이 가정해온 과학에 대한 편견이다. 파스퇴르의 주장에도 불구하고 파스퇴르와 푸셰 사이의 논쟁을 정치적, 철학적, 종교적 이데올로기가 과학 실험을 설계하고, 실행하고, 결과를 해석하는 것에 영향을 미친다는 것을 보여주는 좋은 예로 볼 필요가 있다.

이것을 더 자세히 들여다보기 전에, 1848년 2월 혁명, 루이필리프 황제의 사임, 그리고 1848년 10월 루이 나폴레옹 보나파르트(나폴레옹 1세의 조카) 왕자를 필두로 한 제2공화정의 설립 등 당시 프랑스가 정치적, 사회적, 경제적으로 힘든 시기에 있었다는 것을 염두에 두어야 한다. 공화주의의 부활은 가톨릭교회의 권력을 축소하고 입법부의 권력을 강화하는 동시에 선거권의 확대와 자유화를 요구했다. 이러한 상황 속에서 교회와 국가는 공동의 적인 공화주의와 혁명에 대항하기 위해 힘을 모았다. 그러므로 1851년 12월에 나폴레옹이 제2제국을 선언하며 (그리고 자신을 황제라 칭하며) 쿠데타를 일으키기 전까지 교회·국가 연합은 큰 힘을 가지고 있었고, 새로운 황제가 권력을 유지하기 위해 교회의 엄청난 지원을 받았다. 이후 수십 년간 교회·국가 연합과 급진적인 공화주의자들과의 의견 대립은 더욱 심화되었다. 공화주의자들은 진보를 위해 과학, 물질주의, 무신론을 장려했고, 가톨릭교회와 연관된 반계몽주의를 배척했다. 이런 상황에서 신의 개입 없이 생명이 발생한다는 자연발생설은 논쟁의 대상이 될 수밖에 없었다. 유명한 과학자, 독실한 기독교인, 정치적 보수파, 그리고 자연발생설의 반대파인 파스퇴르는 자연발생설에 대해 "공정하지만" 필요한 반박을 하기에 좋은 위치에 있었다.[3]

당시 자연발생설을 지지하던 프란체스코 레디(1636~1697)의 실험, 즉 부패된 고기에서 구더기가 생기는 유명한 실험이 파리를 고기에 접촉하지 못하게 함으로써 반증되었음에도 불구하고, 이 논쟁은 18세기 후반에서 19세기 초반까지 이어졌으며, 특히 1820년대에서 1830년대의 프랑스에서 있었던 해부학자이자 고생물학자인 조르주 퀴비에와 장바티스트 라마르크, 에티엔 조프루아 생틸레르(1772~1844)의 논쟁으로까지 번지게 되었다.[4] 라마르크와 조프루아는 자연발생이 가능하다고 주장했다. 특히 라마르크의 더 넓은 변태론, 진화론적 관점에서 이는 통합적인 과정이었다(통념 10 참고). 정치적으로 암울했던 제2제정 시절, 1862년에 클레멘스 로이어(1830~1902)가 번역한 찰스 다윈의『종의 기원』불어판이 출간되면서 생물변이설, 자연발생설과 유물론이 서로 연결되며 다시금 수면 위로 떠오르게 되었다.[5] 로이어는 이 책을 통해 종의 기원이라는 자연주의론뿐만 아니라 유물론, 무신론, 그리고 공화주의도 지지하는 모습을 보였다. 가톨릭교와 다른 보수당들에 대한 공포가 점점 더 커지던 1860년대에, 성경 내용을 어떠한 계시나 초자연주의적인 내용을 배제한 역사 문헌의 일종으로 취급하자는 일명 "고등 비평higher criticism"이라는 운동이 생겼다.6 이런 사회적·지적 분위기에서 다시금 떠오른 자연발생설을 파스퇴르와 같은 과학계의 거물들이 아니꼽게 볼 수밖에 없었다.

1850년대 프랑스 와인 산업에 맞서 와인의 산패에 대해 연구하던 파스퇴르는 우리 주변에 미생물이 존재한다는 것과 미생물이 모든 발효, 음식의 부패, 질병의 전염과 관련이 있다는 것을 확신하게 되었다. 파스퇴르의 세균론에서 중요한 것은 그가 자연발생은 없다고 주장하는 것이었다. 그는 모든 박테리아는 이전에 존재하던 박테리아의 번식에 의한 것이며, 생명이 없는 무기물질로부터의 자연발생은 없다고 주장했고, 자연발생설을 인정하는 것은 배종설germ theory의 권위를 심하게 깎아내리는 것이라 생각했다.

푸셰는 1859년(다윈의 『종의 기원』이 출판되던 해)에 자신의 책 『자연발생, 혹은 자연발생에 관한 보고서Hétérogénie; ou Traité de la Génération Spontanée』를 출간하며 정치적·과학적으로 심화되었던 이 논쟁에 끼어들었다.7 생물은 자연적으로 발생할 수 있다는 자신의 믿음을 보호하기 위해 물질주의나 무신론을 부정하는 것에 많은 분량을 할애한 것만 보아도(첫 137쪽동안), 이 주제가 다소 선동적일 수 있음을 그는 잘 알고 있었을 것이다. 실제로 그는 하나님의 영광이 생명의 탄생과 관련이 있을 것이라고 주장했으며, 어떤 생명을 이루는 원소들을 똑같이 갖고 있을지라도 완전한 무기물질에서 자연적으로 생명이 발생한다는 것은 부인했다. 그럼에도 불구하고 푸셰는 그의 연구가 필연적으로 물질주의, 무신론, 그리고 공화주의와 관련이 되고, 이것이 교회와 국가의 반감을 살 것이라 생각했다.

1858년 초에 푸셰는 자연발생이 가능하다는 그의 주장을 확고하게 해줄 간단한 실험을 했다. 그는 우선 완전무결한 실험 조건을 만들기 위해 건초를 우린 물을 일련의 플라스크에 담아 섭씨 100도까지 가열해 살균 처리를 하고, 인공적으로 만든 공기 혹은 산소를 수은(일종의 필터)에 통과시킨 후 플라스크 속으로 주입했다. 그 후 플라스크를 밀봉한 채로 상온에 두어 결과를 지켜보았고, 며칠 후 현미경으로 관찰한 결과 플라스크 안의 물에 다량의 세균이 생긴 것을 확인했다. 일부 사람들은 건초 우린 물을 완전히 살균될 만큼 충분히 가열하지 않았다고 지적했는데, 푸셰는 이에 반박하기 위해 가열온도를 섭씨 200도, 심지어 탄화되는 온도에 가까운 섭씨 300도까지 올려도 여전히 세균이 생긴다는 것을 보여주었다.

파스퇴르는 푸셰의 실험 결과에 대해 세균은 우리 주변 어디에도 존재하며, 푸셰가 살균 처리를 완전히 하지 못했거나, 플라스크 뚜껑을 재빠르게, 그리고 주의해서 닫지 않았다면 이미 그 액체는 실험 조건을 만드는 도중에 세균에 오염되었을 것이라고 지적했다. 이 주장에 반박하며 푸셰는 자신의 실험을 몇 번이고 반복했고, 항상 똑같은 결과를 얻었다. 파스퇴르는 자연발생을 입증하려는 지금까지의 실험들 중 푸셰의 실험이 가장 세심하게 수행됐다는 것을 인정할 수밖에 없었다. 그러나 푸셰의 실험에는 한 가지 오류가 있었는데, 이는 바로 가열된 공기를 살균 처리된 액체가 든 플라스크에 주입하기 전, 이 공기를 수은 필터에 통과시킨 것이었다. 파스퇴르는 한 가지 간단한 실험을 통해 이를 확인하고자 했다. 그는 수은 필터의 바깥쪽에서 가져온 수은을 살균된 효모·설탕 용액에 주입하였고, 주입 후 24시간에서 36시간 이내에 플라스크 내부에 수많은 미생물이 생기는 것을 발견하였다. 만약 기체를 플라스크에 넣기 전에 수은과 수은 필터를 살균했다면, 미생물은 나타나지 않았을 것이다. 푸셰의 실험에서 자연적으로 생겼다고 믿던 미생물은 사실 오염된 수은에서 나온 것이었다.

파스퇴르와 푸셰는 계속해서 과학 학술지에 글을 투고하며 의견을 주고받았다. 자연발생의 여부에 대한 논쟁은 갈수록 치열해졌고 어느 한쪽으로든 결론을 내는 것이 시급해 보였기 때문에, 이 둘은 1862년에 프랑스 과학 아카데미에서 개최한 최고 발표자에게 상금을 주는 경연에 참가하여 누가 옳은지를 가리기로 했다.

처음으로 파스퇴르가 선보인 것은 효소·설탕 용액이 담긴 플라스크를 가열한 후 재빨리 밀봉하여 박테리아의 성장과 용액의 부패를 막는 것이었다. 하지만 푸셰는 가열하는 것은 플라스크 내부 기체의 화학적 조성을 변형시켜 자연발생에 부적합한 조건을 만들었을 수도 있다고 지적하며 이를 완벽하게 반박했다. 그래서 파스퇴르는 모든 자연발생은 미생물 입자를 포함한 공기와 접촉하면서 생긴다는 그의 주장을 뒷받침하는 동시에 푸셰의 지적을 반박할 수 있는 정교한 장치 하나를 고안해냈다. 그는 살균된 용액이 든 플라스크를 두 개의 멈춤 꼭지와 흡입 펌프가 달린 유리관에 연결하였다. 그리고 흡입펌프로 가열로를 통과하는 인조 공기를 유리관을 통해 빨아들여 살균하고, 이 살균된 공기를 살균된 효모·설탕 용액에 주입 후 열과 함께 플라스크를 밀봉했다. 이 플라스크에서는 수개월 동안 방치해도 미생물이 발생하지 않았다. 그다음 파스퇴르는 공기를 가열로로 통과시키는 대신 유리관에 비치된 소독솜을 통과시켜보았고, 미생물이 발생하지 않는다는 똑같은 결과를 얻을 수 있었다. 그러나 공기가 통과한 소독솜의 일부를 플라스크 안에 떨어뜨려보았더니, 며칠 후 미생물이 생겼다.

　파스퇴르는 이 솜 필터가 통과하는 공기를 변화시켰을 수도 있다는 주장에도 반박할 수 있도록 간단하지만 정교한 다른 실험을 수행했다. 실험은 파스퇴르가 특별히 고안한 거위 목 형태의 플라스크를 이용했는데, 이는 별도의 필터를 통과하지 않고 살균 처리가 안 된 공기가 플라스크 안과 밖을 오갈 수 있도록 해주었다. 먼저 효소·설탕 용액을 담은 플라스크를 끓여 어떠한 미생물도 생존할 수 없도록 환경을 조성한 후 긴 시간 동안 방치해두었다. 플라스크의 목을 S자 형태로 만든 이유는 목의 아랫부분, 즉 굽은 부분이 안과 밖을 오가는 공기 중의 무거운 먼지 입자들과 세균을 잡아두게 하기 위함이었다. 파스퇴르는 이 장치를 이용하면 세균이 걸러진 공기가 용액에 접촉할 수 있을 것이며, 자연발생이 일어난다면 이러한 실험 조건에서 일어나야 한다고 판단했다. 파스퇴르의 실험 결과는 꽤나 극적이었는데, 실제로 수개월의 시간이 지난 후에도 용액에서 어떠한 부패도 일어나지 않았다. 더 나아가 파스퇴르는 만약 플라스크를 기울여 약간의 효소·설탕 용액을 플라스크 목의 굽은 부분까지 흘려보냈다가 다시 원상태로 복구시킨다면(우측의 그림 참조), 그 용액에서 미생물의 발생을 볼 수 있을 것이라는 대담한 예상도 했다. 그리고 그가 이 실험을 직접 해보았더니, 정말로 얼마 후 용액에서 세균이 발견되었다. 위의 실험 결과들로 파스퇴르는 프랑스 과학 아카데미에서 개최한 경연에서 우승하게 되었다.

　토론이 진행되는 동안 파스퇴르는 논리적이고 기발한 실험 설계를 선보인 것으로 보인다. 그러나 이야기는 우리의 생각만큼 간단하지 않다. 파스퇴르의 거위 목 형태의 플라스크를 이용한 실험은 분명 모범적인 것이었다. 그러나 파스퇴르가 프랑스 정부의 재정 지원을 누렸고,

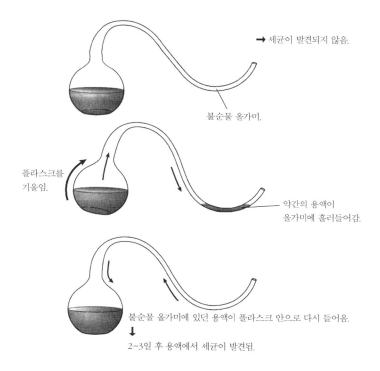

→ 세균이 발견되지 않음.

불순물 올가미.

플라스크를
기울임.

약간의 용액이
올가미에 흘러들어감.

불순물 올가미에 있던 용액이 플라스크 안으로 다시 들어옴.
↓
2~3일 후 용액에서 세균이 발견됨.

거위 목 형태의 플라스크를 기울여 일부 용액을 먼지 입자와 세균들을 잡아둔 S 자 관의 아랫부분에 흘러가게 한다. 그리고 이 용액을 다시 플라스크 안에 들어오게 하면, 용액이 세균으로 감염된다. (출처: Allen and Baker, *Biology: Scientific Process*, 63.)

나폴레옹 3세의 충성스러운 후원자였으며, 그가 소유한 토지가 속해 있는 한 주에서 여러 차례 황제의 초대를 받았다는 것, 또한 당시 가장 친정부적이며 뛰어난 프랑스 과학계의 인재들이 모여 있던 프랑스 과학 아카데미의 일원이었다는 사실은 무시할 수 없다. 당시 루앙에 거주하던 푸셰는 단지 아카데미의 준회원일 뿐이었고, 파스퇴르가 속해 있던 엘리트 집단과는 더욱 거리가 멀었다. 종교적 측면에서도, 1864년

소르본 대학교에서의 강연 후 명확히 인식되었듯 파스퇴르는 자연발생설과 자유주의적, 유물론적, 그리고 '무신론적' 견해들과의 관계를 너무나 잘 알고 있던 독실한 가톨릭교도였다. 아카데미의 거의 모든 구성원이 독실한 가톨릭교도이자 공화주의를 반대하던 사람들이었고, 그들이 자연발생설을 꺼렸다는 것은 중요한 사실이다. 실제로 푸셰는 위원회가 얼마나 그의 주장과 어긋나는지를 인지하고 1862년의 경연에서 물러났으며, 1년 후에야 친구들과 동료들의 재촉에 다시 모습을 보였다.[8]

이 이야기에서 가장 놀라운 사실은 아마 푸셰와 파스퇴르 둘 다 틀리지 않았다는 점일 것이다. 당시 두 과학자는 종류가 다른 용액을 이용하여 실험했는데, 파스퇴르의 용액은 효소·설탕 용액이었던 반면에 푸셰의 용액은 건초를 우린 용액이었다. 파스퇴르는 건초 용액을 이용하여 푸셰의 실험을 반복하지 않았기 때문에, 건초 용액에서 발견된 천연 세균이 포자를 발생시킬 수 있는 일부 종들을 포함하고 있다는 사실을 발견할 수 없었다. 푸셰의 실험에 등장하는 이 포자는 가뭄, 추위, 혹은 폭염 등 가혹한 환경에서도 세균이 생존할 수 있게 해주는 역할을 하는데, 실험에서의 짧은 가열 시간은 충분히 견딜 수 있었고, 심지어는 더 높은 온도도 견딜 수 있었다. 그래서 이들은 열이 가해지는 동안에는 잠복해 있다가 플라스크가 식은 후에 번식을 시작했던 것이다.

파스퇴르의 자연발생에 대한 연구 결과에서 몇 가지 중요한 결과들을 도출해낼 수 있다. 하나는 파스퇴르가 프랑스 과학 아카데미에서 자신의 입지를 더 굳히기 위해서 유명하지 않은 과학자의 이미지를 이용했다는 것이다. 질병에 관한 세균론은 프랑스 제약업계와 대중의 건강을 위한 캠페인에 중요한 요소가 되었고, 이는 곧 파스퇴르와 파스퇴르 기관을 위한 재정적·정치적 자금줄이었다. 다른 하나는 파스퇴르를 비롯한 19세기 후반에서 20세기 초 과학자에게 통용되던 이상화된 '과학적 방법'이라는 것은 없다는 것이다. 우리가 방금 살펴본 이 방법은 실험실에서 매일 행해지는 방식의 과학과는 약간의 관련만이 있을 뿐이다. 최근의 역사와 철학, 과학사회학에 대한 연구는 과학이 인간적인 활동이며, 인간의 이상과 염원과 밀접한 관련이 있다는 여러 중요한 결과를 내놓았다.

통념 **16**

그레고어 멘델은 시대를 앞선 유전학의 외로운 선구자였다

코스타스 캄푸러키스

유전자가 존재한다는 사실을 아무도 몰랐을 때 멘델은 완두 교배 실험으로 유전적 형질의 전달에 관한 세 가지 유전법칙을 발견했다. 멘델의 통찰력은 유전에 대한 이해를 매우 확장 시켰다. (…) 멘델은 사람 혹은 동물의 형질이 다음 세대로 전달되는 방법에 대해 의문을 품고, 1860년대에 유전의 메커니즘을 알아내기 위한 실험을 시작했다. (…) 멘델은 각각의 부모가 일부 형질을 자손들에게 전달한다고 가정하고, 이를 '인자elementen'라고 칭했다. (…) 멘델은 그가 실험한 각각의 특성들이 자손들 사이에서 나타날 때 인자가 어떤 역할을 하는지 밝히는 데 초점을 두었다.

—일로나 미코, 『그레고어 멘델과 유전의 법칙』(2008)

그레고어 멘델 이전의 유전에 대한 이론들은 실험이 아닌 논리와 추측에 근거한 것이었다. 멘델은 수도원 정원에서 다양한 품종의 완두를 이용해 수많은 잡종을 만들어보았다. (…) 그는 3:1이라는 정확한 수학적 비율을 통해 별개의 유전 인자(유전자)가 존재할 뿐만 아니라, 그 입자들이 쌍으로 존재하다가 생식세포 형성 중에 분리될 것이라 추론했다. (…) 또한 멘델은 서로 다른 형질 쌍을 가지는 순종들도 분석했다. (…) 1세대 식물들을 자가 수분시켜 얻은 2세대 식물은 9:3:3:1의 비율을 보여주었다. (…) 이 결과로부터 그는 생식세포가 형성되는 과정에서 별개의 유전자 쌍이 독립적으로 유전된다고 추측했다.

—A. M. 윈체스터, 「멘델의 업적」, 『브리태니커 백과사전』

19세기에 유전을 연구한 최초이자 유일한 과학자는 그레고어 멘델 (1822~1884)이다. 유전학의 아버지라 불리기도 하는 그는 자연에서 일어나는 유전 현상을 설명하려 했다. '유전법칙'을 밝힌 그의 선구적인 논문은 동시대 과학자들에게는 무시당했지만 그가 죽고 난 후인 1900년에 재평가되어 업적을 인정받게 된다. 대략 1979년부터 멘델의 삶과 연구에 대한 의문은 끊이질 않았지만, 멘델의 삶과 연구는 여전히 생물학 교재나 유명한 서적에서 쉽게 찾아볼 수 있다. 이 장에서 나는 왜 멘델에 대한 설명이 역사적으로 정확하지 않은지, 왜 이런 설명이 지금까지 이루어놓은 과학의 성취를 왜곡하는지 다룬다.[1]

역사적 자료에 의하면 멘델은 이종교배hybridization를 연구하려고 했지 일반적인 유전 현상 전체를 연구하려고 하지는 않았다. 1866년 출간된 그의 논문 「식물 잡종에 관한 실험Versuche über Pflanzen-Hybriden」에서 그가 유전자를 탐구했다는 흔적은 찾아볼 수도 없거니와, 생물학 관련 서적에서 설명하는 것과는 달리 그를 유명하게 만든 분리의 법칙과 독립의 법칙도 언급된 적이 없다. 자신의 연구가 너무 앞서갔다는 이유로 무시당했던 멘델은 때로는 외로운 개척자로 일컬어진다. 그러나 유전에 대한 의문은 이미 멘델 이전에 다양한 문화권에서 제기되어 왔고, 멘델의 연구는 보다 넓은 역사적 맥락에서 고려되어야 한다.[2]

멘델은 당시 오스트리아헝가리제국의 한 주이자, 지금은 체코공화국의 일부인 모라비아에서 태어났다. 1843년에 그는 브르노Brünn에 있는 성 토마스 수도원에 들어갔는데, 이 수도원은 대략 1840년부터 과학적 견해에 근거한 육종 연구에 큰 기여를 해왔다. 수도원장 시릴 냅(1792~1867)은 비엔나에서의 멘델의 연구, 크리스티안 도플러(1803~1853)의 물리학, 프란츠 웅거(1800~1870)의 화학, 고생물학 및 식물생리학 연구를 지원했다. 1853년에 브르노로 돌아온 멘델은 이종교배가 새로운 종을 만들 수 있을지에 대한 의문이 점점 커져가는 상황에서 실험을 시작했다. 멘델은 자기보다 앞서 이종교배를 연구했던 요제프 쾰로이터(1733~1806)나 카를 프리드리히 폰 게르트너(1772~1850)가 이종교배에 의한 새로운 종의 발생은 없다고 결론지은 것을 이미 알고 있었다. 반면에 웅거는 새로운 종의 발생이 가능하다고 주장했는데, 사실 그는 1852년 『식물학 편지Botanical Letters』에서 종의 불변을 반대했고 식물의 세계는 점차적으로 진화해왔다고 주장했다.[3]

아마 이것이 멘델의 관심을 끌었을 것이고, 1856년 여름 그가 이종교배 실험을 시작하게 한 계기였을 것이다. 실험을 위해 그는 식용 완두콩Pisum sativum을 선택했고, 2년 동안의 노력 끝에 34가지 형질에 대하여 순종 완두콩을 얻을 수 있었다. 멘델은 특히 완숙기 종자의 모양, 배젖의 색, 종자 껍질의 색, 콩깍지의 모양, 덜 자란 콩깍지의 색, 꽃의 위치, 그리고 줄기의 길이 등 일곱 가지 특성에 주목했다. 1863년에 완두콩에 대한 실험을 끝낸 후, 그는 팥 몇 종류로 자신의 결론을 확고히 하고자 했다. 멘델은 잡종 교배에서 자손들이 두 부모의 특성을 3:1의 비율로 닮는 결과를 얻었지만, 그렇지 않은 경우도 있었다.[4]

1865년 2월 8일과 3월 8일 멘델은 브르노 자연과학회에서 완두콩으로 실시한 자신의 실험 결과를 발표했고, 이는 1866년 자연과학회의 학술지에 실렸다. 논문의 초반부에 멘델은 자신이 "완두콩의 자손에서 나타나는 잡종의 발견"을 목표로 한다고 밝혔고, "지금까지 잡종의 형성과 발전을 올바로 설명하는 법칙은 아직 나오지 않았다"라고 언급했다.[5] 그는 서로 다른 종의 교배에서 얻어지는 잡종들이 항상 부모가 가진 형질의 중간은 아닐 것이라고 예상했다. 또한 부모와 잡종 사이에 종종 나타나는 매우 유사한 형질을 발견하고 이를 우성 형질로, 그리고 잡종에서 나타나지는 않지만 다음 세대에서 나타나는 것을 열성 형질이라 불렸다. 멘델은 이종교배로 얻은 세대를 1세대라고 불렀는데, 현대 유전학에서는 이를 잡종 2대(F2)라 부른다. 나는 이 장에서 멘델이 사용한 용어를 따라 이종교배로 얻은 세대를 1세대라 표현할 것이다.

자신의 모든 실험에서 얻은 1세대 자손들을 형질별로 나누고 수를 세어 보았더니, 멘델은 우성('A'로 표시)과 열성('a'로 표시) 형질이 거의 일정하게 3:1의 비율로 나타난다는 사실을 발견했다. 멘델은 또 1세대 중 열성 개체의 자손(aa) 중에서는 더 이상 우성 형질이 나오지 않으며, 우성 개체의 자손들은 3:1의 비율로 우성 형질과 열성 형질을 갖거나 오직 우성 형질만을 갖는다는 것도 알아냈다. 멘델은 전자의 경우 부모 개체가 우성과 열성 형질 둘 다(Aa)를 가졌던 반면, 후자의 경우 우성 형질(AA)만을 가졌던 것으로 결론지었다. "그러므로 우성을 나타내는 1세대의 자손들 중 둘은 우성과 열성 둘 다 나타나는 반면, 나머지 하나는 오직 우성 형질만을 갖고 있다." 그래서 멘델은 모든 실험에서 도출된 3:1의 비율을 2:1:1로 생각해도 된다고 추론했다. 이 부분에서 그는 2대 잡종과 부모의 형질(또는 특성)을 구별했다("특성"과 "형질"이라는 용어를 동의어로 사용함). 우성 형질은 세대가 거듭되어도 끊임없이 나타나는 부모의 형질일 수도 있고, 잡종 자손을 만들어내는 형질일 수도 있다. 후자의 경우 잡종의 형질을 말하는 것이 아니라 오히려 잡종의 그 특성 자체를 뜻한다는 것에 주목해야 한다.[6]

유전학에 대한 현재의 지식을 감안했을 때 멘델의 논문을 읽기는 크게 어렵지 않다. 멘델이 논문의 첫 부분에서 분명하게 표현했듯이, 유전인자나 입자(유전자 같은)의 전달보다는 표현형(특성 또는 형질)의 전달을 살펴보았다는 것은 꽤나 중요한 사실이다.

이후의 논의에서, 여러 세대에 걸쳐 전혀 혹은 거의 변하지 않고 잡종 형질을 나타내는 특성은 '우성'으로, 이 과정에서 나타나지 않는 형질은 '열성'으로 표현할 것이다. '열성'이라는 표현을 쓰는 이유는 그 형질들이 잡종에서는 완전히 사라진 것 같아 보이지만, 이 잡종의 다음 세대에 변하지 않고 다시 나타나기 때문이다.[7]

이미 언급했듯이, 멘델은 눈에 보이지 않는 유전인자들의 특성과 형질을 우성 또는 열성 형질이라 불렀다. 그는 논문에서 인자factoren라는 단어를 사용했다. 게르트너는 특정 형질에 영향을 주는 기본 인자가 아니라 잡종을 지칭할 때 이 단어를 사용했고 멘델은 단순히 이를 따른 것으로 보인다.[8]

멘델은 서로 다른 특성을 나타내는 잡종의 자손에 대한 설명을 이어나가, 서로 다른 두 가지 형질을 지닌 두 가지 식물의 교배에서 얻은 결과도 제시했다. 그는 15종의 식물에서 556개의 씨앗을 얻었는데, 이중 315개는 두 가지 형질에서 모두 우성을, 101개는 한 형질에서 우성, 다른 형질에서 열성을, 108개는 한 형질에서 열성, 다른 형질에서 우성을, 그리고 나머지 32개는 모두 열성 형질을 나타냈다. 그러나 멘델은 오늘날 대부분의 문헌에서 쓰이는 대표적인 비율인 9:3:3:1이라고 쓰지 않고, 1:1:1:1:2:2:2:2:4로 나타냈다.[9] 비록 멘델이 논문에서 분리의 법칙과 독립의 법칙을 암시하고는 있지만, 이것들이 '법칙'으로 나타나지는 않는다. "잡종 2세대"라는 절은 다음과 같은 결론으로 끝난다.

만약 우성 형질을 잡종과 부모의 형질로 해석한다면 첫 번째 세대에서 나타나는 우성과 열성 형질의 비율 3:1은 모든 실험에서 2:1:1로 표현할 수도 있을 것이다. 1세대의 구성원들이 잡종의 씨앗에서 즉시 나타나기 때문에, 잡종들은 두 가지 다른 형질을 가진 씨앗들을 형성하는데, 이 중 절반은 다시 잡종들을 만들고, 나머지 절반은 지속되는 형질을 지니며, 우성과 열성 중 하나의 형질만 가진다.[10]

위 단락은 잡종에 함께 존재하다가 다른 자손으로 전달되는 대립유전자(우성 또는 열성)들의 분리에 대한 서술로 이해할 수 있다. 멘델은 이것을 A+2Aa+a로 나타냈는데, 'A'와 'a'는 각각 부모의 특성을 나타냈고, 'Aa'는 잡종임을 나타냈지만 유전인자의 쌍으로 표현되지는 않았다. 이것은 2개의 이형접합체(상동염색체의 같은 유전자 자리에 서로 다른 대립유전자를 가지고 있는 경우)가 교배될 때(Aa×Aa) 1AA:2Aa:1aa의 유전자형 비율을 갖는다고 서술하는 현대의 서적과는 다른 것이다.

나중에 "몇 가지 다른 형질을 갖는 잡종의 자손"이라는 절의 끝부분에서 멘델은 다음과 같이 언급했다.

모든 특성이 실험으로 확인되었기 때문에 나는 다음의 진술이 옳다는 것에 의심의 여지가 없다. 대립하는 두 형질을 가지고 있는 잡종끼리의 교배로 형성된 자손들은 두 개의 다른 형질이 각기 결합해 발생하는 조합들로 이루어지는 개체들이다. 이와 동시에, 잡종 세대에서 서로 구별되는 두 형질의 작용은 두 부모 식물들이 갖는 모든 차이로부터 독립적이다.[11]

이 진술은 대립형질의 독립 유전을 상기시킨다. 그러나 멘델이 내렸던 결론은 현대 유전학의 언어로 사람들이 알고 있는 것과는 다르다.

엄밀히 말해서, 일반적으로 멘델의 업적인 것으로 일컬어지는 두 가지 유전법칙은 멘델이 발견한 것이 아니다. 그래도 그가 고안한 실험을 하던 도중 어떠한 실험 조건에서는 그 결과들을 관찰할 수 있었을 것이다. 유전이라는 것이 인자 형태로 이루어진다는 것을 그가 발견한 것도 아니고, 실제로 그의 논문에서도 유전인자에 관한 언급은 되어 있지 않다. 오히려 앞의 인용문에서 말했듯, 멘델은 특정 형질들이 어떻게 잡종과 그 자손들에게 나타나는지를 알고자 했다. 멘델은 모든 정자와 난자가 가지고 있는 특성 각각의 단일체가 존재한다고 주장했다. 각각 다른 성질을 가진 정자와 난자가 만나서 발생하는 자손은 두 가지 성질을 모두 가지고 있을 것이고, 그 성질은 부모에게서 독립적으로 정자와 난자를 통해 유전된 것이며 후에 그들의 자손에게 나타날 것이다.

모든 경우에서 멘델이 잡종을 언급할 때 유전의 일반적인 이론을 확장하려 하지는 않았다. 그러나 멘델이 활동하던 시기의 생물학적 사고의 중심에는 이미 유전 메커니즘이 존재했는데, 이는 부분적으로 찰스 다윈의 자연선택(1859년 출간된 『종의 기원』)을 통한 가계 이론에는 변형의 기원과 유전을 설명할 수 있는 이론이 없었기 때문이다. 이 문제에 관해서는 19세기에 찰스 다윈 자신이나 허버트 스펜서, 프랜시스 골턴(1822~1911), 윌리엄 키스 브룩스(1848~1908), 카를 빌헬름 폰 내겔리(1817~1891), 아우구스트 바이스만(1834~1914), 그리고 휴고 드 브리스(1848~1935)와 같은 다양한 학자들이 진화론적 관점에 근거한 유전 이론을 세웠다. 그리고 다른 사람들의 작업에 대한 언급에서 볼 수 있듯이, 위의 학자들은 다양한 방법으로 서로 영향을 받았다. 멘델이 추구하는 바는 이 그룹과는 달랐기 때문에 그는 이 그룹에 참여하지 않았고, 그의 논문에서 '유전'을 뜻하는 독일어 단어를 찾아볼 수 없는 것도 당연하다.[12]

앞서 언급한 그룹의 학자들 중에서는 오직 내겔리만이 멘델의 실험에 대해서 알게 되었고, 실제로 두 사람은 1866년부터 1873년까지 편지를 주고받았다. 내겔리의 조언을 따라 멘델은 조팝나물*Hieracium*, 해바라기와 친척 관계인 식물을 1866년부터 1871년까지 연구했지만, 이 식물과 완두콩의 결과가 일치하는 것을 발견하지 못했다. 내겔리가 적어도 한 번은 멘델의 1866년 논문을 인용했기 때문에, 멘델의 연구가 사람들에게서 완전히 잊혀졌다고 할 수는 없다. 브르노 자연과학회 또한 멘델의 논문이 실린 잡지를 100부 이상 전 세계의 과학 단체들에 보내기도 했다. 1900년 이전의 문헌에서 멘델의 논문을 언급한 자료는 최소한 10건이고, 그중 일부는 자연주의자들이 많이 읽는 책이었다. 멘델 생전에 그의 연구가 주목받지는 않았지만, 이러한 인용들 덕분에 점차 주목받을 수 있었다.[13]

1900년에 휴고 드 브리스와 카를 코렌스(1864~1933), 에리히 폰 체르마크(1871~1962)는 식물의 이종교배에 대한 그들의 연구 결과를 발표했고, 그들의 연구가 멘델의 영향을 받았다고 말했다. 실제로 드 브리스는 이 주제에 관하여 2개의 논문을 발표했는데, 첫 번째 논문에서는 멘델에 대해 언급하지 않았다. 멘델의 연구를 오랫동안 알고 있었던 내겔리의 제자 코렌스는 후에 우선순위에 대한 분쟁이 없도록 하기 위해 멘델이 이 연구를 먼저 시작했다고 밝혔다. 그리고 사람들이 멘델의 연구에 주목하게 된 계기가 바로 이것이었다.[14]

이후 멘델의 논문이 새로운 유전학에 대한 기초가 되는 데에는 긴 시간이 걸리지 않았다. 그러나 1900년 이후 멘델의 연구가 이토록 빠르게 수용된 것은 단순히 새로운 실험적 데이터의 발견이 아닌 새로운 개념의 결과였음에 주목해야 한다. 프랜시스 골턴과 아우구스트 바이스만은 불연속 변형과 비혼합 특성 때문에 '어려운' 유전 개념을 보충하는 틀을 만들었다. 게다가 세포학자들은 개체의 특별한 특징(키나 몸무게 같은)이 세포 내부의 인자들과 관련이 있을 것이라는 추측에 초점을 맞추었다. 이 시기에는 염색 기법의 발달로 세포 내부에 있는 염색체 같은 세포의 구조 관찰이 가능해졌을 뿐만 아니라, 현미경의 발달로 체세포분열, 감수분열 등의 분열 과정을 직접 관찰할 수 있게 되었다. 따라서 번식 실험과 세포학 실험의 결과를 알고 있는 사람들은 1900년에 멘델의 논문을 보고 세포핵에 존재하는 미립자 결정 인자가 분리되어 독립적으로 유전되었음을 보여주는 논문으로 이해했다. 멘델은 죽고 난 후에서야 유전학의 선구자가 되었던 것이다.[15]

많이 알려지지는 않았지만, 1902년 월터 프랭크 라파엘 웰던(1869~1906)이 실험으로 멘델의 '유전법칙'이 심지어 완두콩에서조차 성립하지 않는다는 것을 보여준 것은 꽤 주목할 만하다. 웰던은 잡종 완두콩 품종 연구에서 녹색 완두콩과 황색 완두콩 사이에 녹황색에서 황녹색까지 색깔의 연속체가 있었으며, 부드러운 것에서 주름진 것으로 이어지는 점진적인 형태의 연속체가 있다고 결론지었다. 따라서 멘델은 실험에 사용할 순종 완두를 얻는 과정에서 완두콩의 모든 자연적 변이를 배제한 채 비약적인 결과만을 보여주었던 것이다.[16]

지금까지의 내용을 기초로 두 가지 중요한 결론을 이끌어낼 수 있다. 첫째, 유전학의 원리를 발견하고 유전 현상의 연구를 위한 적절한 실험적 접근법을 수립해 영웅적이고 외로운 개척자로 칭송되는 멘델에 대한 평가는 유전학의 진실된 역사뿐만 아니라, 과학이 실제로 이루어지는 과정을 왜곡한다. 과학은 과학 공동체, 특히 사회적, 문화적, 종교적, 정치적인 인간 활동이며, 이러한 공동체에서 동떨어진 사람들이 과학을 추구하는 경우는 매우 드물다. 둘째, 당시 멘델은 브르노의 농업과 사회경제적 상황에서의 실용적 의문을 근거로 실험을 시작했다. 실제로 과학적 의문은 엄격한 이론적인 고려와 호기심보다는 기존의 경제적, 기술적 문제를 해결하려는 과정에서 자주 발생한다. 멘델은 이러한 실질적 질문에 대한 해답을 찾기 위해 노력한 사람들 중 하나이며, 그는 식물 이종교배 연구로 잘 알려진 기고가였다.

따라서 근래의 수많은 교재들이 말하는 것과는 달리, 멘델은 유전적 성질이나 유전의 일반적인 "법칙"을 "발견"한 것이 아니다. 그는 19세기 후반에는 유전 이론의 발전에 거의 아무런 기여도 하지 못했지만, 1900년 이후에 그의 논문이 새로운 관점에서 해석됨으로써 유전학의 토대가 될 수 있었다. 그렇다고 해서 멘델의 유전학 실험의 중요성을 폄하하는 것은 아니다. 그러나 멘델이 19세기 중반에 실험을 수행했던 맥락에서의 영향과 20세기 초반에 유전학의 기초가 되었던 새로운 맥락에서의 영향력은 명확히 구분해야 한다.

통념 **17**

사회진화론은
미국의 사회적 사상과 정책에
깊은 영향을 미쳤다

로널드 L. 넘버스

인종차별, 식민주의, 사회적 계층화가 판을 치던 19세기에서 20세기 초반, 사회진화론은
몇몇 집단에게는 그들의 행위를 합리화하기에 딱 좋은 사회철학이었다.

—존 P. 래퍼티 엮음, 『진화에 관한 새로운 생각』(2011)

찰스 다윈의 진화 이론에 근거한 사회진화론은 '적자생존'이라는 생태계의 원리를 인간 사
회와 상업의 원리로 받아들였다. 즉, 약한(혹은 부적합한) 기업들은 더 강하고 우월한 기업들
때문에 도태된다는 것이다. 이는 자유주의적 자본주의의 당연한 결과로 받아들여졌으며,
작고 약한 기업들이 없어지는 것을 자연적인 사회 진화라 여긴 정부는 이에 무관심했다. 이
개념은 개인의 성공에도 적용되어 사회에서 성공한 사람은 가장 똑똑하고, 가장 열심히 일
하고, 사회에 가장 적합한 사람이라는 관점이 생겼다.

—뉴욕 주 리젠트 시험(Regents Examination)을 위한 준비 정보(1999~2011)

    20세기 사회진화론에 대한 수많은 이야기가 있지만, 사실 19세기의
미국인들은 다윈주의가 사회에 초래할 수 있는 영향에 큰 관심을 갖지
않았다. 사실 다윈조차도 이에 대해 큰 관심이 없었다. 다윈은 『인간의
유래』를 썼지만 자연선택 이론에 근거한 인간의 행동에 대해서는 이따
금씩만 언급할 뿐이었다. 인간의 유래를 논하는 장에서 다윈은 "문명화
된 국가들에 미치는 자연선택의 영향"에 대해 서술하며 야만적인 사회

와 문명화된 사회를 비교했다.

> 사람이 야만적이게 되면 육체적·정신적으로 가지고 있던 약점들이 없
> 어지고, 여기서 살아남는 사람들은 일반적으로 활기찬 건강 상태를 보
> 인다. 반면 우리 문명인들은 약자가 도태되는 것을 막기 위해 최선을
> 다하며, 정신적으로 아픈 사람이나 장애인을 위해 정신병원을 짓는다.
> 국회는 가난한 사람들을 위해 법을 제정하고, 의사들은 사람들을 살
> 리기 위해 마지막 순간까지도 최선을 다한다. 백신은 천연두를 앓을 수
> 도 있었던 수천 명의 인간을 구하기도 했다. 그러므로 문명화된 사회
> 에서는 약자들이 함께 살아갈 수 있는 것이다.[1]

인도주의적 노력이 불러오는 생물학적 부정적 효과에도 불구하고, 다
윈은 인간 존엄이라는 이름으로 인도주의를 옹호했다.[2]

대부분의 미국 과학자는 이 주제에 대해 침묵했거나, 다윈주의 원칙
을 인간 사회에 적용하려는 시도를 비난했다. 미국에서 진화론을 대중
화한 사람들 중 가장 영향력 있는 캘리포니아의 자연주의자 조지프 르
콩트(1823~1901)는 "자연선택은 자연에 의한 것이므로 인간 사회에 적
용되는 일은 절대 없을 것이며, 인간의 영혼이 이를 거부한다"고 주장
했다. 전통 종교를 거부했던 지질학자이자 인류학자 존 웨슬리 파월
(1834~1902)조차도 인간에게 "생물학적 진화"를 적용하려는 시도를 비
난했다. 그는 "인간과 짐승을 구분하지 않고 인간의 노력의 결과를 무
시하는 [허버트] 스펜서의 철학은 20세기의 철학이 될 것이고, 이는
문명을 붕괴시키고 끝내는 다시 정체시킬 것"이라고 경고했다.[3]

영국인 철학자 허버트 스펜서(다윈주의자는 아니었다)의 미국 제자들

은 인간 사회에 진화론을 적용하려고 노력했다. 스펜서는 "국가를 무시할 권리"를 내세우며 정부가 과학과 윤리라는 이름으로 상거래를 규제하고, 종교를 지원하고, 젊은이들을 교육하고, 병들고 가난한 사람들을 보살피는 것에 반대했다. 그는 "겉모습만 보고 불쌍히 여길 일이 아니다. 어리석은 사람들은 그들의 어리석음 때문에 고통받는 것이 최선의 방법이다"라고 주장했다.[4] 그의 책이 미국에서 선풍적인 인기를 얻었기 때문에 그의 영향력을 과대평가하기 쉽다.[5] 이 철학자의 인기에 놀란 생물학자 헨리 페어필드 오스본(1857~1953)은 "[스펜서가 언급한] 과학의 기초는 대학교수인 나도 처음 들어본 것이었다. 그렇기 때문에 수천 명의 독자에게 놀라움을 불러일으켰는지도 모른다"라고 언급했다. 스펜서는 "확인할 수 없는 것the Unknowable"이라며 신격을 깎아내리곤 했는데, 이것 때문에 그는 아주 소수의 회의론자들이나 유니테리언 교도들(삼위일체론을 부정하고 신격의 단일성을 주장하는 기독교의 한 파)을 제외하고는 기독교 국가에서는 인기를 끌지 못했다.[6] 이 영국인 철학자는 자본주의와 생존을 위한 억제 불가능한 투쟁의 변론인으로 여겨지기도 하지만, 가장 최근 그의 전기를 쓴 작가는 그가 잘못 이해되고 있었다고 주장한다. "스펜서는 현대인과 현대사회가 생존 투쟁을 통해 계속 진보해나갈 것이라고 생각하지 않았다."[7]

스펜서는 정통파를 저주했음에도 불구하고, 예일 대학교의 유명한 정치사회과학 교수인 윌리엄 그레이엄 섬너(1840~1910)를 포함해 꽤 높은 지위에 있는 여러 미국인 추종자들을 모았다. 종종 미국에서 가장 영향력 있는 사회진화론자로 불리던 섬너는, "우리가 적자생존을 싫어한다면 가능한 대안은 하나밖에 없다. 그것은 가장 약한 사람들이 생존하는 것이다"라고 학생들에게 가르쳤다.[8] 그러나 생물학적 진화는 인간 사회에 대한 그의 연구에서 그다지 중요한 것이 아니었으며, 1884년까지 그는 적자와 비적자에 대하여 언급하지 않았다. 그는 특히 미국-스페인 전쟁 시기의 제국주의를 돌려서 비난했다.[9]

스펜서를 신봉하던 다른 미국인은 앤드루 카네기(1835~1919)였는데, 그는 스코틀랜드 출신으로 철강업계의 거물이자 당시 스펜서의 진화론을 주장하며 부의 축적을 정당화한 사람이었다. 그러나 전반적으로 다윈이나 스펜서는 미국의 사업가들에게 큰 영향을 미치지 못했다. 역사학자 어빈 G. 와일리가 수십 년 전 우수한 연구로 보여주었듯, "대호황 시대의 사업가들은 급변하는 시대를 따라갈 만큼 학문적이지도, 잘 교육받지도 않았다."[10] 윤리적인 가이드로 그들은 다윈의 『인간의 유래』나 스펜서의 『사회정역학Social Statics』이 아니라 성경을 따랐다. 사업가들이 생물학적 진화에 대해 언급한 몇 안 되는 자료 중 하나에서, 아이비리그 출신의 자선사업가 존 D. 록펠러 주니어(1874~1960)는 대기업의 성장을 "그저 적자생존일 뿐이다. (…) 미국에서 아름다운 장미를 만들기 위해서는 (…) 주위에서 자라나는 싹을 초기에 희생시켜야만 가능하다"라고 말했다.[11]

우리가 살펴봤듯, 다윈은 현대 의학이 역도태에 기여함을 주목했다. 놀랍게도 아주 소수의 평론가만이 이 사실에 주목했다. 다른 교양 있는 미국인들처럼 의사들도 다윈주의의 강점과 약점을 논의했지만, 이것이 공중 보건에 어떤 암시를 주는지는 신경 쓰지 않았다. 찰스 V. 채핀(1856~1941)은 진화학과 의학 사이의 갈등을 다루는 몇 안되는 의사 중 하나였고, 공중 보건 분야의 국가적인 지도자이기도 했다. 의사들이 "살아남을 능력이 부족한 사람들을 보호하고, 그들이 자손을 가질 수 있도록 도와줌으로써 자연법칙을 방해하고 있다"는 비난을 하는 생물학자와 사회학자들을 무시했던 수많은 동료와는 달리, 찰스는 이 비난을 직면하고자 했다.[12] 그는 전염병 억제를 위한 예방 조치들이 "생존에 부적합한 사람들을 위한 인위적인 행동이므로, 자연선택을 방해한 것은 맞다"고 인정했지만, 의사들은 자연선택의 원칙에 따라 이러한 질병에 맞서지 않고, 병균이 득실거리는 것을 지켜보기 위해 있는 사람들이 아니라고 반박했다.[13] 또한 그는 전염병 예방은 약자들뿐만 아니라 강자들도 보호해왔다고 주장했다.

현대 의학이 문명화된 사회에서 자연선택을 방해해왔다는 다윈의 도발적인 주장에 대한 무관심 때문에, 대표적 근본주의자(성경을 절대화하여 모든 내용을 문자 그대로 믿는 것이 신앙의 근본이라고 주장하고, 진화론과 같은 근대적인 합리주의를 배격하는 이들) 윌리엄 제닝스 브라이언(1860~1925)이 다윈을 인용하며 진화론의 부정적인 면을 주장하던 1920년대 초의 논쟁이 더욱 과열되었다. 브라이언의 책 『다윈주의의 위협The Menace of Darwinism』에 대한 공격이 널리 행해지던 와중 브라이언은 다윈의 '고백'을 다음과 같은 방식으로 해석했다. "이 영국의 자연주의자는 약자의 삶을 연장시켜주는 '문명인들'을 비난한다. (…) 의학은 과학의 위대한 산물 중 하나이며, 이것의 주된 목적은 생명을 구하고 약자를 강하게 해주는 것이다. 다윈은 의학이 '적자생존'을 방해한다고 주장한다."[14]

다윈주의는 인종주의를 과학적으로 정당화하는 수단이 될 수도 있었겠지만, 실제로 기능을 수행하지는 못했다. 존 S. 할러 주니어는 19세기 후반 진화와 인종차별 연구에서 다윈은 인종에 관한 담론에 거의 영향을 미치지 않았다고 결론 내렸다. "다윈 이전의 인종 열등함에 대한 견해는 다윈 이후에도 거의 똑같이 살아남았다." 다시 말해 하나님

이 노아의 아들과 손자를 저주했다는 성경의 설명이 사람들이 계속해서 흑인들이 열등하다고 믿는 빌미가 되었다. 역사학자 제프리 P. 모런은 "가끔 선구적인 진화론자들이 우생학과 과학적 인종차별주의에 깊이 관여하기도 하지만, 아프리카계 미국인 반진화론자들은 다윈주의가 인종차별주의자에게 이용되었다는 것을 진화론을 반박하는 주장으로 내놓은 적이 없다"라고 최근 결론지었다.[15]

이와 유사하게, 여성 열위를 암시하는 성선택에 중점을 둔 다윈주의는 성차별을 정당화하기 위해 종종 이용되었을 수도 있었겠지만 실제로 그런 경우는 드물었다. 사업가의 태도나 인종주의와 마찬가지로, 기독교는 아담에 예속된 이브를 시작으로 이미 차별에 충분하고도 남을 정당성을 제공해왔다. 최근 킴벌리 A. 햄린은 다윈을 언급한 소수의 19세기 페미니스트들이 "인간을 제외한 모든 종에서 여성이 그들의 배우자를 선택했다"며 여성의 성선택을 정당화한 다윈의 관찰을 환영했다는 사실을 보여주었다. 게다가 다윈주의는 아담과 이브 이야기가 무효임을 입증했다.[16]

때때로 다윈주의는 제국주의나 전쟁을 정당화하기 위해 사용되었지만, 그렇게 자주는 아니었다. 여타 이데올로기처럼 제국주의는 과학적 타당성을 거의 요구하지 않았다. 게다가 허버트 스펜서조차 제국주의를 "새로운 야만주의"라며 비난했다.[17] 1914년부터 1918년까지 치러진 제1차 세계대전은 많은 시민들이 전쟁과 다윈주의의 관계를 인식하게 된 사건인데, 이는 다윈의 생물학이 독일의 전쟁 선포에 큰 역할을 했다는 주장 때문이었다. 저명한 생물학자이자 스탠퍼드 대학교의 설립자인 데이비드 스타 조던(1851~1931)은 "사회진화론"이라는 아직은 친숙하지 않은 표현을 사용하며 다윈주의가 전쟁을 정당화한다는 '도그

마를 부정했다. 그는 "진화론이 '전쟁을 정당화시키는 생물학적 주장'이라는 것은 과학적으로 타당하지 않을 뿐더러 다윈의 가르침과 연관성이 없다"고 주장했다.[18]

지금까지 나는 미국에서의 사회적 사상과 행동에 다원주의가 미친 제한적 영향에 초점을 맞추었다. 지금까지는 '사회진화론'이라는 용어를 많이 사용하지 않았는데, 그 이유는 20세기 초반 이전까지는 미국인들이 이 단어를 거의 언급하지 않았기 때문이다. 'Darwinisme social' 'Darwinismo sociale' 'Sozialdarwinismus' 등 사회진화론을 일컫는 단어가 1880년대 초 유럽 대륙에서 등장하기 시작했지만, 미국에서는 1903년에 처음 등장한 것으로 보인다. 미국의 사회학자 에드워드 A. 로스(1866~1951)는 그의 저서에서 사회진화론을 "경제적 활동에서 종의 변이에 치명적인 역할을 하는 '생존 경쟁'"을 겪은 사람들에게 적용했다.[19] 수십 년이 지난 후에도 이 용어는 부정적인 의미를 지닌 채 애매하게 남아 있었다.

1906년 초기 미국 사회학회 회의에서도 이 용어를 정확하게 정의하지 못해 혼란이 있었다. 스스로를 사회진화론자라고 불렀던 다트머스 대학교 출신의 사회학자 D. 콜린 웰스(1858~1911)는 「사회진화론Social Darwinism」이라는 논문을 출간했다. 그는 논문에서 "변이를 통한 새로운 형태의 점진적인 출현, 과잉된 것들의 투쟁, 주어진 환경에 잘 맞지 않는 사람들(비적자)의 도태와 잘 맞는 사람들(적자)의 생존, 끊임없는 투쟁과 무자비한 제거에 의해서만 유지되는 인종적 효율성"을 설명하기 위해 익숙하지 않은 유럽의 용어를 빌려왔노라고 밝혔다. 반스펜서파의 수장이자 웰스의 논평자였던 레스터 프랭크 워드(1841~1913)는 이 논문에 놀란 심정을 다음과 같이 설명하기도 했다.

특히 유럽 대륙에서는 "사회진화론"이라고 부르는 것에 대한 많은 논의가 있었다. 그곳의 모든 학자가 사회진화론이 무엇인가에 대해서는 의견을 같이하지만, 그들은 웰스 박사가 사용하는 의미의 표현을 사용하지 않는다는 것은 분명하다. 여기서 이 주제에 대한 논의는 두 가지 문제와 연관이 있는데, 첫 번째로 경제적 투쟁, 두 번째로 인종 투쟁이다. 이 "사회진화론"을 옹호하는 것으로 보이는 사람들은 주로 사회학자들이 아니고 생물학자들이다. 왜냐하면 대다수의 사회학자는 이것을 옹호하지 않기 때문이다.[20]

유럽과 반대로 미국에서는 사회학자들이 사회진화론에 대해 이야기하는 유일한 사람들이었다.

웰스의 논문이 나오던 해에 워드는 소위 '사회진화론'이라 불리던 것에 대한 글을 썼는데, "생물학적 투쟁의 본질"을 이해 못하는 동료 사회학자들을 비난하는 내용을 담고 있었다. 그가 나무라기를, 그들 중 대다수가 다윈 진화론과 라마르크 진화론을 구분하지 않았을 뿐만 아니라, 자연선택의 과정을 이해하지도 못했다고 했다. 그럼에도 그들은 무지에 대해 부끄러움이 없고, "심지어 어떤 사람들은 '사회진화론'이라는 단어를 고안해내어 일종의 '허수아비'로 세워두고 그것을 쓰러뜨림으로써 그들이 명민하다는 것을 보여주려 한다." 사회진화론이 경제론과 인종차별론의 근거가 되었다는 의심스러운 주장을 기각하기 위해 열의를 기울이면서, 그들은 "상상력에 기반해" 그들만의 사회진화론을 만들어냈고 "풍차와 맞서는 돈키호테처럼 그것에 대담하게" 맞섰다.[21]

1944년 새롭게 주목받던 미국 역사학자 리처드 호프스태터는 『사회

진화론이 미국 사상에 미치는 영향Social Darwinism in American Thought』
이라는 얇은 책으로 미국 문화의 주요 해석자로서의 경력을 시작했다.
이 책에서 그는 자유 무역, 군국주의, 인종차별주의, 제국주의, 우생학
과 같은 보수적인 '사회 이데올로기'를 옹호하는 사람들이 어떻게 다윈
주의를 이용하여 강고한 개인주의의 목표를 발전시켰는지를 보여주려
고 했다.[22] 그는 미국이나 서유럽에서 인종주의나 군국주의에 미친 다
윈의 영향력을 과장하는 것이 쉬울 것이라 경고했고, 그의 예상대로 동
료 역사학자를 비롯한 많은 독자가 정확히 그렇게 했다.[23] 호프스태터
의 책이 출판되면서 '사회진화론'을 그러한 비유로 사용하는 것이 문제
적이라는 증거가 축적됨에도 불구하고, 미국 역사에서 이는 반복되는
하나의 비유가 되었다.

그리고 이 비유는 지금까지도 이어져 내려오고 있다. 과학사학자인
마크 A. 라젠트가 최근 발표한 에세이의 제목이 이를 보여준다. 「사회
진화론의 등장과 제국주의, 인종차별주의 및 보수적 경제 및 사회 정책
의 정당화Social Darwinism Emerges and Is Used to Justify Imperialism, Racism,
and Conservative Economic and Social Policies」.[24]

3부 20세기

NEWTON'S APPLE
AND OTHER MYTHS ABOUT SCIENCE

마이컬슨-몰리 실험이 특수상대성이론의 기반이 되었다
시어도어 아라바치스, 코스타스 개브로글루

마이컬슨과 몰리는 우주에서의 지구의 운동에 상관없이 빛의 속도가 일정하다는 것을 발견했다. 그들의 추론은 정확했다. (…) 우주에서 관측자의 움직임이 관측되는 빛의 속도에 어떠한 영향도 주지 않는다는 것을 알아야 한다. 적어도 아인슈타인에게 이 추론은 합당한 것이었으며, 이 추론이 특수상대성이론의 초석이 되었다.

—제임스 리처즈 외, 『현대 대학 물리』(1960)

'과학의 통념'이란 도대체 무엇을 의미하는가? 대부분은 역사적 기록과 상충하는 보정된 이야기를 일컫는다. 통념은 과학이 어떻게 발전했는지(혹은 발전해야만 했는지)에 대한 특정 견해를 가지고 있는 이로 인해서, 또는 교사와 교과서 집필자가 교육적으로 적절하다고 생각하기 때문에 생겨난다. 과학사가들은 이러한 이야기와 마주쳤을 때 그 기록을 바로잡아야 하는 사명이 있다. 그러나 이 장에서 우리는 덜 노골적인 통념에 대해 다루는데, 이 통념은 역사적 사실을 왜곡한 것이 아니라 오히려 역사적 기록의 다양한 측면을 전유하고, 교육적·사상적·철학적 목적으로 단순화하고 변형함으로써 스스로를 확립한 것이다. 이러한 틀 안에서 우리는 많은 교과서와 논문 및 대중서에서 언급되는 마이컬슨-몰리의 실패한 실험과 특수상대성이론의 출현이 밀접하고 인과적인 관계라는 다소 특이한 통념을 다루고자 한다.

  19세기 말에서 20세기 초반에 수많은 유명 과학자들은 다소 곤란한 상황에 처해 있었다. 1887년 앨버트 A. 마이컬슨(1852~1931)과 에드워드 W. 몰리(1838~1923)는 에테르에 대한 지구의 상대속도를 측정하고자 하는 매우 섬세한 실험을 했으나, 계속해서 원하는 결과를 얻을 수 없었다. 에테르는 제임스 클러크 맥스웰(1831~1879)의 전기역학에서 필수적인 요소였는데, 전자기파가 진행하기 위해서는 매질이 필요할 것이라고 예상했기 때문이다. 수차례 실험이 실패한 이유가 전자기파가 진행하는데 에테르가 필수적인 요소가 아니기 때문이었다는 사실은 뒤늦게 밝혀졌기 때문에 19세기 당시의 이론으로는 이 실패를 설명할 수가 없었다. 몇몇의 학자들은 이 실험 결과에 대해 에테르는 모순된 성질을 가진다거나, 물질을 유지하는 힘에 예기치 않은 영향을 미쳐 운동 방향으로 길이가 짧아질 것이라는 다소 문제가 있거나 사실이 아닌 가설을 주장했다.

  마이컬슨-몰리 실험과 특수상대성이론 사이의 연관성이 근거 없는 통념이었다는 것이 제럴드 홀턴(1922~)에 의해 드러났는데, 그는 1905년에 알베르트 아인슈타인(1879~1955)이 특수상대성이론을 최초로 발표한 논문에서는 마이컬슨-몰리 실험에 대한 명확한 언급이 없다는 것을 밝혀냈다. 특수상대성이론의 기원에 관한 체계적인 연구를 진행하던 홀턴은 "특수상대성이론의 출현에 마이컬슨 실험의 역할은 너무나 미미하고 간접적이기 때문에, 만약 이 실험이 없었다 해도 사람들은 특수상대성이론은 지금과 다르지 않았을 거라 생각한다"고 결론지었다.[1] 홀턴의 평가는 후에 새로운 자료가 나타난 후에도 그대로 유지되었다. "그 유명한 실험은 직접적, 결정적으로 영향을 주지 않았지만 아예 아무 영향도 미치지 않은 것은 아니다. 그저 미미하고 간접적인 영향을 주었을 뿐이다."[2] 그 통념이 잘못되었다는 섬세하고 영향력 있는 그의 발언은 수차례 검증되었고, 후에 추가 자료를 검토한 다른 사람들에 의해 더욱 뒷받침되었다.[3]

홀턴은 이 통념을 상대성이론의 탄생에 대한 교과서적인 설명이라고 특징지었고, 이는 마이컬슨-몰리 실험이 아인슈타인에게 동기를 부여했다고 과장하는 실증주의 철학의 영향을 크게 받았을 것이라 생각했다. 실제로 교과서의 저자들은 아인슈타인의 1905년 논문 내용을 무분별하게 고쳤다. 후에 더 자세히 논의할 것이지만, 그들은 원자 구조에 대한 닐스 보어(1885~1962)의 1913년 논문뿐만 아니라 흑체복사에 대한 막스 플랑크(1858~1947)의 1900년 논문도 같은 방식으로 다루었다. 그렇다고 해서 아인슈타인이 이 근거 없는 통념에 아무 책임이 없는 것은 아니다. 그는 1905년의 논문에서는 마이컬슨-몰리 실험에 대해 침묵을 지켰지만, 1907년의 리뷰 기사에서는 그 실험의 중요성에 대해 강경하게 밝히면서 때때로 모순적인 입장을 취했다.[4] 아인슈타인은 특수상대성이론을 구축하는 데 있어 이 실험의 역할에 대해 침묵했기 때문이 아니라 평생에 걸쳐 이 실험에 대해 양면적인 태도를 보였기 때문에 스스로 논란을 만들었다. 역사학자들은 이 문제를 해결할 의무가 있다.

이 통념은 두 가지 이유에서 특이하게 받아들여진다. 첫째, 1905년 최초의 논문에서는 마이컬슨-몰리 실험과 특수상대성이론 사이의 관계에 대한 명시적인 언급이 없지만, 아인슈타인의 후속 논문, 연설, 책, 그리고 인터뷰에서는 이 실험이 특수상대성이론의 발상과 수용에 긍정적인 역할을 했다고 언급된다. 둘째, 과학사가들이 이 둘의 관계를 완전히 부정하지는 않지만, 많은 교과서, 논문 및 유명 서적의 작가들이 마이컬슨-몰리 실험의 중요성을 엄청나게 강조하는 것만큼이나 결과적으로 실패한 이 실험의 역할을 중요하게 생각하지는 않으므로, 이 통념은 단지 부분적으로 잘못 알려진 것으로 과소평가되고 있다. 특수상대성이론의 출현에 미친 마이컬슨-몰리 실험의 역할에 대해 아인슈타인 연구자들이 사실상 만장일치로 동의하는 점은, 놀랍게도 그것이 어떤 역할을 했다 하더라도 결코 중요하지 않다는 것이다.[5] 그러므로 우리가 해야 할 일은 기록을 올바로 고치는 것이 아니라 마이컬슨-몰리 통념의 특징과 그것이 함축하는 바를 조사하는 것이다.

마이컬슨-몰리 실험과 특수상대성이론 간의 관계의 역사 중에는 홀턴이 충분히 강조하지 않은 부분이 있다.[6] 1907년에 아인슈타인은 앞서 언급한 리뷰 기사 「상대성원리와 그로부터 도출되는 결론The Relativity Principle and the Conclusions Drawn from it」에서 마이컬슨-몰리 실험에 대해 반복적으로 언급하며, 이것이 "가장 단순한 가정" 즉, 상대성원리를 떠올리게 했다고 강조했다.[7] 홀턴은 이 리뷰를 하나의 주석으로만 언급하고, 아인슈타인의 마이컬슨-몰리 실험에 대한 암시를 모호한 문장으로 덧붙인다. "여기서 다시 우리는 암묵적으로 역사로 간주될 수 있는 진술을 발견한다."[8] 또한 아인슈타인이 아직 특허사무소에서 근무하고 있을 때, 그를 만나기 위해 베른을 방문했던 사람이자 상대성에 대해 처음으로 논문을 썼던 막스 폰 라우에(1879~1960)는 마이컬슨-몰리 실험이 "상대성이론을 위한 기초적인 실험"이라고 주장했다. 이것은 상대성이론의 등장에 마이컬슨-몰리 실험이 중요한 역할을 했다고 강조하는 작가들에게는 좋은 소식이다.[9] 후에 역사적 사실과 다르게 교과서를 쓰는 풍조를 만들었을 수도 있는 이 진술을 고려할 때,

상대성이론의 기원에 대해 "교과서가 만들어낸 통념"은 특히 교과서 저술가들이 의도한 교육적 목표라는 틀 안에서 정당화될 수 있다.

따라서 통념을 만들어내고 이를 전파한다고 "비난받는" 과학 교과서와 대중 서적 작가들은 이에 대해 사과할 필요가 없으며, 완벽하게 타당한 반박을 할 수도 있다. 1907년 아인슈타인의 리뷰나 그에 의해 혼란을 겪은 물리학의 역사와 같이 우리는 아인슈타인이 여러 차례 말하고 썼던 것들을 따랐다.[10] 그러나 상황은 훨씬 더 복잡하다. 아인슈타인은 평생 동안 마이컬슨-몰리 실험과 특수상대성이론의 기원에 관해 이중적인 태도를 취해왔다. 때로는 둘의 연관성을 부인하고, 때로는 실험이 결정적인 역할을 했다고 주장하는 그는 진실한 이야기가 무엇인지를 결정하지 못한 것처럼 보였다. 그래서 그는 통념이 생겨날 수 있는 이상적인 틀을 만들었다.

사실과는 다른 통념의 정체를 파헤치는 것은 과학사가들의 몫인가? 이 통념을 교과서 저술가들의 탓으로 돌리며 다른 통념을 만들어내는 것에 적어도 부분적으로 그들의 책임이 있다고 생각하는가? 답은 '그렇다'와 '아니다' 둘 다이다. 교과서나 대중 서적의 저술가들이 특수상대성이론의 출현에 미친 마이컬슨-몰리 실험의 영향을 지나치게 과장했느냐고 묻는다면, 대답은 '그렇다'이다. 이들은 통념을 창조했다. 하지만 1905년 이후 아인슈타인이 특수상대성이론에 대해 쓴 글들에 초점을 맞춰 특수상대성이론의 기원 자체를 교육학적으로 그럴싸한 방법으로 재구성하려고 시도했냐는 물음의 대답은 '아니다'이다.

이것이 마이컬슨-몰리 실험과 특수상대성이론의 기원에 대한 통념의 기본 상황이다. 그러나 교과서 저술가들은 여러 세대의 물리학자들의 역사의식을 형성한 또 다른 통념을 만드는 것에 큰 역할을 했다. 그것은 많은 교과서에서 상대성이론을 역학 부분에 포함시키며 전자기학 부분에서는 거의 다루지 않는다는 것이다. 또 뉴턴 역학을 수정해 속도가 광속에 가까워지는 상황에서도 성립하게 만든 "진정한" 역학이 특수상대성이론이라고 설명한다. 모든 물리학도가 이렇게 배워왔으며, 압도적으로 많은 수의 물리학자들이 '인정'하는 것이다. 이것은 아인슈타인이나 특수상대성이론의 역사와는 거의 관련이 없는 '진정한' 통념이다. 아인슈타인은 전기역학적 문제에 대응하여 이론을 만들어냈으며, 그의 주된 목적 중 하나는 전자기이론에서의 '비대칭성'을 없애는 것이었다. 게다가 아인슈타인이 마이컬슨-몰리 실험을 언급했을 때, 이 실험이 중요한 이유는 광속의 불변성 때문이 아니라 상대성원리를 지지했기 때문임을 강조했다. 그러나 많은 교과서에서 마이컬슨-몰리 실험이 중요한 이유는 광원의 움직임에 상관없이 광속이 일정함을 보여주었기 때문이라는 다른 설명이 발견된다.

수많은 대학생에게 현대 물리학의 기본 지식과 전체적인 틀을 가르치는 2권의 교과서를 예로 들어보자. 이 책들은 전 세계에서 반복적으로 개정, 재판, 번역되어왔다. 2권 모두 특수상대성이론은 역학 장의 마지막 부분에 나오며, 전기역학과의 연관성을 언급하지 않는다. 그리고 마이컬슨-몰리 실험의 결과와 아인슈타인이 세운 빛의 속도에 관한 가정이 관련이 있다는 내용을 담고 있다.

> 에테르를 매질로 한 지구의 움직임을 포착하려 했던 마이컬슨-몰리의 실패한 실험은 우리 사고에 혁명적인 변화를 일으켜야만 이해할 수 있는데, 새로운 원칙은 간단하고 명료하다. 빛의 속도는 광원이나 관찰자의 움직임과 무관하다.[11]

마이컬슨–몰리 실험은 빛의 속도가 지구가 움직이는 모든 방향에 대해 일정하다는 것을 보여준다.[12]

여기서 교과서 저술가들이 체계적으로 쌓아온 또 다른 통념의 구성 요소를 살펴보자. (1) 마이컬슨–몰리 실험은 광원의 속도와 관계없이 빛의 속도가 일정함을 입증했다. (2) 마이컬슨–몰리 실험은 광학적 에테르 이론을 부정했다. (3) 특수상대성이론은 전기역학보다는 역학에 가깝다. (4) 특수상대성이론은 뉴턴 역학을 일반화한 것이다.

여러 물리학 교과서에서 마이컬슨–몰리 실험은 상대성이론의 '교육적 재구성'의 맥락으로 나타나며, 그 주요 목적은 이론의 이해를 용이하게 하고, 그것의 기원에 대해 그럴듯하고 올바르게 설명하기 위한 것이다. 그들은 이 목적을 달성하기 위해서 역사적인 기록을 지나치게 단순하게 왜곡해야 했다. 게다가 이러한 재구성은 새로운 이론들이 어떻게 만들어지고 받아들여지는지 직관적으로 그럴싸하게 설명하는 것을 가장 중요하게 여기는 '도식'적 관점으로 구성되며 "현상적 사건을 가장 먼저로" 놓는다. 기존의 이론들이 어떤 현상을 설명하지 못할 때 새로운 이론이 생겨난다는 것이다.[13] 새로운 이론은 기존 이론으로 설명되지 않던 현상을 설명할 뿐 아니라 기존 이론을 제한적인 한 예로 포괄한다. 그렇게 과학적 변화의 연속성과 진보가 이루어진다.

이러한 도식은 종종 교과서에서 다루는 현대 물리학의 모든 이론에 적용되는데, 그것은 '표준적인' 역사서를 쓰려는 교과서 저술가들의 집단적 목표를 잘 보여준다. 예를 들어 1900년에 발표된 열역학 제2법칙과 엔트로피를 다룬 플랑크의 논문을 생각해 보자. 그는 여기서 흑체복사에 관한 실험적 측정과 광범위한 방출 주파수를 이론적으로 충분히 설명하는 것의 어려움을 논하며, 1893년에 독일의 물리학자 빌헬름 빈(1864~1928)이 경험적인 방식으로 발견하고 제안한 빈의 법칙을 도출하기에 이른다. 이 논문에서 플랑크는 낮은 진동수를 설명하면서 레일리-진스 법칙을 언급하지 않았다. 그러나 교과서에서는 플랑크가 어떻게 그의 이론을 도출해냈는지에 대해 다르게 설명한다. 그들은 먼저 흑체복사를 설명하고, 빈의 법칙 및 이를 계승하는 다른 법칙을 이용하여 높은 진동수의 경우를 설명한다. 그다음 낮은 진동수에 관한 레일리-진스 공식을 보여준다. 그리고 마지막으로 마치 플랑크의 연구가 흑체복사의 모든 영역을 포괄하는 것처럼 설명하는 것이다. 플랑크의 논문에 레일리-진스 법칙이 언급되지 않았다는 점과 더불어, 제임스 진스(1877~1946)가 로드 레일리(1842~1919)의 유도를 개선했다는 점도 1905년까지 언급되지 않았다.[14]

이것과 비슷한 문제가 보어의 원자 모형에 대한 교과서 설명에서도 나타난다. 3부작으로 구성된 보어의 「원자와 분자의 구성에 관하여 On the Constitution of Atoms and Molecules」 중 1편은 어니스트 러더퍼드(1871~1937)의 원자 모형이 물질의 안정성을 설명할 수 없다는 고전역학의 모순으로 시작한다. 이것은 보어가 점진적으로 완화하려 했던 것으로, 그의 논문 끝부분에서는 원자의 안정성을 보장하는 그의 모델을 보여줄 뿐만 아니라, 수소 스펙트럼에 대한 매우 만족스러운 설명도 제시했다. 그러나 교과서는 이와 다르게 설명하는데, 거의 예외 없이 수소 스펙트럼에 대한 파셴-발머 공식으로 시작해 보어가 이것을 설명하는 것처럼 묘사한다.

아인슈타인, 플랑크, 보어의 원본 논문에서 명시적으로 표현된 아이디어들은 교육적 편의라는 교과서 문화에 적합하도록 '조직'되는 것이다. 그들의 연구는 항간의 실험 결과들 중 충분히 설명되지 않았거나 만족스럽지 않은 방법으로 설명된 것들을 완성시키는 것으로 소개된다. 교과서는 아인슈타인이 마이컬슨-몰리 실험에 대한 로런츠-피츠제럴드의 설명에 만족하지 못한 것으로 이야기한다. 또한 플랑크는 빈과 레일리-진스 법칙의 부족한 설명에, 보어는 그때까지 설명되지 않았던 파셴-발머 공식에 만족하지 않은 것으로 묘사한다. 세부적인 내용은 다르지만, 교과서는 작가와 독자 모두에게 엄청난 강점을 가지는 다음과 같은 일관된 역사적 견해를 따랐다. "현대 물리학의 영웅들은 난해한 실험 결과를 독창적으로 해석한 사람들이다."

통념 **19**

밀리컨의 기름방울 실험은
간단하고 쉬운 것이었다

만수르 니아즈

밀리컨은 뛰어난 조사 방법과 엄청나게 정확한 실험 기술로 목적을 달성했다.

— 알바르 굴스트란드, 노벨상 수상자 로버트 A. 밀리컨 소개 연설(1924)

밀리컨의 기름방울 실험은 단일 전자의 전하량을 측정하기 위한 최초의 직접적이자 강력한 방법이었다. 1909년에 미국 물리학자 로버트 A. 밀리컨은 분무기로 분사한 수많은 기름방울에 존재하는 미세 전하를 측정하는 직접적인 방법을 사용했다. 반복적인 실험을 통해 모든 기름방울의 전하량은 최소 전하량의 정수배가 된다는 사실을 알아냈다. 이 값을 기본전하량이라 하며 크기는 1.602×10^{-19}쿨롱(C)이다. 밀리컨의 이 기발한 실험은 전하가 자연에서 기본 단위로 존재한다는 확실한 증거가 되었다.

— 「밀리컨의 기름방울 실험」, 브리태니커 백과사전

전기란 무엇인가? 이 질문은 요즘 초등학생들도 답할 수 있을 정도로 간단한 것일 수도 있다. 우리는 천으로 문지른 유리 막대에 공을 가까이 대면 전기가 발생한다는 사실을 알고 있다. 1750년쯤에 벤저민 프랭클린(1706~1790)이 최초로 전기 입자(또는 원자)라는 개념을 제안했고, 1881년에 조지 존스턴 스토니(1826~1911)는 이 입자를 전자electron라고 명명하였다. 조지프 존 톰슨(1856~1940)은 음극선관 실험을 통해 입자의 질량 대비 전하량을 보였는데, 이 입자는 후에 일반적인 하전입자로 인정되며 결국 전자의 발견으로 이어진다.

기본전하량(*e*) 측정은 당시 물리학계의 주요 관심사 중 하나였고, 로버트 밀리컨(1868~1953) 역시 이 주제에 시간을 투자하기 시작했다. 밀리컨의 기름방울 실험은 기본전하량을 측정하는 간단하지만 훌륭한, 일반적인 실험으로 간주된다. 『피직스 월드Physics World』에서 실시한 설문 조사 결과에 따르면, 독자들은 이 기름방울 실험을 역사를 통틀어 "가장 위대한" 열 가지 실험 중 하나로 생각한다. 나는 이번 장에서 이 실험이 수행하기 어려울 뿐 아니라 결과를 해석하는 것도 힘들다는 점을 설명할 것이다. 이는 과학계에서 오랫동안 논쟁거리가 되어온 문제다.[1]

공에서 물방울, 그리고 기름방울까지

물리학자들은 기본전하량을 물질의 전기적 특성을 이해하기 위한 중요한 이정표로 생각한다. 그러나 케임브리지 대학교의 캐번디시 연구소에서 톰슨이 했던 실험처럼, 초기의 실험들은 설계하기가 정말 어려웠다. 당시의 연구원들은 대전된 물방울이 안개상자 속의 전기장과 중력장 사이에서 어떻게 움직이는지 관찰하고자 했다. 그러나 이 실험법은 물방울의 증발, 불안정성, 왜곡, 물방울 표면의 선명도 부족 등의 이유로 오류가 난다는 단점이 있었다. 1906년에 시카고 대학교에서 이와 비슷한 실험을 시작한 밀리컨도 똑같은 어려움에 봉착했다. 여러 방법으로 실험을 하던 중 그는 이전에 사용하던 4000볼트(V) 배터리 대신 1만 볼트 배터리를 사용했고, 이 시도는 예상치 못한 결과를 가져왔다. 강한 전기장 때문에 많은 물방울들이 사라져 전기장과 중력장 사이에 적은 수의 물방울만이 남게 되자, 이 물방울들을 빛을 비추어 쉽게 관찰할 수 있었던 것이다. 이로 인해 10년 넘게 지속되던 초기의 전하량

측정법은 갑작스레 종말을 맞게 된다.[2]

밀리컨은 1909년 8월 캐나다의 위니펙에서 개최된 영국 과학진흥협회의 학술회의에서 그의 새로운 실험법을 발표할 수 있었다. 그러나 그의 실험은 부분적으로만 성공이었다. 물방울들이 서서히 증발하는 것, 전기장을 균일하게 유지하는 것의 어려움, 관찰 중 물방울을 1분 이상 유지하는 것의 어려움 등 몇 가지 원초적인 오류가 남아 있었다. 그래서 그는 다양한 방법을 동원해 실험을 해보았는데, 그중 물을 기름으로 대체한 것(따라서 급격한 증발을 피해)이 가장 중요하다는 것은 분명하다. 후에 밀리컨은 핵물리학의 선구자인 어니스트 러더퍼드를 비롯한 다른 학자들을 만난 위니펙에서 기차를 타고 시카고로 돌아오던 중, 물 대신 기름을 사용해야겠다는 생각이 떠올랐다고 회상했다. 물방울이 아닌 기름방울을 사용한 밀리컨은 일련의 발견을 할 수 있었으며, 그는 1913년 다음과 같은 결과를 발표했다. (1)본질적으로 기름방울은 견고한 공 모양을 형성한다. (2)기름이 공 모양이 된다고 해서 밀도가 변하지 않는다. (3)유체 사이에서 움직이는 공 모양 기름에 가해지는 마찰력을 더 잘 예측할 수 있다.[3]

논쟁

오스트리아의 빈 대학교에서 연구하던 펠릭스 에렌하프트(1879~1952)는 기름방울 대신 금속방울을 사용하여 밀리컨과 유사한 실험을 수행했다. 사실 두 과학자는 비슷한 실험값을 얻었다. 그러나 에렌하프트는 보편적인 하전입자(전자)의 존재를 가정했던 밀리컨과는 달리, 미세 전하에 기반을 둔, 전자보다 작은 하전입자subelectron의 존재를 가정했다. 에렌하프트는 밀리컨의 실험 데이터를 재분석하고 전하량의 값이 넓게 분산되었던 자신의 실험 결과와 유사하다는 것을 발견했고, 이 둘의 논쟁은 여기서 시작되었다. 에렌하프트는 밀리컨이 전자의 수가 다른 2개의 기름방울이 서로 비슷한 전하량을 보인다고 가정했다는 것을 예로 들며, 그의 실험 방법이 어떤 모순적인 상황에 직면하는지 보여주었다. 둘 사이의 논쟁은 1910년부터 밀리컨이 노벨상을 받은 1923년까지 지속되었다. 최근 공개된 노벨상 위원회의 기록에 따르면, 1916년부터 밀리컨이 수상 후보자로 거론되었지만, 에렌하프트와의 논쟁이 계속되는 한 수상은 보류될 수밖에 없었다고 한다.[4]

거의 55년이 지난 1978년, 제럴드 홀턴은 캘리포니아 공과대학 Caltech에서 밀리컨이 작성한 2권의 연구 일지를 발견하며 둘의 논쟁에 다시 불을 지폈다. 그 연구 일지에는 1911년 10월 28일부터 1912년 4월 16일 사이에 수행한 실험에서 얻은 175페이지 분량의 데이터가 있었고, 대부분의 내용은 1913년 『피지컬 리뷰Physical Review』에 발표한 논문에서 사용한 것이었다. 그런데 연구 일지에 있는 140개의 데이터 중 오직 58개의 데이터만 논문에 실었다는 것이 밝혀졌다. 그렇다면 나머지 82개의 데이터는 어떻게 된 것일까? 아마 밀리컨은 기름방울이 하강/상승을 시작하자마자 대략적인 계산을 하고, 예상한 e값(전하량)을 얻지 못한 실험값은 무시했던 것으로 보인다. 최근 이 노트의 초기 버전을 읽은 홀턴은 "따라서 밀리컨이 모든 데이터를 사용해 다른 결과를 얻었다면 최종 결과의 오차 막대는 훨씬 커졌을 것이며, 밀리컨은 이를 원치 않았을 것이다"고 덧붙였다.[5]

이것은 하나의 의문을 낳는다. 밀리컨은 무슨 이유로 실험값의 반 이상을 폐기했을까? 당시 밀리컨은 맨체스터 대학교의 어니스트 러더퍼드가 행한 이전 실험의 결과로 도출된 전기의 원자적 성질과 그 값을 따랐으며, 그에게 이런 것들은 불변의 진리와도 같았다. 밀리컨은 자신이 직접 실험해본 결과 물방울의 증발, 구형인 정도, 반경, 밀도 변화, 실험 조건의 변화(배터리 전압, 스톱위치 오류, 온도, 압력, 대류) 등의 어려움 때문에 데이터를 선별해서 사용할 수밖에 없다는 것을 알고 있었다. 에렌하프트 또한 밀리컨이 그랬던 것처럼 e의 정수배가 되지 않는 많은 방울에 관한 데이터는 물론 밀리컨이 기본전하량(e)의 정수배로 해석한 데이터도 얻었다. 홀턴에 따르면, 에렌하프트는 그가 얻은 모든 데이터를 들고 밀리컨과 논쟁을 시작했다. 홀턴은 "똑같은 실험 결과가 어떻게 훌륭한 장비를 갖춘 2명의 주창자와 지지자들이 확신을 갖고 있는 2개의 상반되는 이론의 근거로 사용되었는지 보여준다"고 결론 내린다.[6] 또한 홀턴은(수많은 평론가와 교과서 저술가와는 반대로) 밀리컨이 전자 자체의 전하를 측정한 것이 아니라, 기본전하량의 정수배로 기름방울에 대전된 전하를 측정했다는 사실을 보여주었다.[7]

교과서와 연구실에서의 기름방울 실험

기름방울 실험은 전 세계 대부분의 고등학교 및 대학교의 물리, 화학 과정에서 중요한 실험이다. 따라서 밀리컨과 에렌하프트 논쟁은 2명의 뛰어난 과학자가 동일한 데이터를 두 가지 방식으로 해석한 것을 보여줌으로써 학생들에게 새로운 관점을 열어줄 수 있다. 하지만 미국에서 출판된 일반화학 교재 31권과 일반물리 교재 43권을 바탕으로 한 연구 결과에 따르면, 어떠한 교재도 이 내용을 언급하지 않았다고 한다. 아주 소수의 교재에만 밀리컨이 전자의 전하를 측정한 것이 아닌 대전된 전하를 측정했다는 설명이 나오고, 그중 아주 극히 일부만이 위에서 언급한 여러 실험 변수 때문에 기름방울 실험을 똑같이 재현하

기가 매우 어렵다고 설명했다.[8]

대부분의 교재는 기름방울 실험의 가장 중요한 부분을 간과했는데, 그것은 바로 밀리컨과 에렌하프트가 각각 세운 가설이 달랐다는 것이다. 밀리컨은 이전의 연구와 역사적으로 먼저 일어난 일들에 의거하여 전기의 원자성을 수용했다. 그와는 반대로 에렌하프트는 에른스트 마흐(1838~1916)의 반원자론을 따랐고, 이는 전자보다 작은 하전입자가 존재할 것이라는 믿음으로 이어졌다. 교재에서는 어려움에 직면한 과학자들이 인내하는 법, 새롭게 대체할 해석을 찾는 법, 논쟁거리를 만드는 다른 과학자들의 비판을 다루는 법과 같이 기름방울 실험의 여러 중요한 요소들 또한 무시했다. 반면 이 교재들은 전자 전하의 정확하고 직접적인 측정 방법이나, 전자의 기본전하량을 측정하는 일련의 뛰어난 실험을 개발하는 것, 전자의 전하량을 정확하게 측정할 수 있다는 통념을 영구화하는 과학의 꿈은 지지한다. 흥미롭게도 이 교재들은 1978년 홀턴의 연구가 발표된 후에도 밀리컨이 데이터를 숨긴 것은 언급하지 않고 있다.[9]

오늘날 세계 여러 곳에서 기름방울 실험은 여전히 학부 수준의 중요한 실험이다. 미국에서 발표된 한 연구에서는, 11개의 실험실 매뉴얼에 근거하여 일반물리 및 화학 교과서에 나오는 실험 방법을 철저히 따랐지만 강사와 매뉴얼의 일부 저자조차도 어떤 방울을 관찰할지 선택하는 것 등 실험을 그대로 따라하는 것이 어려웠다고 시인했다. 아마 많은 교사들이 밀리컨도 같은 딜레마를 직면해 실험 결과의 59퍼센트를 버렸다는 것에 놀랐을 것이다.[10]

오늘날의 교재에서 밀리컨의 기름방울 실험은 단순하고, 아름답고, 정확하고, 훌륭하고, 지적인 것으로 간주되며 기본전하량의 결정에 확고한 단서를 제공한 것으로 묘사된다. 재미있는 점은 오늘날의 학부생들은 이 실험을 단순하거나 아름다운 것이 아닌 오히려 좌절스러운 것으로 생각한다는 것이다.

통념 20

신다윈주의는 진화를 무작위적 유전 변이와 자연선택의 합으로 보았다

데이비드 J. 드퓨

공통 조상을 가졌다는 맥락에서의 진화는 사실일 수도 있지만, 무작위적 변이와 자연선택이 무계획적이며 방향성 없이 일어나는 과정이라는 신다윈주의적 관점의 진화는 사실이 아니다.

— 크리스토프 쇤보른 추기경, 「자연 속에서 설계를 찾다」(2005)

1940년대 이후, 신다윈주의(또는 현대적 진화 이론)라 불리는 학설이 진화론을 이끌고 있다.[1] 이것은 다윈의 자연선택 이론과 멘델의 유전학을 합친 것에서 비롯되었다. 그러므로 신다윈주의적 진화를 무작위적 유전 변이에 자연선택이 더해진 것이라고 표현하는 것은 당연해 보인다. 사실 이것은 반진화론자들이 진화를 특징짓는 방법이다. 예를 들어 반진화론자들 중 진화가 의도된 것이라 믿는 단체인 디스커버리 협회는 이렇게 말했다. "무작위적 유전 변이와 자연선택으로 생물의 복잡함을 설명하려는 신다윈주의의 주장을 회의한다."[2]

장두의 인용문은 빈의 추기경이자 교황 베네딕트 16세(1927~)의 가르침을 받았던 크리스토프 쇤보른(1945~)이 『뉴욕 타임스The New York Times』의 칼럼란에 쓴 것인데, 로마가톨릭교회도 이러한 방법으로 신다윈주의를 해석하려 했던 것으로 보인다.[3] 그러나 일부 가톨릭 진화생물학자들은 교회가 더 이상 신다윈주의를 이런 식으로 특징지으려는 것을 막기 위해 개입했다. 그들은 진화에 영향을 미치는 요인들이 돌연변이와 자연선택 외에도 많기 때문에, 진화를 여러 우연이 선택적으로 지속되거나 제거되는 과정이라 묘사하는 것은 통념일 뿐이라고 지적했다.[4] 창조론자들만큼이나 진화론자들이 생물의 두드러진 특징으로 인식하고 있는 우연한 변이는, 확실히 적응을 위한 진화에서 필수적인 역할로 자리 잡고 있다. 그러나 너무나 기능적이며 목표 지향적이라 의도적으로 설계된 것처럼 보이는 적응 형질과 특성은 결국 다른 많은 요소들이 개입한 결과라는 점에서 적응 진화를 "무작위적 유전 변이와 자연선택의 합"으로 보는 것은 부적절하다고 할 수 있다.

신다윈주의에 대한 오해를 없애기 위한 좋은 방법은 역사의 일부분을 보여주는 것이다. 19세기가 끝나기 전, 유전의 메커니즘에 대해 알려진 바가 거의 없었다. 그러나 1880년대에 발생학자 아우구스트 바이스만은 오직 생식세포의 특성만 유전 가능하며, 출생 후 얻은 신체적 특성은 자손에게 전달될 수 없음을 알리기 시작했다. 유전에 관한 바이스만의 설명은 가장 본래적이고 적절한 의미에서의 신다윈주의를 일으켰다. 용불용설을 일부 적응에 대한 보조적인 설명으로 인정하고 후천적으로 획득한 형질이 자손에게 전달될 수 있다고 생각했던 다윈과는 달리(통념10 참조), 신다윈주의자들은 오직 자연선택에 의해 약자는 제거되고 강자가 살아남는다고 주장한다는 점에서 "새로웠다." 바이스만은 다윈의 "범생설" 대신 "유전질 발생설blastogenesis"을 제안하며, 신체의 전체가 아닌 오직 생식세포의 특성만이 유전된다고 주장했다.[5]

혹자는 발표 후 오랫동안 큰 빛을 보지 못했던 멘델의 잡종 형성 연구(통념 16 참조)가 지시하는 바가 멘델학파에 의해 1900년에 (재)발견되며 그들이 신다윈주의를 지지했을 것이라고 생각할 수도 있다. 그러나 그 당시에는 그렇지 않았다. 현재는 밝혀진 사실인데, 바이스만은 생식세포가 별개로 존재하며 섞이지 않지만 결합 가능한 단위라고 보았다. 생식세포에서 자발적으로 돌연변이가 일어나지 않는 한 이 유전인자들은 전 세대에 걸쳐 나타날 것이며, 특히 우성보다 열성일 때 자연선택에서 보호되어 더욱 그럴 것이다. 초기 신다윈주의자들은 자연선택이 도움이 되지 않는 돌연변이를 제거하는 것 외에도 새로운 환경에 적응한 돌연변이 혈통의 자손을 서서히 늘어나게 할 수 있다고 주장했다. 불행히도, 그들은 한 세대에서 현저하게 우월한 변이체의 적응 효과는 세대가 지나며 평균보다 안 좋은 특성을 지닌 자손을 남겨 점차 사라지게 되어 적응에서의 순이익은 없을 것이라고 가정했다.

1900년에 "유전자gene"라는 단어를 만든 윌리엄 베이트슨(1861~1926), 휴고 드 브리스, 빌헬름 요한센(1857~1927)과 같은 초기 멘델학파[6]는 신다윈주의자들의 관점에 긴장감을 느꼈다. 이들은 평범한 개체로 퇴행하는 경향을 보이는 자연선택설에 다소 회의적이었고, 대신 처음부터 적응력을 갖고 태어나는 갑작스런 변이를 믿었다. 이러한 점에서 멘델학파의 입장에서는 자연선택이 아닌 돌연변이가 진화의 '유발 요인'이라 할 수 있었다.[7] 이에 대해 신다윈주의자들은 단발성 돌연변이가 유기체의 생존 가능성을 좌우하는 적응 능력의 배양을 방해할 가능성이 매우 높기 때문에, 이는 자연선택에 의해 제거될 것이라고 지적했다. 그러므로 20세기 초반 진화가 무작위적 유전 변이와 자연선택으로 이루어졌다고 하는 말은 미심쩍을 뿐 아니라 일관성이 없는 것처럼 보였을 것이다.[8]

결과적으로 유전학의 발전은 돌연변이설과 자연선택설이라는 두 견해가 합쳐지는 것에 일조했지만, 이렇게 되기까지는 수십 년이 걸렸다.[9] 공존할 수 없는 것으로 보이던 이 두 견해의 융합은 1918년 한 천재 통계학자 로널드 A. 피셔(1890~1962)에 의해 이루어졌다. 그는 1908년에 처음 파생된 수학적 원리를 이용하여 멘델의 법칙을 자유로이 상호 교배하는 모든 생물체로 확대해서 적용해보았고, 이때 새로운 변이체가 평범한 개체로 퇴행하는 경향을 어디에서도 찾을 수 없다는 것을 입증하고자 했다.[10] 피셔의 관점에서 봤을 때, 표현되지 않은 "대립유전자(allele, 그리스어로 '다른' 또는 '대안'을 의미)"가 열성형질로 유전자 풀에 남아있을 것이라는 멘델학파의 주장은 옳았다. 그러나 갑작스런 변화를 일으키며 나타나는 단발성 돌연변이가 진화의 혁신적인 부분인지에 대해 미심쩍어하던 신다윈주의자들도 옳았다. 이런 종류의 돌연변이는 통계학적으로 가능성이 매우 낮고, 따라서 우연하게 탄생한 돌연변이가 더 우수한 특성을 가지는 것은 거의 불가능에 가깝다. 사실 이것은 지적 설계만큼이나 기적적인 일이다. 비록 신다윈주의의 적응주의자들과 돌연변이주의자들의 통합은 1세기 전에 일어났음에도, 그들의 통합이 어떤 의미인지는 여전히 잘못 이해되고 있다.

그렇다면 진화를 일어나게 하는 요인은 도대체 무엇일까? 유기체가 실제로 어떻게 살아가는가에 대한 연구 결과와 개체군에 대한 통계학적-확률론적 사고를 결합하여 생각해보면, 우리는 사소한 영향을 미치는 각각의 돌연변이와 자연선택 덕분에 개체군이 여러 세대를 거쳐 일정하게 유지되는 대립유전자의 평형 분포에서 아주 천천히 벗어난다는 사실을 알 수 있다.[11] 그러므로 자연선택이 종종 다른 이론들과 합쳐져 제시된다고 해도 다윈이 생각했던 만큼이나 혁신적이라는 것은 부정할 수 없다. 돌연변이의 경우가 아니더라도, 한 개체군에서 다른 개체군으로 이동하여 번식을 통한 유전자 교환이 일어나는 경우 유전적 부동(genetic drift, 유한한 크기의 집단에서 세대를 되풀이할 때, 세대마다 배우자가 유한하기 때문에 유전자의 빈도가 변하는 현상)이 생긴다. 그리고 여러 종들이 살고 있는 작은 개체군에 터를 잡은 변이체에는 유전자 흐름gene flow도 발생할 수 있다. 룰렛 게임에 빗대어 설명하자면, 유전적 부동이란 룰렛 공을 대여섯 번 돌렸을 때 검은색 칸과 빨간색 칸에 들어가는 횟수가 결국 비슷할 것이라는 예상과 달리 계속 한쪽 칸에만 들어가는 현상으로, 작은 개체군에서 위와 같은 확률로 유전자가 감소 또는 소실되는 현상을 말한다.[12] 만약 이런 이종 대립유전자가 적응력이 좋다면 자연선택에 의해 이들은 이종교배하는 개체군으로 확산될 수 있다.

인구통계학적 관점에서 보면, 자연선택에서 적응 과정을 원활하게 하기 위해 사용하는 유전 변이가 돌연변이만은 아니라는 것을 알 수 있다. 물론 유전 물질의 돌연변이는 변이를 일으키는 하나의 원인이기는 하지만, 정자와 난자를 만드는 감수분열 과정에서 일어나는 유전 물질 재조합이 자연선택에서 말하는 변이와 가장 가깝다. 현대 진화론의 개척자 중 한 사람인 테오도시우스 도브잔스키(1900~1975)는 "돌연변이 과정을 억제한다 해도 당분간 인구의 진화론적 변화에 거의 영향을 미치지 않을 것"이라고 말하기도 했다.[13] 근 수십 년 동안 유전학이 발전하며 유전 과정을 보다 잘 이해하게 되었고, 훨씬 더 많은 변이의 원인이 밝혀지기 시작했다. 발달 과정의 시기와 속도를 조절하는 유전자 서열gene sequence은 유전되는 변이의 한 원인이며, 근본적으로 자연선택이 발달 과정에 영향을 미치기 때문에 형질에 영향을 미친다는 것을 확실하게 했다. 이 발견은 사소한 유전체의 변화가 얼마나 큰 형태적 변화를 야기할 수 있는지 보여준다.[14] 이 외에도 DNA의 메틸기에 붙어있는 곁사슬처럼 후성유전학적 변이도 있다.[15]

집단 전체를 살펴보면 자연선택이 우발적으로 도움이 되지 않는 돌연변이를 없애는 것 이상의 일을 한다는 것을 알게 된다. 이것은 해로운 유전 인자들을 도태시키지만, 여러 종류의 변이를 만들어내고, 다른 요소들과 함께 작용하여 자연선택의 결과로 적응의 결과물이 될 생물체, 개체군, 집단 및 종의 특성을 선택한다. 그리고 개체 간 상호교배를 통해 보다 성공적인 변이를 재생산하여 확산시킨다. 이 과정에서 자연선택은 여러 방식으로 작용한다. 먼저 분열성 자연선택은 같은 종의 생물이 두 그룹으로 나뉘어 먹이를 비롯한 자원을 서로 다르게 선택하고, 종국에는 형태적으로 다른 두 개의 종으로 진화하는 것이다. 안정된 환경에서는 방향성 자연선택이 일어나는데, 여러 유전형 중 하나가 유전자 운반체에게 유리하게 작용한다면 그 유전형을 선호한다. 불안정한 환경에서는 최근 적응된 유전형을 다른 유전형들과 균형 잡힌 상태로 맞추는데, 이는 각각의 변종들을 열성 대립형질로 보존하는 방법으로 환경이 변할 때 유용하다. 요약하자면 신다윈주의가 발달함에 따라, 자연선택이 다윈이 생각한 것처럼 현저히 창조적인 진화의 요인임을 보여주었다.[16]

앞에 언급한 모든 것을 토대로 신다윈주의를 그저 "무작위 돌연변이와 자연선택"으로 보려는 시도는 반세기가 넘도록 과학 지식의 발견을 이끌어온 패러다임을 공정하게 대하지 못하는 태도임이 분명해진다. 그러나 다소 제한적이기는 하지만 신다윈주의가 실제 주장하고 있는 우연이라는 방식이 지적 설계보다 덜 설득력 있게 보이기 때문에, 여전히 일부 사람들은 지적 설계를 더 선호할 수도 있다. 진화를 의도된 설계라 믿는 사람들은 묻는다. "이렇게 멋진 적응 과정이 어떻게 우연에 불과하다고 할 수 있는가?" 다윈주의자들의 대답은 다음과 같다. "자연선택과 관련 요인들이 그렇게 보이지 않으리라는 법은 없다."

이 혼란은 '무작위'라는 용어가 의미하는 바를 이해하는 방식에서 비롯한다. 여기서 말하는 '무작위'란 '무계획' 또는 '모든 가능성에 개방적임'을 의미하는 것이 아니라, 오히려 '의도하지 않았다', 혹은 '예측할 수 없다'는 의미에 가깝다. 다윈이 변이를 '우연'이라고 말했을 때 그는 변이의 원인이 없는 것이 아니라, 변이의 원인이 그다음의 적응과 관련이 없다는 것을 뜻했다. 사실 다윈과 초기 지지자들은 당시 과학의 핵심이 물리학과 화학이었던 것처럼, 변이 또한 알려지지 않은 어떠한 물리학 혹은 화학 법칙에 의한 것이라 생각했다. 이때는 그저 유전자 서열에서의 자발적인 변화가 변이의 주된 원인이라는 것, 변이를 확률적 의미에서 무작위라는 개념으로 알기 시작한 직후였다.

여기서 모호함이 발생했다. 오늘날의 다윈주의자들은 다윈이 그랬듯 여전히 '우연'이라는 용어를 사용한다. 자연선택과 관련된 유전 변이는 그것이 성공적인 번식에 미칠 영향과는 관련이 없다. 이런 의미에서 '우연한 변이'는 자연선택의 정의의 일부이다. 그러나 자연선택의 과정에 앞서, 그리고 이것과는 독립적으로 '무작위적 유전 변이'를 정의하기에는 '무작위적 유전 변이+자연선택'이라는 공식이 학생들과 일반인들이 신다윈주의에 회의감을 갖게 하고, "다윈주의에 따르면 우리는 단순한 우연의 일치로 태어났을 뿐이다"라고 주장하며 사람들을 선동하는 반다윈주의자도 있다.[17] 신다윈주의가 문제가 되는 이유는 자연선택의 역할인 도태를 강조한다는 것, 생물체가 새로운 환경에 적응하도록 하는 자연선택의 '창의적인' 역할을 감추는 것, 돌연변이와 형질 사이의 복잡한 단계와 원인을 단축시켜버리는 것, 그리고 항상 예측할 수 없는 결과를 수반하는 자연적인 과정을 강조하는 다윈의 설명을 간과한 채 생명체의 기능적, 목표 지향적인 특성을 설명하지 않는 것 등이다.

적응한 생명체와 자연선택에 의해 상호 적응한 생명체의 적응 형질이 의도된 계획의 산물이라면, 훌륭한 엔지니어만큼이나 훌륭한 설계자가 인간의 진화 같은 보다 큰 관점으로 상황을 통제하고 있을 것으로 기대할 수 있다. 다윈주의자들은 역사에서 얼마나 많은 지구상의 생명체들이 적응 과정을 거쳤고, 또 이것이 얼마나 우연한 일인지에 대해 논의하지만, 우리 종의 역사를 완벽하게 보여줄 수는 없다.[18] 이 결론은 전반적인 진화의 목적을 알기 위해 공부하는 생물학자들을 다소 낙담시키는 것일 수 있다. 실망스럽게도 그들은 신다윈주의자들이 보여줄 수 있는 기능적 부분과 목표 지향적 행동의 방대함을 과소평가하는 것일지도 모른다. 다윈주의자들은 적응적 자연선택을 "설계자 없는 설계"로 표현하며 필요 없는 분쟁을 일으키려는 것을 무시함으로써 이러한 오해들을 바로잡을 수 있을 것이다.

통념 **21**

회색가지나방의 암화는
자연선택에 의한
진화의 예가 아니다

데이비드 W. 럿지

자연선택에 의한 회색가지나방의 암화는 단지 포식자들을 피하기 위한 것인가? 꼭 그렇지는 않을 것이다. 여러 연구 결과에 따르면 이 나방들은 나무줄기에서 많은 시간을 보내지 않는다. 그러므로 오염의 영향이 작용하는 것으로 보인다.

— 조지 B. 존슨, 조너선 B. 로소스, 『생물계』(2010)

공업암화 현상은 산업혁명(약 1760~1840)의 결과로 산업 지역 부근에서 어두운색 나방의 개체 수가 급격히 증가한 것을 말한다. 회색가지나방*Biston betularia*이라고도 불리는 이 얼룩나방은 영국 등 유럽 대륙에서 쉽게 볼 수 있는 나방의 한 종이며, 색이 옅고 얼룩덜룩한 생김새 때문에 이런 이름이 붙었다. 1840년 영국의 맨체스터 인근에서 검은색을 띠는 얼룩나방이 발견되며, 박물학자들과 곤충 수집가들은 최초의 체세포 돌연변이종의 더 많은 표본을 찾기 시작했다. 불과 수십 년이 지나지 않아 그들은 암화된 얼룩나방과 어두운색을 띤 다른 많은 종을 찾아내며 수많은 표본을 확보했다. 당시 제조업체가 몰린 지역 인근은 산업혁명의 결과로 공기가 오염되어 눈에 띌 정도로 환경이 검게 변했고, 이런 곳에서 어두운 형태의 나방이 특히 많이 발견되었는데, 바로 이것이 사람들의 호기심을 자극했다. 유전학자들은 얼룩나방의 암화가 단일 유전자의 변이에 의한 결과라고 결론지었고, 영향력 있는 한 논문에서 존 버든 샌더슨 잭 홀데인(1892~1964)은 이 유전자가 퍼지는 속도를 보았을 때, 이 돌연변이가 변화된 환경에서 엄청난 선택적 이점을 가졌을 것이라는 생각을 드러냈다.[1]

이러한 생각들 덕분에 진화생물학자들은 공업암화 현상이 바로 눈앞에서 일어나는 자연선택의 사례라는 것을 인식하게 되었다. 만약 찰스 다윈의 자연선택 이론을 토대로 이 현상을 고려해본다면 상황이 더 명확해진다.

1. 만약 회색가지나방이 어두운색과 밝은색 중 한 가지 색을 띨 수 있고, 만약 이 차이가 다른 환경에서의 생존 능력과 상관관계가 있다면. 그리고,
2. 만약 어두운색과 밝은색이 유전될 수 있는 것이라면. 그리고,
3. 만약 나방이 살아남을 수 있는 수를 훨씬 초과하여 번식해 한정된 자원을 두고 경쟁이 벌어진다면.
4. (개체수가 평형 상태에 도달하지 않은 경우에) 변화된 환경에서 살아남을 가능성이 높은 나방의 색이 시간이 지남에 따라 그 개체군에서 증가함을 의미한다.

다윈의 이론이 언급되었다고 해서 오염된 환경에서 나방이 살아남는데 어두운색이 어떤 도움이 되는지 정확하게 알 필요는 없다. 어두운색이 유전되는 것, 그리고 이 차이가 생존 능력의 차이와 어떤 상관관계가 있다는 단순한 사실만으로도 실제 자연선택의 사례가 되기에는 충분하다.

무엇 때문에 어두운색 나방이 오염 지역에서 더 흔하게 발견되는지에 대해서는 꾸준히 논쟁이 있어왔지만, 공업암화가 자연선택의 사례가 아니라는 주장은 적어도 이 현상을 연구하는 과학자들 사이에서는 없다. 검은 형태의 나방이 오염 지역에서 많이 발견되는 이유를 처음으로 언급한 사람은 제임스 윌리엄 터트(1858~1911)다. 그는 어두운색 나방일수록 검게 변한 나무껍질에서 휴식을 취할 때 새와 같은 포식자로부터 잘 숨을 수 있는 이점 때문이라고 말했다. 실제로 밝은색 나방과 어두운색 나방을 오염되지 않은 숲에서 채취한 밝은색 지의류로 덮인 나무껍질과 그을음으로 검게 변한 나무껍질 위에 두고 비교했을 때, 그의 직감은 명백해 보인다.

　다른 초기 연구자들은 왜 어두운색 나방이 점점 늘어나는지에 대한 다른 이유도 생각했다. 생태유전학(실험실 및 현장 연구를 통해 진화의 유전적 기반을 연구하는 진화생물학의 실험 분과)의 선구자 중 한 명인 에드먼드 브리스코 헨리 포드(1901~1988)는 그 현상이 대부분의 생물학자들이 생각한 것보다 더 복잡한 것이라 확신했다. 포드는 어두운색 나방이 항상 더 "강해 보인다"는 입증되지 않은 단서를 강조했다. 정확히 이것이 무엇을 의미하는지를 알아내는 것은 연구자가 할 일이었지만, 어두운색 나방이 밝은색 나방보다 생리학적으로 더 우수하다는 의견이 우세했다. 즉, 오염물질에 존재하는 독소를 더 잘 견딜 수 있다는 것이다. 그는 이러한 생리학적 이점이 오염 지역에서 어두운색 나방이 더 흔하게 발견되는 주된 이유이며, 어두운색 나방이 오염되지 않은 지역의 밝은색 지의류가 덮인 지형에서 돌아다니는 경우 어두운색의 이점을 살릴 수 없기 때문에 확산 반경이 오염된 지역으로 한정되었을 것이라 결론지었다. 20세기 초 영국의 또 다른 자연주의자 제임스 윌리엄 헤슬로프 해리슨(1881~1967)은 다르게 설명했다. 애벌레에게 오염된 잎을 먹인 실험을 토대로, 그는 산업혁명으로 발생한 검은 먼지에 납 성분이 존재하며, 이것이 돌연변이를 일으킨다고 주장했다. 이 주장들은 소위 말하는 라마르크 유전(부모로부터 획득한 형질이 자손에게 전이될 수 있는 가능성, 통념 10 참조)의 근거였기 때문에 발표 당시 충격을 자아냈다. 다른 연구자들이 해리슨의 실험을 재수행하려 했으나 실패를 거듭했고, 그의 조사가 사기극이라고 주장했다.[2]

연구자들이 처음 터트의 직감적인 설명을 인정하려 하지 않았던 이유 중 하나는 새가 나방의 주요 포식자임이 분명하지 않았을뿐더러, 우리가 배경 색과 비슷한 나방들을 찾을 때 겪는 어려움을 새들도 겪는지 확실하지 않았기 때문이다. 1950년대 초 헨리 버나드 데이비스 케틀웰(1907~1979)은 이러한 문제를 해결하기 위한 일련의 선구적인 현장 실험을 시작했다. 그는 표지mark-방사-재포획법을 이용하여 변두리의 오염 지역과 오염되지 않은 지역에 일정한 수의 밝은색 나방과 어두운색 나방을 방사한 다음, 빛과 덫을 이용해 최대한 많은 수를 다시 포획하고자 했다. 그는 모든 조건이 일정하다면 재포획되는 두 가지 색 나방의 비율이 비슷해야 하며, 반대로 특정한 환경에서 한 가지 형태만이 유리하다면(밝은색 나방보다 어두운색 나방이 오염된 지역에서 포식자들의 눈에 잘 안 띄는 것처럼), 유리한 형태의 생물이 방사-재포획 과정 중 더 많이 살아남았을 것이므로 더 높은 재포획 비율을 얻을 수 있을 것이라고 주장했다. 실험 결과는 케틀웰이 주장한 것과 정확하게 일치했다. 오염된 환경에서 어두운색 나방은 밝은색 나방의 2배나 되는 수가 재포획되었고, 오염되지 않은 환경에서는 반대였던 것이다. 또한 케틀웰은 두 가지 형태의 나방을 오염된 지역의 시커먼 나무껍질과 오염되지 않은 지역의 밝은색 지의류가 덮인 나무껍질에 놓아두었고, 니콜라스 틴베르헌(1907~1988)이 숨어서 새가 나방을 포식하는 과정을 촬영했다. 이 영상은 다양한 새들이 나방을 잡아먹는다는 것, 나무에 앉은 나방이 얼마나 눈에 띄는지가 새의 포식에 주요한 영향을 미치는 것을 보여준다. 또한 새가 나방을 잡아먹는 빠른 속도를 보여주어 그동안 새가 포식하는 장면을 왜 볼 수 없었는지를 알 수 있게 해준다.[3]

이 현상의 직관성(당시 다른 사례들에 비해)과 명백하게 결정적인 케틀웰의 단순한 실험 덕분에 대다수의 교재들은 이 현상을 다루게 되었다. 1960년대 후반까지 공업암화는 미국 생물학 교과서에서 아주 흔하게 볼 수 있었고, 자연선택의 대표적인 사례로 소개되기까지 했다.[4] 하지만 똑같이 공업암화 현상을 연구했던 연구자들의 반응은 이것과는 대조적이었다. 그들은 케틀웰이 내린 결론은 인정하면서도, 케틀웰이 나방을 나무에 방사했던 방법이나 밝은 낮에도 나방들이 눈에 띄기 쉬운 곳에서 쉴 것이라는 가정 등 실험 방법에는 의문을 제기했다. 실제로 1950년대 초반 케틀웰의 첫 실험 이후로, 많은 사람들이 공업암화에 대한 연구를 진행하며 이 문제를 해결하고자 했다. 그러나 우리가 케틀웰과 연관시키는 설명의 기본 개요는 최소한 여덟 가지 현장 실험에 의해 확인되었음을 알아야 한다. 어두운색 나방의 비율이 유사하게 증가하다가 '청정공기법Clean Air Act'이 제정된 이후 비율이 급감할 것을 예상한 인상적인 연구가 미국과 영국 두 대륙에서 실시되었다. 게다가 케틀웰의 기존 실험과 관련된 편견을 없애기 위해 마이클 매저러스(1954~2009)가 특별히 고안한 최근 6년짜리 대규모 포식 실험은 조류 포식의 선택적 역할에 대한 가장 직접적인 단서를 제공한다. 최근의 연구에 따르면 이산화황 농도나 집단 이동 같은 요인들의 역할이 중요하

며, 공업암화라는 현상이 교과서에 실린 내용보다는 복잡한 것일 수도 있다고 밝혔다.[5]

케틀웰의 연구와 관련하여, 비평가들은 때로 나방을 평평한 나무줄기가 아닌 더 높은 곳에 방사한 후 관찰하는 것은 잘못된 것이라고 말한다. 하지만 공업암화 현상을 연구하는 과학자들은 그렇게 생각하지 않는다. 이는 과학자들이 연구 결과에 반대되는 증거들을 무시할 정도로 독단적이어서가 아니라, 조류의 선택적 포식이 자연선택에 대한 가장 적절한 증거이기 때문이다. 나방이 다른 곳에서 쉬고 있는 것을 관찰하게 되면 우리는 나방의 생활 방식에 대한 보다 체계적인 연구가 필요하다는 사실에 주목하게 된다. 암화가 일어난 것이 나방이 생존하는 데 어떤 도움이 되는가 하는 날카로운 질문은 이 현상이 자연선택을 잘 설명하는 사례라는 사실에는 별다른 영향을 끼치지 않는다.

그럼에도 불구하고 공업암화 현상은 최근 몇 년 동안 진화론 비평가들에게 집중 표적이 되어왔다. 이들은 주로 대중에게 지식을 전달하는 것이 목표인 교과서 저술가들과 기술 서적을 출판하는 과학자들 사이에 존재하는 미묘한 차이점에 주목했다. 지적 설계 이론가인 조너선 웰스(1942~)는 교과서 저술가들이 진화론에 대한 내용을 잘못 전달하고 있다는 점을 지적하며 생물학 교과서에 경고 문구를 달아야 한다고 주장한다.[6] 그는 특히 '연출된' 사진을 예로 드는데, (나방이 색이 유사하거나 대조적인 곳에 있을 때 얼마나 발견하기 쉽거나 어려운지를 단순히 설명하려는 교과서의 뜻을 무시한 채) 독자들이 이 사진을 보며 나방들이 주로 나무줄기에서 쉰다는 것으로 오해할 수도 있다고 말한다. 최근에 유명세를 탄 주디스 후퍼(1949~)는 케틀웰이 사기를 쳤다고 비난했지만, 이는 완전히 근거 없는 비난이다.[7]

이 근거 없는 공격의 결과는 뻔한 것이었다. 2000년대 초반부터 미국의 몇몇 생물학 교과서에서 아예 공업암화가 자연선택의 사례로서 쓰이지 않기 시작했다. 이 사건은 모든 교과서의 전형적인 한계를 보여준다.[8] 교과서 저술가는 사실을 문자로 전달해야 한다는 제약 속에서 그들이 설정한 목표 독자들을 고려하여 과학 지식을 가능한 간단하게 전달하고자 한다. 이렇듯 과학의 세부적인 과정을 생략하는 체계는 과학적 결과를 잠정적이거나 지속적인 연구가 필요한 것이 아닌 단정된 것으로 표현하는 비극을 낳았다. 또한 몇몇 교과서에서는 케틀웰이 고독한 연구가였다는 통념을 만들어내지만, 실제로 그는 그의 동료들뿐만 아니라, 밝은색 나방과 어두운색 나방의 분포에 대한 자료를 수집한 아마추어 자연주의자들에게 많이 의지하기도 했다.[9] 과학의 모든 사실에는 감춰진 뒷이야기가 있다는 사실을 깨닫는 것이 중요하다. 그런 다음 교과서에서 다뤄지는 공업암화와 실제로 알려진 내용을 비교해보면 과학의 특성인 가변성을 이해할 수 있을 것이다.[10]

통념 **22**

겸상 적혈구 빈혈증의 원인을 분자 수준에서 밝혀낸 라이너스 폴링의 발견이 의료계에 혁신을 일으켰다

브루노 J. 스트래서

"첫 번째 분자병(생체 물질의 분자 이상으로 생기는 유전병)"인 유전병 빈혈증의 연구 결과가 실험실의 문턱을 넘어 임상 치료에 적용되기까지는 거의 반세기가 걸렸다.
　　　　　　　　—A. N. 세크터, G. P. 로저스, 「겸상 적혈구 빈혈증: 연구에서 치료까지」(1995)

어떻게 물려받은 하나의 유전자가 특정 질환을 일으킬 수 있는가? (⋯) 겸상 적혈구 빈혈증은 결함이 있는 헤모글로빈이 생산되는 열성 질환으로, 헤모글로빈 유전자의 특정 돌연변이에서 기인한다.
　　　　　　　—테리사 오더서크, 제럴드 오더서크, 브루스 E. 바이어스, 『생명과학: 지구의 생명』(2011)

　　유방암을 일으키는 유전자, 알츠하이머병을 일으키는 유전자가 있고, 비만과 관련 있는 유전자, 알코올 중독과 관련한 유전자도 있다. 단일 유전자가 복잡한 인간의 특성을 고유하게 결정하며, 유전학 연구에 근거해 질병을 치료할 수 있다는 생각은 오늘날 널리 알려져 그다지 특별한 취급을 받지 못한다. 이러한 믿음은 라이너스 폴링(1901~1994)이 겸상 적혈구 빈혈증sickle-cell anemia의 원인을 분자 수준에서 밝힌 것이 환자 치료법을 크게 향상시켰다는 과학사에 깊이 새겨진 통념에 기반한다.[1]

　　당대의 가장 위대한 물리화학자이자, 살아생전에 2번의 노벨상을 수상한 폴링은 1949년에 「겸상 적혈구 빈혈증, 분자병Sickle-Cell Anemia, a Molecular Disease」이라는 제목의 논문을 『사이언스Science』에 발표했다. 이 논문에서 그는 심한 통증을 비롯한 증상을 일으키는 이 질환을 앓고 있는 환자의 헤모글로빈 분자가 정상인의 것과 다르다는 것을 보여주었다. 좀더 정확히 말하자면, 전기영동장치로 확인한 겸상 적혈구 빈혈증 환자의 헤모글로빈은 정상적인 헤모글로빈과는 다른 전하량을 가지고 있었다. 이 질병은 멘델의 유전법칙에 근거하여 유전되는 것으로 알려져 있었기 때문에, 폴링은 단일 유전자와 그 결과로 만들어진 분자 때문에 이 질병이 일어난다고 결론 내렸다. 폴링의 이 논문은 이후 과학 문헌에 2000번 이상 인용되었다. 특히 이 논문이 "인간의 질병이 어떻게 단일 유전자에 의해 발생하는지"를 설명하기 위해 고등학교 및 학부 생물학 교과서에 인용되었다는 것은 더 중요한 사실이다. 50년 이상 많은 학생이 이 사례로 유전자와 질병의 관계에 대해 배워왔다. 멘델의 완두콩 실험 이후로, 폴링의 겸상 적혈구 빈혈증은 유전자(또는 분자)가 어떻게 복잡한 형질들을 결정하는지를 이해하는 데 없어서는 안 될 예가 되었다.[2]

그러나 폴링의 성과는 보다 넓은 문제를 설명하는 데 이용되기도 한다. 의학 연구 방법이 어때야 하는지의 본보기로 제시되는 것이다. 실험실에서 시작하고, 시간이 지나면서 의학 연구가 어떤 질병의 원인을 밝혀내고, 결국 임상 환자에 적용할 수 있는 치료품의 발견으로 이어지는 이 과정은 폴링의 모델을 따른 것이다. 이 모델은 의학 연구의 대표적인 사례로 현대 생물의학의 중심에 자리 잡게 되었다. 그의 연구 이후 질병의 원인을 알아내고 치료제 개발까지 성공한 다른 사례들도 있지만(대표적으로 유전병인 페닐케톤뇨증PKU과 낭포성 섬유증이 있다), 그중 어떤 경우도 폴링의 겸상 적혈구 빈혈증만큼 특정 연구 분야에서 하나의 상징적 존재가 되거나 많은 인기를 끌지는 못했다.

프랑스의 언어학자 롤랑 바르트(1915~1980)는 그의 저서 『신화론 Mythologies』에서 통념은 단순히 부정확한 것이 아니라 하나의 특정한 언설이라고 했다. 통념은 단어 뜻 자체로 진실이 아닌 것이지만, 가치관이나 신념, 포부 등을 종합적으로 표현하는 하나의 방법이다. 통념은 모든 공동체의 집단 기억의 일부로서 사람들의 정체성과 운명에 영향을 미친다. 과학에서는 과거의 집단 기억이 연구 의제(어떠한 질문이 연구 가치가 있을지)와 학제 간의 경계(누가 어느 학제에 속하는지)를 형성한다. 따라서 통념은 (불완전하게) 과거를 나타낼 뿐 아니라 미래를 만들어낸다고 할 수 있다. 이러한 이유로 역사의 특정 시기에 특정 집단에서 통념이 어떻게 그리고 왜 형성되었는지를 설명하는 것은 단순히 통념의 부정확성을 드러내며 그것이 잘못되었음을 보여주는 것보다 더 확실한 효과를 내기도 한다.[3]

'분자의학'과 관련한 폴링 통념

폴링의 발견을 기반으로 생겨난 통념은 분자에 입각하여 질병을 다루는 그의 방식이 어떻게 "분자의학 시대를 열었고," "화학요법에 대한 합리적 접근"을 성공하게 했으며, 이런 것들이 어떻게 환자들을 위한 "치료법의 진전"을 이루게 되었는지에 초점을 맞추고 있다. 그러나 이 요점들 중 어떠한 것도 역사적으로 정확한 것이 아니다. 왜 그런지를 보여주는 것은 20세기 생명과학의 역사와 의학사를 폭로하는 것이나 다름없다.[4]

'분자의학'의 정확한 정의는 불명확하다. 그러나 (고)분자와 질병의 관계에 관한 연구는 폴링의 논문이 발표되기 수십 년 전부터 있었다. 예를 들어 생화학자인 프레더릭 가울랜드 홉킨스(1861~1947)는 비타민을 연구해 건강과 질병에 있어 비타민이 중요하다는 것을 입증했다. 폴링의 논문이 출간되기 1년 전에 이미 혈액 단백질의 양적·질적 변화와 관련된 수십 개의 질병이 기록된 100페이지가량의 문서가 확인되었고, 사용된 기술 역시나 폴링과 그의 동료들이 사용했던 것과 같은 전기영동법이었다. 폴링은 "'이상이 있는' 헤모글로빈 분자의 존재와 겸상 적혈구 빈혈증이라는 결과 사이의 직접적인 연관성"을 최초로 제공했다는 점에서 독창적이었다. 또 폴링이 제시한 메커니즘도 매우 단순했다. "겸상 적혈구 빈혈증을 일으키는 헤모글로빈 분자는 상호 작용할 수 있어서 세포 내에서 분자가 부분적으로 정렬되는데, 이는 세포막에 변형을 일으켜" 적혈구를 낫 모양으로 만들거나 혈액 순환 장애를 일으킨다. 폴링이 질병의 원인을 분자 수준에서 설명할 수 있다는 사실에 대한 설득력 있는 예를 들긴 했다. 하지만 그렇다고 그가 '분자의학 시대'를 연 것은 아니다.[5]

의학은 질병의 원인을 알아내는 일뿐만 아니라, 이를 예방하거나 최종적으로 치료하는 것을 목표로 한다. 폴링이 "화학요법에 대한 합리적인 접근법"을 도입했다는 주장 속에는 이전의 사람들이 시도한 스크리닝과 같은 화학요법이 '비합리적'이며 성공적이지 않았다는 비판을 포함하는 것이다. 하지만 사실이 아니다. 독일 의사 파울 에를리히(1854~1915)는 매독 치료법을 찾는 과정에서 성공적인 화학요법을 시행할 수 있었는데, 실제로 606번째 실험에서 치료 효과가 나타나는 물질을 찾았을 정도로 지루하고 긴 실험이었다. 그러나 그의 화합물 선택은 절대 어리석지 않았다. 에를리히의 이론에 따르면 만약 화학 염료가 세포를 염색시킨다면 그것은 화학물질이 유기물질과 화학적으로 결합하여 때문이고, 따라서 생물학적 효과를 발휘하는 좋은 물질이 될 수 있기 때문이었다. 20세기의 훌륭한 의약품인 술파제sulfa-와 항생제, 암 치료제는 비슷한 접근 방식을 통해 얻어낸 결과였다.[6]

폴링 통념에서 질병의 메커니즘에 대한 상세한 이해가 곧 치료 분자의 이해로 이어져야 한다는 점은 옳다. 비정상적인 헤모글로빈 분자가 적혈구의 모양에 어떠한 작용을 할 것이라고 상정한 직후, 폴링은 헤모글로빈 분자의 상호 작용을 막는 화학물질이 이 병을 치료할 수 있을 것으로 생각했다. 그가 겸상 세포가 생성되는 과정에 미치는 물질의 영향을 시험하기 위해 수년간 의사와 협력한 것은 잘 알려져 있지 않은 사실이다. 임상 결과는 모두 부정적이었다. 실험에서 사용했던 물질들은 헤모글로빈의 상호 작용은 막았지만, 가끔 인체에 치명적인 영향을 미치는 경우도 있었던 것이다. 폴링은 "인간은 단순히 분자로 이루어져 있다"는 견해를 지지했지만, '사람'을 치료하는 것은 그가 생각했던 것보다 훨씬 더 복잡했다.[7]

폴링이 겸상 적혈구 빈혈증을 없애기 위해 우생학적 방법을 고려했다는 사실은 잘 알려져 있다. 1968년에 그는 "겸상 적혈구 유전자를 갖고 있는 어린아이들은 이마에 문신을 해야 한다"고 제안하기까지 했다. 또 폴링은 이 말을 하기 몇 년 전에 겸상 적혈구 빈혈증을 발생시키는 돌연변이 유전자는 유전될 가능성이 너무 높아서(25퍼센트) "무지한 개인이 이 질병을 다루기는 힘들 것"이라고 주장하기도 했다. 유전병을 통제하기 위해 강제적인 정책을 시행하는 특별한 경우(지중해 빈혈이 흔한 키프로스와 사르디니아)를 제외하고는, 치료법은 폴링의 성공적이지 않았던 초기 발상을 따라 환자 개인과 이들 각각의 "이상 있는" 분자에 초

점을 맞추어왔다.[8]

혹자는 폴링이 남들보다 약간만 앞선 정도였기 때문에 당대에 그의 견해를 인정받을 수 있었다고 말한다. 미국 국립보건원NIH의 두 연구원이 1995년에 발표했듯이 "'첫 번째 분자병'인 (…) 유전병 빈혈증의 연구 결과가 실험실의 문턱을 넘어 임상 치료에 적용되기까지는 거의 반세기가 걸렸다." 저자들은 논문 제목을 "기초 연구에서 치료까지"로 지으며 이목을 끌기도 했다. 그러나 겸상 적혈구 빈혈증의 임상적 현실은 20년이 지난 오늘날에도 복잡한 맥락이 있다. 실제로 겸상 세포가 생성되는 메커니즘이 알려짐으로써 잠재적인 치료제에 대한 많은 아이디어가 나왔지만, 지금까지 아무도 완벽한 치료제를 만들어내지는 못했다. 환자를 직접 치료하는 것은 시험관 실험이나 동물 실험보다 더 많은 시간이 걸린다. 현재 시중에 나와 있는 유일한 겸상 적혈구 빈혈증 치료제인 하이드록시요소hydroxyurea는 성인의 체내 헤모글로빈 생성을 증가시켜 비정상적인 헤모글로빈 분자들이 상호작용하는 것을 방지한다. 정확히 말하면 이는 병을 치료하는 것이 아니라 겸상 적혈구 빈혈증에 동반되는 통증만 조절하는 것이다(폴링의 아이디어와는 무관한 치료법이다). 또한 하이드록시요소의 개발은 실험실 연구에 근거한 "화학요법에 대한 합리적인 접근법"의 결과가 아니라, 소아과 의사가 우연히 태아 상태의 헤모글로빈을 생산하는 성인 집단을 관찰한 결과였다.[9]

때로는 겸상 적혈구 질환의 분자적 기초에 대한 지식이 치료법 개선에 기여하기도 했다. 실제로 미국을 비롯한 다른 지역에서는 갓난아기들을 대상으로 한 겸상 적혈구 빈혈증 검사가 의무화되어 있다. 이 검사를 통해 비정상적인 헤모글로빈을 확인해 겸상 적혈구 빈혈증의 조기 진단이 가능하고 일부 질병의 예방 치료가 가능해졌다. 그러나 세계

대부분 지역에서는 1910년에 임상의 제임스 B. 헤릭(1861~1954)이 개발한 방법에 따라 현미경으로 문제가 되는 혈액세포를 관찰하는 훨씬 간단하고 저렴한 방법을 통해 진단이 이루어진다.[10]

검상 적혈구 빈혈증의 분자적 원인 발견이 치료법의 개선으로 이어졌다는 통념은 사실이 아니다. 폴링은 자신의 획기적인 논문이 발표된 직후 의학 연구에 대한 그의 비전을 대중화하기 위해 개혁 운동을 시작했다. 일반 잡지 및 과학 저널과 미국, 유럽, 아시아 등지에서 개최된 학회에서 그는 분자의 비정상성에 대한 연구가 어떻게 치료로 이어질 수 있는지를 계속해서 알렸다. 1952년에 한 신문에는 다음과 같은 제목을 내걸기도 했다. "분자 작용 연구에 기초하여 과학자들이 의학의 새로운 시대를 선포한다." 폴링은 "대부분의 정신 질환은 분자 질환에서 기인했을 수 있다"고 주장하면서 자신의 연구를 폭넓게 활용할 수 있음을 강조했다. 그는 "이 지식으로 치료법의 개선을 꿈꿀 수 있게 되었다"고 자신 있게 주장했다. 또 몇몇 학회에서 그는 의학이 "현재의 실증적인 형태에서 분자의학의 형태로 바뀔 것"이라고 주장했다. 또한 폴링은 (결과적으로 실패했지만) 캘리포니아 공과대학에 의학 연구 기관을 설립하려고 시도했고, 정신 질환과 분자의 관련성에 관한 광범위한 (하지만 결과는 매우 적은) 연구를 수행했다. 그의 의학 연구는 많은 분자병을 낳은 방사능 낙진을 반대하는 그의 정치적 행동과도 잘 맞아떨어졌다.[11]

실험실에서의 연구를 실제로 적용하려는 폴링의 비전은 학문 기관에서 새로운 분야를 개척하려는 분자생물학자들에게 받아들여졌다. 그들은 분자생물학이 박물학자에 대한 우위를 점하게 해주며 정치적 호소력을 높여 의학에 기여할 것이라고 계속해서 주장했다. 예를 들어 프랑스의 분자생물학자인 자크 모노(1910~1976)는 1960년대에 분자생물학에 관한 연구가 '분자병리학'이라는 새로운 학문의 출현을 가능하게할 것이기 때문에 지지받을 가치가 있다고 했다. 그 당시에 많은 연구자들이 병원에서 근무하는 것보다 실험실에서 기초 연구를 수행하는것을 선호했다. 그러나 분자의학을 연구한 학자 중에서 노벨 생리·의학상 수상자가 많아지며 분자의학 연구를 의학 연구로 간주하는 그들의견해가 입증되는 것처럼 보였다(1962년: 프랜시스 크릭, 제임스 왓슨, 모리스 윌킨스, 1965년: 프랑수와 자코브, 앙드레 루오프, 자크 모노, 1968년: 로버트 W. 홀리, 하르 고빈드 코라나, 마셜 워런 니런버그, 1969년: 막스 델브뤼크, 앨프리드 허시, 샐버도어 루리아).[12]

결론

놀랍게도 폴링이 구상한 대로 20세기에는 생물의학이 부상했고 분업화된 현재의 실험실과 병원은 노동적, 계급적으로 수직적 관계에 놓여 있다. 그러나 의학의 발전, 특히 치료법의 발전은 훨씬 더 어려운 길을 돌아왔다. 최근에야 역사학자들이 더 이상 실험실 연구의 중요성을무시하지 않고, 의학 연구에 필요한 출발점을 제시하는 새로운 치료법을 개발하는 임상 연구에 상당한 관심을 기울이기 시작했다.[13] 이와 유사하게 유전자와 질병 사이의 단순한 관계에 대한 폴링의 견해는 20세기 후반에 생물의학 연구, 특히 의료유전학을 주도했다. 그러나 이것은가장 유명한 통념 중 하나인 인간 건강, 질병, 그리고 행동에 미치는 유전자의 영향에 관한 통념을 강화시켰다. 인간 유전체에 관한 최근의 연구에서 볼 수 있듯이, 대부분의 질병은 일반적으로 하나의 유전자가아니라 여러 개의 유전자와 연관된다. 또한 이 유전자들이 항상 질병을 일으키는 것도 아니다. 겸상 적혈구도 질병의 발생 위험을 약간만 증가시킬 뿐, 빈혈증 자체를 일으키는 근본적인 원인은 아니다. 폴링이 구상한 단순한 세계는 생물의학의 연구 방향에 영감을 불어 넣었다. 하지만 이것은 오늘날 건강과 질병의 과거, 현재, 그리고 미래에 대한 이해를 방해하는 통념으로 작용하고 있다.[14]

통념 23

소련의 스푸트니크호 발사가 미국 과학교육 변화의 시발점이 되었다

존 L. 루돌프

> 소련이 인류 최초로 인공위성을 궤도에 띄운 역사적인 사건은 우주에 관해서는 미국이 소련에 뒤졌다는 피해망상과 걱정을 불러일으켰다. 바로 이 걱정이 미국인들로 하여금 기술 개발이 필요하다는 생각을 하게 만들었다.
>
> —2007년 9월 30일 미국 공영 라디오(NPR) 방송 중

> 반세기 전 소련이 스푸트니크호를 발사하며 우리보다 앞서나갔을 때, 우리는 어떻게 소련보다 먼저 달에 도달할 수 있을지는 생각조차 할 수 없었습니다. 과학기술은 지금보다 한참 뒤떨어졌고, NASA는 존재하지도 않았습니다. 그러나 연구와 교육에 투자한 결과 우리는 소련을 앞선 것은 물론, 새로운 산업과 수백만 개의 새 직업을 만든 혁신의 물결을 만들어 냈습니다.
>
> —버락 오바마 미국 대통령, 2011년 1월 25일 국정 연설 중

스푸트니크호 발사는 20세기에 미국을 자극한 유일한 사건으로 오랫동안 회자되어 왔다. 2001년에 출간된 한 책에서 이 주제를 다루며 프리랜서 작가인 폴 딕슨(1939~)은 이것을 "세기의 충격"이라고 불렀다. 이는 아마 발사 다음날인 1957년 10월 5일 아침 신문의 헤드라인을 보던 미국 독자들의 모습을 적절히 표현한 말일 것이다. 드와이트 D. 아이젠하워(1890~1969) 대통령은 당시 대중의 반응을 "과잉 반응에 가깝다"고 표현했다. 하지만 의문의 여지없이 궤도에 진입한 소련의 인공

위성은 미국에 상당한 타격을 주었고, 제2차 세계대전이 끝난 후 10년 동안 자급자족하며 번영을 누리던 미국을 잠에서 깨웠다. 그 일깨움의 핵심 내용은 국가의 교육 시스템이 평범해빠졌으며, 이 시스템으로는 소련을 따라잡을 수 없다는 것이었다. 일정한 간격으로 전송되는 스푸트니크호의 신호는 미국 과학교육의 부족함을 더욱 부각시켰다. 소문으로는 소련의 위성에 자극을 받은 미국이 엄격한 징계와 학업 성취를 목표로 과학교육을 근본적으로 개혁하게 되었다고 한다.[1]

이후 이 사건은 예상치 못한 상황에 처한 국가가 위기를 모면하기 위해 대중의 경쟁의식을 자극하는 방식의 본보기가 되었다. 리더들은 그런 역사적 사건을 되돌아보며 국가가 자기만족에 빠지는 것을 경고하고, 탁월함을 위한 공동의 열망, 특히 교육적 다양성을 호소했다. 버락 오바마(1961~) 대통령도 2011년 국정 연설에서 스푸트니크호를 언급해 그 당시의 절박함을 상기시키며 과학교육을 개혁해 새 시대를 열자고 호소했다. 이때 미국은 경제적 측면에서 중국과 인도의 도전을 받고 있었는데, 이 두 나라는 과학기술 교육의 발전 덕분에 글로벌 경제 전쟁에서 미국을 앞지를 것으로 예상되는 나라였다. 과거의 예를 참고한 대통령은 혁신과 집중의 새로운 물결을 일으키려 했다. 그러나 이 인용이 과연 적절했던 것일까? 2차 세계대전 이후의 과학교육이 스푸트니크호 발사 때문에 시작된 일일까? 역사적인 기록에 따르면 그것은 사실이 아니다.

스푸트니크호의 충격 이전에도 과학교육의 변화는 이미 일어나고 있었다. 가장 구체적인 증거는 1950년대에 미국 국가과학재단NSF이 고등학교 공통 과목인 물리, 화학 및 생물학 교육과정을 후원한 것이었다. 그중 첫 번째 프로젝트는 매사추세츠 공과대학MIT의 제럴드 재커라이어스(1905~1986)가 주동이 되어 물리과학 연구회PSSC, Physical Science Study Committee를 조직한 것이다. PSSC는 1965년 NSF의 보조금으로 설립되었다. 그러나 이 프로젝트의 시작은 해리 트루먼(1884~1972) 대통령 집권기의 국가방위동원국 과학자문위원회라는 기구로 거슬러 올라간다. 이 기구는 SAC-ODM이라고 불렸으며, 국가 방위와 관련된 과학적 문제를 정부에 자문하는 것을 목적으로 1951년 (재커라이어스를 포함하여) 설립되었다. 초기에는 주로 평범한 기술적인 문제에 초점을 맞추긴 했지만, 과학기술 인력의 부족을 아쉬워하는 몇몇 국가 안보 관료들이 회의에 참석하기도 했다. 한국전쟁이 본격화되고 정부가 과학 연구 및 개발에 수백만 달러를 투자함에 따라 관리들은 국가의 인적 자원에 대해 크게 우려했다. 재커라이어스는 "러시아군이 우리보다 앞서기 때문에 우리는 무언가를 해야 하고, 더 많은 기술자와 더 많은 과학자가 필요하다고 한 장군이 주장했다"라고 회상했다. 이런 일이 있은 후에 그는 고등학교 물리학 교육을 재편하기 시작했고, 1956년 여름 스푸트니크호가 미국의 상공을 가로지르기 1년 전에 NSF의 교육국장에게 새로운 물리학 교육과정에 대한 자신의 의견을 전했다.[2]

1958년 12월 NSF의 재정 지원하에 콜로라도를 기반으로 시작된 생물 교육과정 연구회BSCS, Biological Sciences Curriculum Study가 과학교육 개혁 프로젝트의 두 번째 주자였다. 만약 스푸트니크호 발사의 영향으로 고등학교 물리학 교육의 변화가 시작된 것이 아니라면, 고등학교 생물학이 그 영향을 받았을 수도 있다. 그러나 BCSC 역시 1957년 10월 4일 이전에 시작되었다는 증거가 있다. 1952년에 이미 대학의 생물학자들은 미국 생물과학회American Institute of Biological Sciences 모임에서 대학교와 고등학교의 생물학 교육을 재구성하는 것을 토론하기 시작했다. 1954년에는 미국 국립과학원의 생물학부와 농업학부에 속한 학자들이 생물학 교육 개혁을 검토하기 위한 위원회를 설립했다. 3년이 넘는 기간 동안 이 위원회는 NSF와 록펠러 재단의 후원으로 교육과정을 개편하고 고등학교 생물학 교실에 필요한 자원들을 배치했다. 그리고 이것들은 1957년 미시건 주립대학교에서 열린 여름 워크숍에서 고등학교 교사 및 대학교수들의 심사를 받아 필요한 부분을 수정한 후 다음해 실시되었다.[3]

이 개혁 프로젝트들은(역시 1957년 여름에 있었던 첫 번째 화학 프로젝트를 포함하여) NSF의 재정 지원 덕분이었으므로, 스푸트니크호 사건 이전의 이들의 활동을 알아보는 것이 더 적절할 것이다. 당시의 NSF는 1950년에 갓 창설된 신생 조직이었다. 첫 번째로 수장을 맡은 앨런 워터먼(1892~1967)의 지휘하에, 초기의 NSF는 제 갈 길을 잘 가는 듯했다. 의회는 재단 설립은 기꺼이 해주었지만 많은 자원을 제공하는 것은 꺼렸다. 실질적인 돈벌이가 되지 않는 (NSF의 주요 임무였던) '순수 연구'에 국세를 쓰는 것은 결코 미국 의회가 쉽게 결정할 수 있는 것이 아니었기 때문이다. 그래서 의회의 지원을 계속해서 받기 위해 워터먼은 조사가 필요하거나 논란을 불러일으킬 만한 투자 건은 되도록 선정하지 않았다. 특히 1950년대 초 갑론을박이 오가는 주제가 가득했던 교육에 관해서도 이것은 사실이었다.[4]

정치가, 교육인, 그리고 행정 관료들은 이따금씩 학교 문제로 부딪히곤 했다. 핵심은 오랫동안 지방 정부가 관리하던 교육 사업에 대해서 연방 정부가 무슨 역할을 할 수 있는지에 대한 의구심이었다. 당시 베이비붐 때문에 수천 개의 새로운 건물과 교사들이 필요했고, 수많은 지방 공무원들과 교사들은 급등한 물가의 부담을 줄이기 위해 연방 정부에 더 많은 돈을 요구할 수밖에 없었다. 그러나 그들이 원하는 바를 들어주는 것은 쉬운 일이 아니었다. 당시 남부에는 인종차별이 남아 있었고, 교구 학교라는 문제 또한 있었으므로 연방 정부가 지방 학교의 일에 관여하는 것은 꽤나 복잡한 문제였던 것이다. 정부로부터 받는 자금에는 몇 가지 조건들이 붙을 가능성이 있었고, 많은 사람은 이러한 조건들이 오랫동안 지속되어오던 많은 관습을 없앨 것이라 생각했다. 특히 종교와 인종 문제가 자금을 지원하려던 국회의 시도를 수차례 좌절시켰다.[5]

이러한 상황에도 불구하고 국회는 과학교육을 활성화시키려는 NSF의 작지만 분명한 임무를 적극적으로 도왔다. 곳곳에 정치적인 문제가 도사리고 있었기 때문에 NSF는 되도록 초·중·고등학교에는 직접적인 개입을 피하면서 대학만 제한적으로 지원했다. 특히 대학 수준에서는 교육 자원의 많은 부분을 대학원에 쏟아부으며 과학자를 양성하고자 했지만 교육부 관계자는 어린 학생들의 교육 수준을 향상시킬 필요성을 인식하게 된다. 1952년 여름, NSF는 고등학교 교사들이 자기 과목의 최신 연구 내용을 학생들에게 가르칠 수 있도록 소규모의 여름 학기 프로그램을 계획하기 시작했는데, 기간을 여름방학 중으로 정한 이유는 학교 기금이나 수업 시간과 같은 문제에 얽히지 않고 교사들을 직접 교육하기 위해서였다. 이 과정은 과학교육을 증진시키는 데 앞장서오던 제너럴일렉트릭 사가 1945년 초에 열었던 일련의 여름 학기 교사 교육 프로그램을 모방한 것이었다. 이러한 정부의 노력을 비추어보면, 이 프로젝트들은 1940년대 말에서 1950년대에 걸쳐 계속되던 과학 인재 부족에 대한 우려의 목소리를 반영했던 것으로 볼 수 있다.[6]

그러나 1956년 의회가 갑자기 전년 대비 8배가량이나 되는 1000만

달러 이상을 교육 예산으로 지원하게 되면서 NSF는 이전의 매우 신중한 과학교육 개혁 방식을 더 이상 고수하지 않았다. 이 많은 자금은 더 급진적인 개혁을 해보고자 기관에 지원한 것이었다. 하지만 갑자기 지원금을 확 올리게 된 것은 스푸트니크호의 발사 때문이 아닌, 하버드 대학교의 러시아 연구센터에서 박사과정을 밟고 있던 니콜라스 디윗(1923~1995)이 소련의 교육 방식에 대해 분석한 평범한 보고서 때문이었다.[7]

디윗의 보고서 「소련의 전문 인력: 교육부터 훈련, 공급까지Soviet Professional Manpower: Its Education, Training, and Supply」는 그가 1952년 봄부터 시작한 연구의 결정체였다. 1955년 여름에 세상에 나온 이 보고서는 (NSF의 예산을 관리하던) 하원 독립 세출 소위원회의 전 의장이자 텍사스주 하원 의원이었던 앨버트 토머스(1898~1966)의 관심을 끌었다. 소위원회의 의원들은 다른 미국 정치인들과 마찬가지로 교육에 연방 정부가 관여하는 것에 늘 회의적이었다. 그러나 1955년 11월 소련이 소형 수소폭탄 폭발 실험을 성공한 사실에 압박을 느끼던 의원들에게 디윗의 보고서는 결정타가 된 듯했다. 1956년 1월의 청문회에서 토머스는 자신이 생각을 고친 이유를 밝혔다. "나는 이 작은 보고서, 「소련의 전문 인력」을 토씨 하나 빼먹지 않고 읽었고 생각을 완전히 바꿨다." 그는 러시아가 고등학교 과학 수업에 투자하는 것은 "내가 상상할 수 있는 가장 놀라운 일이다. 주여, 우리가 그들보다 앞설 수 있게 도와주십시오"라고 말하며 과학교육 개혁의 열망을 비쳤다. 이 청문회가 끝난 후, NSF는 비대학원생 교육에도 1900만 달러를 투자했다. 그리고 다음 해에 스푸트니크호가 발사되었고, 이후 1958년 국가방위 교육법National Defense Education Act이 뒤따랐다.[8]

혹자는 연방 정부와 과학자들이 미국의 과학교육을 개혁하고자 했던 것이 스푸트니크호 발사에 충격을 받은 대중의 요구를 따른 것으로 생각할 수도 있다. 그러나 이것은 러시아 위성의 영향을 과장한 것이다. 개혁이 시작된 원인으로 우리가 고려해야 할 것은 제2차 세계대전 이후 학교가 받은 비판 외에는 없다. 1940년대 후반과 1950년대 초반에도 매년 교육 부족과 넘쳐나는 학교 건물, 의미 없는 시설 등 공교육에 대한 비판이 일고 있었고, 매년 위기는 더 악화되는 것처럼 보였다. 하버드 레드북 보고서 『자유 사회에서의 교양 교육General Education in a Free Society』이 발표된 해인 1945년에 세간의 이목을 끄는 과학교육 개혁 방안이 발표되었고, 결국 교육과정 개편은 10년 후 백악관의 교육 회의로 다시 미루어지게 되었다. 1957년 가을, 과학교육 변화를 위한 불꽃은 여전히 불타오르고 있었고, 개혁은 필연적으로 일어날 수밖에 없었다. 비록 스푸트니크호가 미국의 상공을 가로지르며 이 불꽃에 기름을 끼얹은 것은 사실이지만, 잘 알려진 통념과는 달리 이 사건 때문에 교육 개혁이 시작된 것은 아니다.[9]

4부

일반적 통념

통념 24

종교가 과학의 발전을 저해했다

피터 해리슨

과학과 종교는 근본적으로 양립할 수 없다. 합리적인 것과 비합리적인 것이 양립할 수 없는 것과 같은 이치다. 이 둘은 서로 다른 방향의 진실을 추구하며, 오직 과학만이 참된 진실을 찾을 수 있다. 우리가 종교에 얽매이지 않는다면 과학뿐만이 아닌 모든 방면에서 더 수월하게 진보가 이뤄질 것이다.

— 제리 A. 코인, 『과학과 종교는 친구가 아니다』(2010)

종교와 과학의 갈등은 내재적이며 제로섬 게임이다. 과학이 발전하면 종교 교리가 훼손되고, 종교 교리를 유지하고자 하면 과학이 훼손된다.

— 샘 해리스, 『과학은 반드시 종교를 파괴한다』(2006)

　　과학에 대한 가장 널리 퍼진 오해 중 하나는 종교와의 역사적 관계다. 일반적으로 알려진 통념에 따르면 과학과 종교가 하나의 개념을 극과 극으로 설명한다는 것이다. 종교는 진일보하는 과학에 점점 자리를 내어주고 있으며, 서구에서는 이를 반대 세력 간의 오랜 갈등이라는 관점으로 이해해왔다. 종교는 세력을 뺏기는 것에 가능한 한 저항해야 했기에 과학의 발전을 방해할 수밖에 없었다는 것이다. 역사학자들은 이미 오래전 이 단순한 이야기를 부정했지만, '갈등 통념'은 내용을 바로잡으려는 이들의 노력에도 불구하고 현대 과학의 핵심적인 정체성으로 이해되고 있다.

대중이 종교와 과학의 관계를 오해하게 된 것은 진화론을 부정하는 종교적 움직임과 같은 현대의 몇몇 사례들 때문이다. 이러한 논쟁 속에서 오늘날까지도 과학과 종교 간에 갈등이 일어나는 이유가 종교가 과학의 발전을 방해하기 때문이라고 설명하는 방식으로 통념이 유통된다. 갈등 통념은 '과학'과 '종교'는 물과 기름과 같아서 필연적으로 충돌할 것이라고 말한다. 종교는 권위 또는 고대 종교 문헌, 맹목적 신앙, 단순히 비합리적인 편견에 근거하는 반면에, 과학은 이성이나 상식에 근거한다고 말한다. 이들 간의 갈등은 같은 개념을 양극단의 관점에서 설명하고자 하므로 발생한다는 식이다.

여기서 중요한 점은 역사적으로 과학과 종교가 갈등한 몇 사건들을 사람들이 주요한 상징으로 여기게 되었다는 것이다. 가장 널리 알려진 사례는 1633년 갈릴레오 갈릴레이에 대한 비난과 1859년 찰스 다윈의 『종의 기원』 출간이다. 그러나 이외에도 더 많은 사례가 있다. 라틴 신학의 아버지라 불리는 터툴리안(약 160~225)이 그리스 철학자를 적대한 일, 수학자이자 철학자였던 히파티아가 기독교 폭도의 손에 살해된 일, 1475년에 교황 칼리스투스 3세(1378~1458)가 혜성을 파문한 일, 지구가 평평하다고 한 중세 시대의 신앙(통념 2 참조), 교회가 해부를 금지시킨 일, 우주의 중심인 인간의 가치를 '떨어뜨릴' 것이라는 이유로 코페르니쿠스의 지동설을 부정한 일(통념 3 참조), 과학으로 전향한 이단이라는 이유로 1600년에 조르다노 브루노(1548~1600)를 처형한 일, 그리고 예방접종과 마취 같은 의학적 진보에 대한 일부 종교의 반대 등이다.[1]

그 외에도 다른 확실한 역사적 증거가 있는 사례들이 많지만, 사실관계가 꽤나 복잡하게 얽혀 있으므로 따로 언급하지는 않겠다. 갈릴레오의 경우 지구가 태양 주위를 돈다는 코페르니쿠스의 견해를 주장하고 가르친다는 이유로 1633년 종교 재판에서 모욕을 당한 것은 맞지만 이것은 결코 일반적인 기독교 신자들이 '과학'을 대하는 자세가 아니었다. 그 증거로 당시 교회는 천문학의 주요 후원자이기도 했다는 사실을 들 수 있다.[2] 게다가 당시 과학계는 우주에 관한 상반되는 주장으로 분열된 상태였기 때문에, 갈릴레오는 교회로부터 받는 지지만큼이나 과학계로부터 비난을 받기도 했다. 그렇다고 그가 고문을 당했거나 투옥되었던 것도 아니다. 갈릴레오가 과학계의 비난을 받았다는 사실에 대해서는 논하지 않고, 과학을 대하는 종교의 태도가 일관적이라거나 이런 사례들을 '과학 vs 종교'와 같은 흑백 사고로 바라보는 것은 꽤나 위험하다. 다윈의 경우도 비슷하다. 자연선택에 의한 진화론이 종교에 의해 부정된 것은 의심의 여지가 없으나, 종교계에서 꽤나 권위 있는 사람들이 진화론을 지지하기도 한 반면 유명한 과학계 인사들이 진화론을 비난하기도 했다.[3] 현재 종교에서 진화를 부정하는 견해 중 가장 잘 알려진 '과학적 창조론'에 대해 말하자면, 이것은 20세기에 나타난 것이며 다윈의 이론 초기에 나타난 사람들의 반응은 아니었다.[4]

한편 역사학자들은 종교가 과학에 부정적이지만은 않다는 인식을 퍼뜨릴 수 있는 방법을 모색해왔다. 중세 후기에 과학 활동의 거점 역할을 했던 중세의 대학들은 기독교의 지원을 받아 설립되었다.[5] 요하네스 케플러, 로버트 보일, 아이작 뉴턴, 그리고 존 레이(1627~1706) 등 17세기 주요 인물들은 확실히 종교적인 생각에 의해 동기부여를 받았다. 근대 물리학의 근간이 되는 자연법칙은 원래 신학 사상이었다. 실험 방법 역시 인간의 인지 및 감각 능력이 오류를 범할 수 있다고 강조하는 신학적 개념을 모티브로 했다는 것은 거의 틀림이 없다. 보다 일반적으로 프로테스탄트주의는 인간 본성의 세속화를 촉진하여 근대과학의 발전을 위한 환경을 제공했다고 평가된다. 마지막으로 종교는 구원의 수단이자 '신성한 활동'이라는 과학의 정체성을 확립하는데 기여했고 17세기부터 19세기까지의 영국처럼 자연신학과 자연과학이 강력한 동맹 관계를 맺음으로써 과학의 사회적 정당성을 확립하는 데도 중요한 역할을 했다.[6] 분명 갈릴레오 사건이나 진화론의 예시에서 종교가 과학을 방해한 것이기는 하지만, 이 사례들로 과학과 종교의 관계를 일반화하거나 단정 지을 수는 없다.

통념의 또 다른 곤란한 점은 과학과 종교의 관계를 단일적이고 변치 않는 것으로 간주하려는 경향이다. 실제로 서양 역사의 오랜 기간 동안 과학과 종교의 관심사는 상당 부분이 비슷했고, 지금처럼 과학과 종교를 구별하는 것이 쉽지 않았다. 사실 영어권 국가에서는 19세기까지 그 누구도 과학과 종교의 대립을 이야기하지 않았다. 따라서 현재 진행 중인 과학과 종교의 역사적인 관계를 고려하려는 것은 본질적으로 구별이 의미가 없었던 과거 사건들을 현대적인 범주로 해석하려는 불필요한 시도라고 할 수 있다.[7]

갈등 통념의 조잡한 역사적·개념적 토대를 감안했을 때, 통념은 어디서 유래되었고 역사학자들이 최선을 다하고 있음에도 불구하고 왜 아직도 존속하는지를 묻는 것이 더 자연스럽다. 과학사학자들은 주로 통념이 발생한 원인을 존 윌리엄 드레이퍼의『종교와 과학, 갈등의 역사History of the Conflict between Religion and Science』(1874)와 앤드루 딕슨 화이트(1832~1918)의『기독교 국가에서 일어난 과학과 신학의 전쟁사History of the Warfare of Science with Theology in Christendom』(1896) 때문으로 보고 있다. 그러나 이 통념은 이 책들을 훨씬 앞서서부터 있었다.

17세기 프로테스탄트가 가톨릭을 무지, 미신, 그리고 새로운 지식을 거부하는 사람들의 모임이라고 통렬히 비난했던 것도 이와 유사한 것으로 볼 수 있다. 영향력 있는 한 청교도 목사와 그의 영국 학술원 동료 코튼 매더(1663~1728)는 중세 가톨릭 시대를 유럽의 암흑시대로 보았으며, 문자의 부활과 종교 개혁이 함께 '과학의 진보'를 위한 기반을 닦았다고 주장했다.[8] 종교재판에 회부되어 단죄를 받은 갈릴레오 사건은 개신교 옹호자들에게는 특별한 선물이었는데, 그들은 세력 확장을 위해 이 사건을 이용했다. 시인 존 밀턴(1608~1674)은 1638년에 플로렌스에서 구금중인 갈릴레오를 찾아갔고, 이것을 개신교 국가인 영국의 철학적 자유와 가톨릭 국가인 이탈리아의 과학 검열 정도의 차이로 설명하고자 했다.[9]

이후 프랑스의 저명한 철학자들과 주요 계몽주의 인물들도 이런 '개신교적 입장'을 인정하고 답습했을 것이다. 볼테르(1694~1778)는 아이작 뉴턴이 개신교 국가가 아닌 가톨릭 국가에 태어났음에도 참회복 차림으로 종교 재판에 의한 화형에 처해지지 않은 것에 대해 탐구했다.[10] 장 달랑베르(1717~1783)는 충분한 지식이 없는 신학자들이 철학(즉, 과학)에 대해 습관적으로 "전쟁"을 벌였다는 결론을 내리면서, 계몽주의의 금자탑이라 할 수 있는 『백과전서Encyclopédie』에 갈릴레오 사건을 기록했다.[11] 따라서 계몽주의적 진보 사상도 종교가 지식의 발전을 계속해서 방해해왔다는 통념의 형성과 무관하다고 말하기는 힘들다. 역사에 대한 이 관점을 요약하자면, 니콜라 드 콩도르세(1743~1794)가 그의 저서 『인간 정신의 진보에 대한 역사적 조망Sketch for a Historical Picture of the Progress of the Human Spirit』(1795)에서 밝힌 바와 같이 "기독교의 승리는 철학과 과학의 완전한 타락"이라고 본다.[12]

일련의 사건들은 19세기에 흔히 유통되었던 진보의 역사로 통합되었다. 가장 잘 알려진 것은 아마 오귀스트 콩트(1798~1857)의 간단하고 흥미로운 3단계 법칙일 것이다. "사회와 인간의 사상은 신학적, 형이상학적, 실증적(과학적) 단계를 거쳐서 진보한다." 인류의 뒤떨어진 면을 보여주는 종교가 결국에는 과학에 추월당할 것이라는 생각은 일반적인 역사학 분야에서뿐만 아니라 인류의 발전을 논하는 사회과학 분야에서도 일반적인 생각이 되었다. 영국에서는 역사학자 헨리 토머스 버클(1821~1862)이 문명의 진보는 과학적 회의주의에 의해 가속되며, 보수적인 종교의 현혹으로 인해 방해를 받는다고 말했다. 반면에 독일에서는 프리드리히 랑게(1828~1875)가 그의 유명한 저서 『유물론의 역사 History of Materialism』(1866)에서 "왜 철학의 모든 부분이 그 당시 신학과의 갈등을 피할 수 없었는지"에 대해 언급했다.[13]

갈등 통념에 일조했다고 할 수 있는 드레이퍼와 화이트가 펜을 들기 전에도 종교가 특별하고도 억제적인 역할을 한 것으로 생각했던 점을 감안할 때, 역사학자들이 할 일은 빈칸을 채우는 것뿐이었다. 그들은 기꺼이 독창성과 상상력을 동원하여 끝나지 않는 갈등을 보여주는 역사적 사건들의 표준 목록을 만들어 냈다.[14] 아이러니하게도, 드레이퍼가 그랬듯 개신교 옹호론자들이 오직 가톨릭을 비난하기 위해 사용했던 무기는 오늘날 모든 형태의 종교를 비난하는 무기가 되었다.

실제로 통념의 토대가 보잘것없는 것이라면, 통념은 어떻게 존속할 수 있는 것일까? 여기에는 여러 가지 이유가 있다. 첫 번째는 과학적 창조론자들이 진화론을 인정하지 않는 것과 같이 종교가 과학을 부정하는 너무나도 유명한 예들이 있기 때문이다. 명백히 논쟁의 여지가 없는 이런 과학과 종교 간 갈등의 사례는, 과거는 현재의 거울이라는 맥락하에 통념이 계속해서 존속하는 데 도움을 주고 있다. 이러한 맥락에서 볼 때, 반진화론자들은 막연히 과학과 친밀하다는 것을 보이려는 경향이 있는데, 자신들의 종교적 신념을 과학적으로 표현하는 것도 이 때문이라 할 수 있다. 이들은 그저 특정한 과학 이론에 반대하고 꾸준하게 과학의 권위에 도전해온 것이다. 세계 가치관 조사World Values Survey 가 밝혀낸 흥미로운 사실 중 하나는 세속화된 나라일수록 과학에 대한 불신이 많고 종교적 신념이 강한 나라일수록 적다는 것이다.[15] 그럼에도 불구하고 갈등 통념은 반진화론자들의 언행에 의해 심화되는 경우가 많다.

이와 관련하여 이른바 종교의 귀환이라는 보다 일반적인 두려움도 존재한다. 종교가 없는 미래에서는 세속적이고 과학적인 세계관이 당연한 것이 될 것이라는 예측은 20세기 중반에 만연했다. 잘 알려진 이유, 즉 종교적 원리주의와 호전적인 이슬람에 대한 우려는 갈등 통념에 계속해서 힘을 실어주고 있다. 일부 사람들에게 과학은 세속적 깨달음을 전달하는 매개체로 인식된다. 따라서 과학-종교 갈등은 먼 과거에 대한 추상적인 묘사 그 이상의 것으로 미래가 세속화되는 것을 막는 십자군 신화인 것이다. 이런 정서는 장두에 언급된 제리 코인과 샘 해리스(1967~)의 견해를 분명히 알게 해준다. 해리스가 직설적으로 표현한 것처럼, 과학과 종교 간 갈등은 계속될 것이며, 끝내는 과학이 이길 것이다.

그러나 가장 기본적인 차원에서 갈등 통념은 모두를 위한 것이다. 갈등 통념의 거부할 수 없는 매력은 정체불명의 사람들로부터 고독한 천재를 구해내거나 융통성 없는 단체의 본모습을 고발하는 것이다. 궁극적으로 이것은 미신에 대한 사실의 승리, 악의에 대한 선의의 승리를 희망하는 자들의 믿음이다. 갈등 통념이 이러한 기능을 계속하고 있기 때문에 여러 증거에도 불구하고 이 통념이 이른 시일 내에 사라지지는 않을 것이다.

과학은 오랫동안 고독한 길을 걸어왔다

캐스린 M. 올레스코

세상이 나를 어떤 눈으로 바라보는지는 모른다. 그러나 내 눈에 비친 나는 어린아이와 같다. 나는 해변에서 매끈한 조약돌이나 예쁜 조개껍데기를 주우며 놀지만, 거대한 진리의 바다는 여전히 미지의 상태로 내 앞에 펼쳐져 있다.

—아이작 뉴턴, 에드먼드 터너의 기록 (1806)

내가 1964년에 충분한 평화와 고요 속에서 했던 일을 현재의 분위기에서도 해낼 수 있을지 상상하기 어렵습니다.

—피터 힉스, 『가디언』에서 인용 (2013)

　아이작 뉴턴과 피터 힉스(1929~) 사이에는 300년이란 긴 세월의 간격이 있지만, 고독하게 과학 연구를 했다는 점은 둘의 공통분모다. 친구나 가족과 감정을 공유하지 않고 따분한 일상생활에 개의치 않은 채, 끝까지 혼자서 일하는 고독한 천재 과학자의 이미지는 우리 인식 깊숙이 자리하고 있다. 1800년경 윌리엄 블레이크가 뉴턴을 신과 같은 기하학자로, 자연과 하나되어 바닷가에서 깊은 사색을 하는 고독한 과학자로 그린 것은 유명하다. 후에 대중문화에서 이 이미지를 변주했을 때도, 고독함의 요소는 그대로 남아있었다. 블레이크가 신격화하다시피 했던 뉴턴과 다르게, 메리 셸리는 외롭고 미친 빅터 프랑켄슈타인 박사(1818)를, H. G. 웰스는 사악하고 고독한 모로 박사(1896)를, 그리고 롤런드 에머리히 감독은 영화 『인디펜던스 데이』(1996)에서 정신이 이상한 브래키시 오쿤 박사를 만들어냈다.

아이작 뉴턴에 대한 20세기 중반의 전기傳記적 연구는 고독한 천재의 가장 유명한 예를 제공했다. 뉴턴은 전염병이 창궐한 케임브리지에서 간신히 빠져나온 후 링컨셔에 있는 어머니의 농장으로 피난했는데, 사과와 관련한 유명한 일화는 바로 이곳을 배경으로 한다(통념 6 참조). 학자들은 중력, 백색광의 구성 요소, 그리고 미적분을 발견한 1665년과 1666년을 뉴턴의 '기적의 해'라고 불렀다. 링컨셔에서의 삶 이후 뉴턴의 고독, 자기소외, 사회로부터의 격리, 사색적 성격은 유명해졌다. 그는 케임브리지 대학교에서 교육을 받았지만, 자신은 교육학, 학교 교육, 지식 교류가 이뤄지는 사회 활동들이 필요 없었다고 말했다. 그렇게 그는 스승이라는 존재의 도움 없이 고독한 천재 과학자가 되었다. 이미 많은 사람들이 뉴턴을 이러한 이미지로 알고 있기 때문에, 장두의 말을 뉴턴이 직접 했는지는 중요하지 않다(아마 그가 한 말이 아닐 것이다). 알렉산더 포프는 고독한 천재의 정신을 기리기 위해 뉴턴의 묘비명을 다음과 같이 제안하기도 했다.

자연과 자연의 법칙은 어둠 속에 숨겨져 있었다.
신이 말씀하셨다. 뉴턴이 있으라! 그러자 세상이 밝아졌다.[1]

그의 아주 유명한 연구 습관으로 보아, 전기의 제목이 『결코 쉬지 않는 자Never at rest』인 것도 놀라운 일이 아니다.[2]

왜 과학에 관한 통념은 대체로 고독과 연관되어 있을까? 모든 통념이 그러하듯 이것은 사회, 문화, 경제, 또는 정치 체제를 정당화한다. 고독한 본성이 초월적인 일을 해낸다는 내용은 마치 사막의 성 요한, 미술 작품 속 성 제롬, 겟세마네 동산의 예수 등 종교 속 신의 계시를 연상케 한다. 자유주의적 개인주의와 서구 합리주의의 이상은 고독한 독창성에 담겨있다. 객관성과 진리에 다가가기 위해서는 고립되는 것이 필요하다고 통념이 전제하는 것이다. 존 스튜어트 밀(1806~1873)의 사상을 바탕으로 한 자유주의 중심의 서구는 세상이 받아주지 않는 개혁가의 부르짖음은 다른 사람들이 볼 수 없는 진리를 내포하기 때문에 주의를 기울여야 한다고 말한다. 이러한 전통의 맥락에서 고독한 과학자는 금욕적이고 자기부정적이며 무엇보다 자기 자신을 통제할 수 있는 속세에서의 성자다. 그렇다면 성자들과 같이 매우 특출난 과학자들이 '기적의 해'를 보내는 것은 놀라운 일이 아니다(1905년은 알버트 아인슈타인의 기적의 해라고 부른다. 통념 18 참조). 감정과 애착, 특히 가족과 사랑하는 사람들에 대한 애착은 불필요한 것이며, 자연의 비밀을 파헤치는 위대한 연구를 방해하는 잠재적인 위험을 내포하고 있을 뿐이다. 따라서 이 통념은 그 자체로 하나의 이데올로기다. 통념과 이데올로기는 여러 면에서 비슷한데, 여기서는 지속적인 신념들의 통합이라는 특성이 닮았다.[3]

이러한 통념이 만들어진 것에 과학 자체의 책임이 없지는 않다. 위대한 과학적 발견은 개인의 공로로 돌아간다. 뉴턴의 법칙, 멘델의 법칙, 플랑크 상수, 그리고 힉스 입자처럼, 과학자들은 자신의 이름을 딴 법칙이나 상수로 평생을 사람들에게 존경받는다. 노벨상은 단체가 아닌 개인에게 수여된다. 과학 교과서에서도 발명이나 발견을 한 과학자의 업적으로 언급한다. 과학사 곳곳에 이러한 통념이 존재하게 된 이유가 산재해 있어서 이를 극복하기는 어려워 보인다.

통념이 계속되는 이유는 과학 그 자체보다는, 과학에 대한 이야기가 특정 방식으로 전해진 탓이 더 크다. 역사가 범인인 것이다. 과학자들이 말을 하고, 역사가들이 이를 쓰고, 학생들은 이 글을 보고 이해한다. 과학 교재가 다루는 과학사는 주로 팀으로 일하는 과학자, 의사소통에 능한 과학자의 모습이 아닌 개인의 모습만을 드러낸다. 물리학자 데이비드 파크는 1802년 토머스 영(1773~1829), 1861년 제임스 클러크 맥스웰 등 개인이 이룬 발견들을 인용하며 빛의 파동성을 설명한 적이 있다. 그러나 흥미로운 점은 그는 정치적으로 논란이 많았던 기여자인 오귀스탱 프레넬(1788~1827)과 회절에 대한 그의 연구는 얘기하지 않았다는 것이다. 정보를 누락시킨 것이 의미하는 바는 무엇일까. 프레넬은 빛을 이루는 것이 입자인지 파동인지에 대해 영국이나 다른 과학계, 특히 프랑스의 과학 아카데미와 교류하며 빛의 파동설의 존립을 결정하는데 큰 역할을 했다.[4] 하지만 사회 제도와 정치적 논의가 단순히 파크 자신의 과학사 관념과 맞지 않는다는 이유로 빼버린 것이다.

과학을 고독한 것으로 단정 짓는 교재들은 역사에 파급효과를 일으켰다. 원소 이트륨yttrium, Y의 역사와 교과서가 말하는 이 원소의 발견자의 경우만 해도 그렇다. 잘 알려지지 않은 핀란드 화학자 요한 가돌린(1760~1852)은 1794년에 그가 새로운 원소를 발견했다고 공표한 적이 없었다. 그는 그저 스웨덴의 위테르뷔 채석장에서 성분을 알 수 없는 흑색 돌을 발견했다고 보고했을 뿐이다. 화학자들은 수십 년간 이 성분을 조사하였고, 이 새로운 원소에 채석장의 이름을 따 이트륨이란 이름을 붙였다. 다른 사람들이 이 원소의 특성을 파헤치고자 노력했음에도 불구하고, 새로운 원소를 이렇게 명명함으로써 이 원소의 발견에 가돌린이 가장 큰 공헌을 했다는 통념이 만들어졌다. 19세기에 토류

금속을 원소로 받아들이고 화학 교과서에 실으면서 각 원소는 그 기원에 관한 이야기를 갖게 되었다. 기원에 관한 복잡한 내용은 책이 간소화되며 점점 더 단순해졌고, 끝내는 가돌린이 이트륨의 유일한 발견자가 되었다. 그리고 20세기 초의 인기 과학사 책들이 이 내용을 그대로 받아들였다.[5]

과학이 대화의 소재가 되는 경우가 줄어드는 와중에도, 이트륨 발견에 대한 일화가 교과서부터 안내서, 인기 있는 전시회까지 일파만파로 확산되며 점점 더 많은 사람들이 가돌린을 새로운 원소 발견의 일등공신으로 생각하게 되었다. 다소 문학적인 과정으로 이트륨 발견에 대한 통념이 생긴 것을 보면, 과학을 고독한 것으로 보는 통념을 어떻게 과학계 내외부에서 지속시킬 수 있는지 알 수 있다. 그러나 과학자들만이 통념의 고착화에 책임이 있는 것은 아니다.

20세기에 들어설 때까지, 이런 이야기를 뒷받침한 역사가들도 책임이 있다. 역사 서술의 관례를 살펴보면 상황이 이렇게 된 이유를 이해하는 데 도움이 된다. 예비 대학생들은 역사를 넓은 관점이 아니라 개인적인 측면으로 바라보는 경향이 있다고 교육심리학자들은 주장한다. 따라서 1492년 아메리카 대륙을 발견한 사건도 사회, 종교, 경제적인 변화를 겪고 있었던 카스티야 왕국보다는 크리스토퍼 콜럼버스, 페르디난트 2세, 그리고 이사벨라 여왕의 업적으로 보는 것이다. 보통 이러한 형태로 구성된 이야기를 우리는 '위인전'이라 부르며, 초기 고전 과학사에서는 위인전 형태를 애용했다. 니콜라우스 코페르니쿠스가 지구가 아닌 태양이 우주의 중심이라 주장했던 1543년부터 아이작 뉴턴의 만유인력 법칙이 나온 1687년까지를 과학혁명기로 보는데, 이 기간의 역사를 서술할 때는 예전과 마찬가지로 지금까지도 개인과 이들의 발

견에 초점을 맞추고 있다.[6]

1960년대부터 시민권, 여성해방운동, 반전운동 등의 사회적인 움직임과 함께 학자들은 대대적으로 과학에 대한 역사적인 연구를 시작했다. 이 새로운 시도들은 다양했지만 사회 구성주의의 영향을 받아 과학 활동의 사회적 본질에 대한 공통된 믿음을 공유하고 있었다. 구성주의는 전후 사정, 공동체, 논쟁, 의사소통 등 과학 활동의 사회적 측면을 강조하며 과학과 사회의 경계를 모호하게 만들었다. 예를 들어 제도적 역사의 일부로만 받아들여지던 과학교육학은 세대 간의 교류와 지식의 형성·전달에 중요하게 되었다. 이전에는 사실이 발견되는 것이라고 봤다면 구성주의의 입장에서 사실은 스스로 존재하는 것이 아니라 만들어진다. 한때 개인의 일이던 지식의 형성은 집단적인 일이 되어버렸고 이전까지는 지식 형성의 최종 단계로 보았던 과학적 발견은 이제 부분적인 현상이 되어버렸고, 점진적이고 집단적인 과정을 거쳐야만 보편적인 결과가 될 수 있다. 또한 사회·정치·경제·문화 등 과학 활동이 일어나는 더 큰 맥락들은 지식 형성의 어느 과정에나 개입할 수 있다. 구성주의의 기본 가정은 과학과 사회가 불가분의 관계에 있다는 것이다. 하나를 알기 위해서는 다른 하나도 알아야만 하는 것이다.[7]

사회 구성주의는 과학 활동을 고독한 작업으로 보지 않는다. 17세기에 일부 과학 단체들이 설립된 것은 부분적으로는 고독한 과학 활동이 고독이 용납되는 종교 활동과 비슷해 보이는 것을 희석시키기 위해서였다는 주장을 펼치고 있다. 고독함이 과학적 발견의 전제 조건이라고 말하는 사람들은 과장하고 있는 것이다. 구성주의의 선구자는 이렇게 결론지었다. "고립된 철학자는 하느님 흉내를 내는 사람일 뿐이다."[8]

구성주의적 관점에서는 뉴턴과 같은 인물도 매우 다르게 해석된다.

그는 과학자로서 얼마나 고립되어 있었는가? 확실히 그는 케임브리지, 런던, 링컨셔에서 멀리 나간 적이 없고, 바다에 가본 적도 없다. 그렇다면 남들에 비해 잘 돌아다니지도 않았던 그가 어떻게 조수의 변화나 진자의 길이, 만유인력 탄생에 일조한 혜성의 위치 등과 같은 제각각의 연구를 할 수 있었을까? 그는 분명 무역 회사, 예수회 선교사, 천문학자, 그리고 문학계 인사들의 도움을 받았을 것이다. 뉴턴은 먼 곳으로 심부름꾼을 보내 필요한 정량적인 자료들을 수집하거나, 자연철학자나 천문학자, 선원, 조선소 직원, 상인으로부터 각지의 정보를 받았다. 그는 모인 자료들의 평균을 취하여 자료의 불균형을 완화할 수 있었다. 이런 정보 릴레이는 정보와 정보 제공자 둘 다 신뢰성을 검증받아야 했기 때문에 단순한 공 주고받기가 아니었다. 즉 뉴턴의 자연철학은 영국의 상업혁명과 이의 일부분인 세계 무역망이 없이는 불가능했을 것이다. 찰스 다윈이 진화론의 증거를 영국 황실 정보망을 통해 얻은 것도 이와 유사하다. 이처럼 뉴턴과 다윈을 고립된 천재로 보는 것은 이들의 삶의 중요한 부분을 무시하는 것이다.[9]

과학의 길을 고독하다고 보는 통념은 다른 통념과 마찬가지로 과거를 왜곡한다. 이 통념은 작위적인 동시에 태만하다. 이 통념은 과학이 (백인) 남성의 활동에 의한 결과라는 통념으로 귀결된다. 이 통념들은 여성이나 비백인, 다른 기술자들의 공헌은 쏙 빼놓는다. 오랜 기간 혼자 일한 여성 과학자나 조수, 기술자는 남성들의 그림자에 가려졌다. 1953년에 제임스 왓슨과 프랜시스 크릭이 확실한 동의 없이 로절린드 프랭클린(1920~1958)의 X선 회절 영상을 사용한 것에 대한 논쟁이 일었고 심지어 이 영상이 DNA 구조를 발견하는 데에 결정적인 역할을 했음에도 불구하고 프랭클린은 왓슨과 크릭만큼 관심을 받지 못했다.

세실리아 가포슈킨이 1925년에 우주에서 가장 많은 비중을 차지하는 원소가 수소라는 사실을 발견했지만, 후에 프린스턴 대학교 천문학과 교수 헨리 노리스 러셀(1877~1957)이 그 연구를 발표하며 가포슈킨을 언급하기 전까지 다른 남성 천문학자들은 가포슈킨을 믿지 않았다.[10]

과학사를 새롭게 바라보면 이전의 과학계에서 무시되던 여성이나 다른 집단이 이뤄낸 업적에 관심을 갖게 된다. 역사학자들이 과학 활동을 인구통계학적인 관점으로 바라보자 남성주의적인 과학사는 더 이상 유지될 수 없었던 것이다. 여성의 역할을 좀더 자세히 고려해본다면 가정생활과 과학 활동이 충분히 양립 가능하다는 사실을 알 수 있다. 여성이 때때로 밤하늘 관측을 도왔던 특정 시대에는 이 두 가지를 동시에 하는 것이 천문학에 도움이 되었다. 과학사에서 여성은 과학 활동은 고독한 것이라는 통념을 바꾸는 가장 중요한 존재다.[11]

장두의 인용문에서 볼 수 있듯이, 피터 힉스는 이 통념이 20세기 내내 이어졌다는 사실을 인정했다. 그러나 동시에 21세기에는 과학 활동이 더 이상 고독 속에서 외롭게 이루어지지 않을 것임을 의미한다.

이제 고독 속에서 생겨난 생각이라고 하더라도 다른 과학자들의 엄격한 심사를 거쳐 학회에서의 논의, 검토되지 않는다면 과학 지식의 일부가 되지 않는다. 예전에는 단순히 실험실 내에서만 협업했다면, 지금은 국제적인 연구팀이 꾸려져 연구를 수행하며 논문의 저자도 여러 명이다. 기후 변화에 관한 정부 간 협의체에는 수백 명의 저자와 수십 명의 편집자가 보고서의 모든 부분을 함께 결정한다.[12] 과학의 인식론적 공간은 민주적 방식으로 작동한다. 더 이상 과학은 고독한 것이 아니라, 높은 수준으로 그리고 근본적으로 협업적이며 사회적인 것이다.

통념 **26**

과학자는
과학적 방법론을
정확히 따른다

대니얼 P. 서스

과학적 방법을 따라 과학이 수행된다.

— 위키피디아, '과학적 방법'

먼저 나쁜 소식으로 시작하는 편이 나을 것 같다. 흔히 우리가 이해하고 있는 과학적 방법이라는 것은 통념에 불과하다.[1] 이것은 과학자들이 역사에 기록될 만하지 않다거나 자신의 분야에서 뛰어난 업적을 남기지 않았다는 말이 아니다. 그러나 문화인류학이나 고식물학, 이론물리학 등의 다양한 학문 관행을 단순한 방법론으로 무리하게 축소시키는 것은 분명한 왜곡이고, 솔직히 말하면 상상력이 부족하다는 점을 드러내는 것이다. 과학적 방법론을 쉽게 설명하는 방식은 대개 비판적 사고, 사실 확인을 강조한 후 "자연이 곧 진리다"로 끝내는 정도인데, 이 중 어느 것도 과학적이지 않다. 만약 이게 사실이라면, 참된 과학 활동이 일어날 수 있는 곳은 아마 초등학교가 유일할 것이다.

수박 겉핥기식으로 다루기에 과학적 방법이라는 것은 너무 복잡하다. 이를 단순화한 것조차도 3단계부터 11단계까지 다양하다. 개중에는 가설 수립이 먼저 나오는 것도 있고, 관찰이 먼저 나오는 것도 있다.

261   4부 일반적 통념

어떤 과정은 상상을 포함시키는 반면 사실에 관한 기술로만 방법론을 한정하기도 한다. 그러나 이 단선적 과정을 의심해본다면 진짜 흥미로운 일이 일어난다. "과학 이해하기Understanding Science"라는 웹사이트는 낯설지 않은 '대화 형식'으로 과학적 방법론을 설명하고 있다. 이곳에는 '탐험과 발견' '실험 방법'이라는 메뉴도 있고, '이득과 결과'와 '커뮤니티 분석과 피드백'이라는, 과학적 방법론과는 어울리지 않아 보이는 메뉴도 있다. 화살표는 모든 방향으로 뻗어나와 다른 모든 메뉴들과 연결되어 있다. 각 원 위로 마우스 커서를 옮기면 이를 세부적으로 분류한 내용이 나오며 다른 화살표들이 향하는 곳도 볼 수 있다.[2]

게다가 과학적 방법론이 어떻게 사용되는지도 볼 수 있다. 광범위하게 퍼진 이 과학적 방법은 보다 전문적인 학계나 고등교육 현장에서는 사실상 별 관심을 받지 못한다. 일반인들로부터 유리된 더 '내적인' 토론일수록, 가까운 동료 학자들이 흥미를 가지는 절차, 규약, 기술로 이루어진다.[3] 과학적 방법론이라는 개념은 꽤나 추상적임에도, 마치 일종의 수사적 블랙홀처럼 과학에 대한 대중적 논의를 가능하게 했다. 교육인, 광고주, 유명인, 기자 등 모두가 과학적 방법론에 주목했다.[4] 지구온난화부터 지적 설계까지, 사람들의 관심을 끄는 주제들에 대한 토론에서 과학적 방법론을 들먹이는 것은 어느덧 일상적인 것이 되었다. 과학적 방법의 표준적 공식은 일반 대중이 그것을 믿는 한에서만 유용한 것이다.

다음은 희소식이다. 과학적 방법은 그저 수사적 표현일 뿐이다. 희소식이 아닌 것처럼 느껴질 수도 있지만 맞다. 수사로서의 '과학적 방법론'은 단순히 과학자들이 연구하는 방식을 기술하는 표현으로 작용할 때보다 훨씬 복잡하고 흥미로우며 새로운 사실을 보여준다. 수사적 표현은 그저 단순한 단어가 아니다. 특정한 인식을 형성하거나, 정보와 권위의 흐름을 파악하게 해주고, 특정 종류의 행위나 믿음을 가능하게 혹은 불가능하게 만드는 큰 역할을 하는 중요한 표현법이다. 레이먼드 윌리엄스가 "키워드"라고 부른 것도 이에 해당한다. 현재 우리가 익숙한 키워드에는 "가족" "인종" "자유" 그리고 "과학" 등이 있다. 이 단어들은 모든 사람이 저절로 의미를 파악할 정도로 자주 사용되기 때문에 우리에게 매우 친숙하다. 그러나 만일 표면을 살짝만 긁어낸다면 이 단어들이 의미하는 바가 난잡함과 변이, 모순으로 가득 차 있는 것을 볼 수 있을 것이다.[5]

특정 단어가 친숙하게 들리는가? '과학적 방법론'은 과학의 정확한 의미에 대한 명확한 합의가 없었을 때 사람들에게 과학이 무엇인지 감을 잡을 수 있도록 해준 키워드(관용구)다. 키워드는 정확한 의미가 합의되지 않은 상태에서 특정 개념을 이해하도록 여러 세대 사람들을 도와준다. 키워드는 이해하겠다는 어조로 고개를 끄덕이는 사람들의 입에 오르내리며 유통되지만, 사실 각자는 이 용어에 대해 다르게 이해하고 있을 수 있다. 누가 집요하게 묻지 않는 이상 용어의 유연성은 결속의 힘이 될 수도 있고 집단의 행동을 유도하는 도구가 될 수도 있다. 한 가지 의미로 고정된 단어는 다양한 상황에서 사용하기는 힘들다. 반면 폭넓은 의미의 단어는 혼동을 불러일으키고 아무것도 명확히 지칭하지 않는 것처럼 보일 수도 있다. 정확함과 모호함 사이의 균형 잡힌 용어는 세상을 바꿀 수 있는 것이다.

과학적 방법론을 설명할 때에도 마찬가지였다. 영국의 경제학자 스탠리 제번스(1835~1882)는 그의 유명한 저서 『과학 원론Principles of Science』에서 "물리학자들은 과학적 방법론에 대해 자주 말하지만, 그 표현이 의미하는 바를 쉽게 설명하지는 못한다"라고 언급했다. 약 반세기 후, 사회학자 스튜어트 라이스(1889~1969)는 사회과학 문헌에서 언급되는 과학적 방법론의 정의를 '귀납적'으로 조사하고자 시도한 적이 있다. 결과적으로 그는 이것이 "부질없다"며 불평했다. 또한 그는 "열거할 항목의 수가 무한히 많다"고 덧붙이기도 했다.[6]

그러나 다양하게 변형할 수 있는 가능성은 과학적 방법론을 가치 있는 수사적 자원으로 만들었다. 실제로 과학자들은 모순적 결과를 얻었더라도 방법론이라는 말을 이용해 자신의 의견을 고수하거나, 그것으로 자신의 적들을 깎아내리기도 했다.[7] 수사적 표현으로서 '과학적 방법론'이라는 말은 세 가지 기능을 발휘해왔다. 과학의 경계를 결정짓는 도구, 과학계와 바깥 세계를 이어주는 다리, 그리고 과학 그 자체를 대표하는 상징. 처음 이 용어가 생겨나기 시작했을 때는 이론과 실험의 경계를 명확히하는 것에 중점을 두었다. 시간이 지나자 새로운 아이디어의 합리성을 일반인들에게 보여주기 위한 용도로 변했고, 나중에는 비과학자에게 과학이 어떻게 만들어지는지 보여주는 데에 사용되어

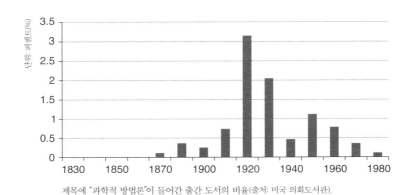

제목에 "과학적 방법론"이 들어간 출간 도서의 비율(출처: 미국 의회도서관).

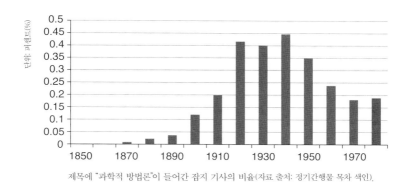

제목에 "과학적 방법론"이 들어간 잡지 기사의 비율(자료 출처: 정기간행물 목차 색인).

과학의 존재 여부를 의심하던 사람들을 설득하기도 했다.

　과학적 방법론을 이해하기 위해 역사를 살펴보는 것은 중요하다. 자연을 연구하는 가장 좋은 방법론에 대한 논의는 고대 그리스 시대부터 있었다. 이는 중세의 이슬람과 유럽의 자연과학자들에게도 중요한 관심사였지만, 많은 역사가들은 과학혁명 시기의 방법론적인 변화가 현대 과학의 창시에 결정적인 역할을 했다고 보았다.[8] 이 모든 것들을 감안할 때 '과학적 방법론'이라는 표현은 19세기 중반까지는 영어 화자들 사이에서 거의 사용되지 않았고, 19세기 후반에서 20세기 초반에 대중에게 알려지기 시작하며 1920년대와 1940년대 사이에 정점에 도달했다(좌측과 상단의 그림 참조).[9] 이는 과학적 방법론이라는 단어가 생긴 지 오래되지 않았다는 뜻이다.

　그러나 이때 "과학적 방법론"이라는 표현만 생겼던 것은 아니다. "과학과 종교" "과학자" "사이비 과학"과 같이 지금 우리가 익숙하다고 느끼는 수사들이 같은 시기에 많이 나타났다.[10] 이러한 맥락에서 "과학적 방법론"이라는 말은 과학이 수행되는 과정에 대한 이해를 돕고, 다른 학문 분야와의 차이점을 분명히 하며, 평범한 사람과 과학자를 구별해주는 주요 키워드를 모은 수사법 꾸러미의 한 부분이다. 이러한 과정은 1800년대에는 대중이 과학을 체계화된 지식으로만 인식했다가 1900년대에 접어들며 특별하고 전문적인 지식으로 인식하게 되는 변화와 함께 일어났다. 과학적 방법론을 논하는 어조의 변화는 다른 인간 활동과 비교해 과학의 권위를 강조하는 분위기의 문을 열었다.[11]

이런 작업은 토머스 기어린(1950~)이 "경계 작업boundary-work"이라고 부른 것, 즉 외부인이 이익을 취하는 것은 제한하면서 내부자로서는 사회적·물질적 재화에 비교적 쉽게 접근하기 위해 과학의 유동적 정의에서 생기는 몇 가지 모순과 변형 가능성을 착취하는 것이다.[12] 1800년대 후반에 과학을 둘러싼 대중적 경계 작업의 대다수는 생물학적 진화와 관련한 논쟁이나 과학과 종교 사이에 경계선을 긋는 일이었다. 이를 고려할 때 과학적 방법론이 존 틴들(1820~1893)이나 토머스 헨리 헉슬리와 같이 진화론을 옹호하는 사람들에게 큰 무기가 되었을 것 같지만 실제로 그렇지는 않았다. 과학만의 독특한 방법론이라는 개념은 여전히 사람들에게 낯설었고, 이를 좀더 유용하게 해줄 수사적인 유연성이 부족했다. 오히려 과학적 방법론에 대해 가장 많이 언급한 사람들은 과학의 경계를 제한하고자 하는 사람들이었다. 『숙녀의 창고Ladies' Repository』(1868)라는 잡지에서는 "세대마다 계속해서 생겨나는 과학적 방법론들 때문에, 매 순간 신의 계시를 받으며 살아가는 숭고한 정신을 지닌 사람들은 그것들을 삶에 적용시켜야 하는 당혹스런 현실을 마주하게 되었다"고 말했다.[13]

20세기 초반부터는 사람들이 "과학적 방법론"이라는 말을 흔히 사용하게 되었는데, 이 용어는 수사적으로 유용하게 써먹을 수 있을 만

큰 다양한 의미를 축적했다. 한편 실제 과학의 내용은 기술적 장벽에 막혀 계속해서 대중으로부터 후퇴하는 것처럼 보였다. 1906년에 『국가 Nation』의 한 칼럼니스트는 과학 지식의 복잡함을 애도하며, "교양 있는 사람들이 과학을 포기한 것이 아니라, 과학이 이들을 포기한 것"으로 보기도 했다.[14] 과학적 방법론이라는 말은 일상의 영역과 연결점이 있는 실험실 활동을 잇는 역할로만 남았다. 이 용어는 과학이 왜 중요한 활동인지를 보여주었고, 그 중요성을 활용할 수 있는 연결 통로와 같은 일을 했다. 과학을 어려워하는 일반인들에게도 문은 열려 있었다.

이런 상황을 고려하면 어떤 사람들이 "과학의 가장 큰 선물은 과학적 방법론이다"라고 주장했던 것도 놀라운 일이 아니다.[15] 물리학자 로버트 밀리컨은 1932년에 워싱턴 D.C.에 모인 기자들 앞에서 "과학의 대중화가 세계의 진보에 기여할 수 있었던 것은 과학적 방법론이 길거리에 있는 사람에게까지 알려질 정도로 퍼졌기 때문이다"고 말했다.[16] 특히 교육자들은 과학을 가르치는 데에 과학적 방법론을 유용한 수단으로 활용했다.[17] 미국 과학진흥협회에 교육 부서가 생기기 전인 1910년에 존 듀이(1859~1952)는 "학생들이 이미 지난 세대에 완성되어 축적된 과학을 배우고 생각하는 방식을 교육받지 않기 때문에 창의적인 사고를 하지 못한다"고 비난했다. 1947년에 발간된 『국제교육협회 제47호 연감』에는 "교육과 관련된 논의에서 과학적 방법론을 가르치는 것이 무엇보다 중요하다는 의견이 많았다"라고 언급되기도 했다.[18]

부분적으로는 과학적 방법론이 자주 언급된 덕분으로 과학은 현대 사회와 문화에서 점점 더 강력한 힘을 가지게 되었고, 이 명성의 혜택을 누리고자 하는 사람들도 늘어났다. 그들의 학문이 과학으로 인정받기를 바랐던 사회과학자들에게 이는 특히 중요했다. 행동주의 심리학의 선구자격인 존 B. 왓슨(1878~1958)은 1926년 심리학의 방법론은 "일반적인 과학의 방법과 같아야 한다"는 것에 동의했다. 같은 해에 사회과학협회는 하위 그룹 중 하나를 과학적 방법론 위원회로 개편했는데, 이러한 지원하에 협회에서는 사회과학적 방법론을 만들어낼 수 있었다.[19] 1920년대와 1930년대에 사회과학을 글쓰기 지침으로 삼았던 언론인들 또한 과학적 방법론으로 눈을 돌렸다. 갤럽 여론조사의 창시자인 조지 갤럽(1901~1984)은 아이오와 대학교에서 「독자 흥미 요소 결정을 위한 객관적 방법론An Objective Method for Determining Reader-Interest」이라는 논문으로 학위를 마쳤다. 2년 후에 그는 「독자 흥미 요소 결정을 위한 과학적 방법론A Scientific Method for Determining Reader-Interest」이라는 제목의 기사를 썼다. 두 논문 모두에서 그는 독자의 반응을 살펴보며 그들과 함께 신문을 조사하는 방법론을 옹호했다.[20]

1900년대 초반에는 과학적 의학, 과학적 공학, 과학적 경영, 과학적 광고, 과학적 모성애 등의 표현이 널리 퍼졌고, 과학적 방법론을 차용한다는 의미에서 정당화되었다. 전체주의가 확산되던 1930년대와 1940년대에는 개방적 사고와 비판적 사고 사이의 균형을 유지하는 과학적 방법론은 진정한 "민주주의의 과학"임을 예고했다.[21] 광고가 주요 동력이 된 새로운 시장에서는 『에비의 색소폰 연주를 위한 완벽한 과학적 방법Eby's Complete Scientific Method for Saxophone』(1922), 마틴 헨리 펜턴의 『황소개구리를 기르는 과학적 방법Scientific Method of Raising Jumbo Bullfrog』(1932), 아놀드 에럿의 『건강을 위한 과학적 식습관A Scientific Method of Eating Your Way to Health』(1922)과 같은 덜 고상해 보이는 책들이 시장에 나오기도 했다. 에비는 단 한 번도 "완벽한 과학적 방법론"이 무엇인지 기술하지 않았지만, 애초에 그럴 필요가 없었다. 나이키 신발에 있는 나이키 마크처럼, 그저 "과학적 방법론"이란 단어를 드러내는 게 목적이었다.

20세기 중반 이후 과학적 방법론은 계속해서 중요한 수사적 표현이 었으나, 광택을 약간 잃게 되었다. 대중적으로 널리 쓰이던 때도 있었지만, 철학적 비판의 대상이 되며 시들해진 것이다. 버클리 대학교 출신 철학자 폴 파이어아벤트(1924~1994)는 그의 저서 『방법론에의 도전Against Method』에서 진보도 퇴보도 없이 틀에 박힌 과학적 방법론을 비난했고, 과학자들은 작동하는 것이라면 어떤 방법이라도 감행한다고 주장했다.[22] 교육자들 또한 회의감을 표하기 시작했다. 1968년에 출판된 『오늘날 중등학교의 교수법Teaching Science in Today's Secondary Schools』에서는 "수천 명의 꿈나무들이 그저 교재에 있는 과학적 방법론의 단계를 암기하고, 스스로의 과학적 자질을 의심하면서 선생에게 그들이 암기한 것을 읊을 뿐"이라며 탄식하기도 했다.[23] 곳곳에서 일기 시작한 의심은 끝내 과학적 방법론의 용도를 축소시켰고 수사적 유용성 또한 빼앗아 갔다.

이 시기에 일상생활 곳곳에 스며들기 시작하던 과학기술 제품들은 실험실과 그 바깥을 연결하는 새로운 상징으로 부상했다. 이제 우리는 새로운 과학 분야 대신에 생명공학, 정보기술, 나노기술을 신뢰한다. 전자기기부터 두발 관리 제품까지 모든 분야의 제품이 신기술을 차용하고 있음을 강조하는 것이 광고의 필수적 요소가 되었다. 이와 유사하게 현대 지식인들은 그들의 작업 과정에서 일상적으로 "시스템" "플랫폼" "구조" 또는 "기술"과 같은 기술적 비유들을 사용한다. "기술과학Techonoscience"은 추상적인 지식과 실물 장치의 뒤얽힌 생산을 언급하는 학문 분과로 과학사회학자들 사이에서 큰 인기를 끌었다.

여전히 과학적 방법론은 키워드로서의 역할을 하고 있다. 이 용어가 현실을 반영했다기보다는 창조하는 데 도움이 되었다고 보는 편이 맞다. 이 용어는 다른 종류의 지식과 구분되는 과학만의 비전을 정의했고, 동떨어져 있는 과학의 가치를 정당화했고, 과학의 권위를 상징하기도 했다. 전성기 때만큼은 아니지만, 어쨌든 이 용어는 제 기능을 한다. 만일 과학적 방법론이 말 그대로 과학 지식이 생산되는 과정이라는 단순한 시각으로만 받아들인다면, 우리는 역사의 수많은 부분과 문화사의 중대한 시금석을 놓치게 된다. 좁은 관점 혹은 실제와 반대되는 관점에 빠지면서 더 풍부한 관점을 잃게 되는 것이다.

통념 **27**

과학과 유사 과학을 가르는 명확한 선이 있다

마이클 D. 고딘

가설이 과학으로 분류되려면 자연의 법칙에 대한 전반적인 이해와 몇 가지 기본적인 규칙이 지켜져야 한다. 첫 번째로 가설은 검증 가능해야 한다. 옳다는 것을 증명하는 것보다 잘못된 것을 증명할 수 있는 수단이 존재하는 것이 중요하다. 이것이 이상해 보일 수도 있는데, 보통 우리는 진실을 확인하는 것에 더 관심을 두기 때문이다. 과학적인 가설은 다르다. 만약 당신이 가설이 과학적인지 고민된다면, 그것이 틀렸다는 것을 검증할 수 있는 방법이 있는지 우선적으로 찾아보는 편이 좋다. 발생 가능한 오류를 검증할 수 있는 테스트가 없다면, 이는 과학적이지 않은 것이다.

— 폴 휴잇, 『수학없는 물리』(2002)

비교적 최근부터 과학 서적에 새로운 통념이 나타나기 시작했다. 기초적인 수준의 책에는 대부분 "과학적 방법론"(통념 26 참조)을 자세히 설명하는 장이 있게 마련인데, 요즘에는 과학철학자들이 "구획 문제demarcation problem"라 부르는, 과학과 유사 과학을 구분하는 방법을 설명한 책들이 눈에 띈다. 폴 휴잇의 『수학없는 물리Conceptual Physics』와 같은 책은 이 문제에 명백한 해결책이 있다고 보는데, 그것은 다름 아닌 반증 가능성 시험을 적용하는 것이다. 예전에는 이 주제가 그다지 주목을 받지 못했지만, 요즘은 이 반증 가능성 시험이 경쟁 이론들을 물리치고 학생들이 반드시 배워야 하는 것으로 간주되는 듯하다.

사기꾼들이 퍼뜨리는 유사 과학과 '진정한 과학'을 구분하는 방법을 학생들에게 가르치는 것은 과학교육의 핵심으로 볼 수 있다. 학교를 다니는 모든 학생이 수년 동안 과학교육을 받는다. 그중 소수만이 과학과 관련된 직업을 갖지만, 나머지 학생들 또한 똑같이 과학을 배우기 때문에 과학적이라는 것의 의미를 깨닫고, 과학 지식을 습득하고, 이 습득한 지식을 삶에 적용하기도 한다.[1] 이러한 학생들에게는 유사 과학과 진정한 과학을 명확히 구분할 수 있는 기준이 반드시 필요하다.

  '구획 문제'는 1, 2차 세계대전 사이 유럽의 철학자 칼 포퍼(1902~1994)가 제기했지만, 꽤나 오랜 역사(들)를 갖고 있다. 구획 문제에는 잘못된 지식과 올바른 지식을 구분하는 법이나, 과학과 '비과학'(미술사, 신학, 원예 등)을 구분하는 법, 과학과 많은 유사점을 갖고 있지만 특정 이유로 과학이 아닌 것을 찾는 법 등 여러 가지 세부 내용이 있다. 특히 1980년대 이후에 미국에서 드러난 교육 문제, 즉 공립학교에서 창조론을 가르치는 것에 대한 법적 논쟁도 구획 문제에 포함되는데, 반대 세력은 꾸준히 소위 사기꾼 집단의 사상을 "유사 과학"이라고 부르며 표적으로 삼고 있다.

  구획 문제는 과학이 생긴 직후부터 중요하게 다뤄졌다. 예를 들어, 기원전 5세기 히포크라테스의 문헌 『신성한 질병에 관하여On the Sacred Disease』에서 저자는 "영혼 치유사, 돌팔이 의사, 사기꾼 등 우리가 통상적으로 주술사로 부르는 사람들"을 비난했다. 이들이 오늘날 우리가 일반적으로 간질이라 부르는 드물지 않은 질병에 우스꽝스런 이름을 붙였다는 것이다.[2] 이후 우리가 망설임 없이 "과학"이라 부를 수 있는 영역에 종사하고 있는 철학자들이 유사 과학이라는 뻐꾸기 알을 진정한 과학이라는 둥지에서 빼내기 위해 독창적이기까지 한 수많은 시도를 해왔다.[3] 그러나 그들은 모두 실패했다.

　과학과 유사 과학을 구분하는 것은 지독히도 어려운 문제다. '사이비 과학'으로 분류되는 모든 이론의 기본적인 특징은 이들이 과학과 매우 흡사하다는 것과 그래서 표면적으로는 둘을 구분하기가 쉽지 않다는 것이다.[4] 또한 '사이비 과학'을 잘못된 이론으로 정의할 수도 없다. 에테르, 지적 설계 논증 등 우리가 오늘날 과학이 아니라고 생각하는 많은 이론이 한때는 의심의 여지없이 과학의 일부(통념 4 참조)였고, 지금 우리가 올바른 과학이라고 믿고 있는 것들도 훗날 과학이 아닌 것으로 밝혀질지도 모르기 때문이다. 과연 우리는 에테르나 지적 설계 이론들을 과학적이지 않다고 말할 수 있을까? 그러기에는 과학과 관련된 활동들이 전 세계적으로 너무나도 활발하게 진행되고 있고, 과학의 역사는 매우 다양한 일들(관상학, 침술, 초심리학 등)로 가득 차 있다.[5]

　1919년 초에 젊은 포퍼는 "가끔은 과학이 오류를 범할 수도 있고, 유사 과학이 맞아떨어질 수도 있는 것을 알면서도 과학과 유사 과학을 구분할 필요성을 느꼈다."[6] 그는 이를 구분하려는 이전의 시도들이 그다지 마음에 들지 않았는데, 그들이 참된 과학을 단순히 실증적 단서로 결정되는 지식으로 봐버렸기 때문이다. 포퍼는 이를 용납할 수 없었다. 오스트리아 빈의 지식인들 사이에서 인기를 끌었던 자칭 '과학적인' 세 가지 이론, 카를 마르크스(1818~1883)의 사적유물론, 지그문트 프로이트(1856~1939)의 정신분석학, 그리고 알프레트 아들러(1870~1937)의 개인심리학은 검증 사례가 부족한 것은 절대 아니었지만 포퍼는 반증 가능성이 보이지 않는 이 이론들을 의심의 눈으로 바라보았다. 포퍼는 아서 에딩턴(1882~1944)이 1919년 개기일식 때 태양의 중력 때문에 빛의 경로가 휘어지는 것을 확인해 아인슈타인의 일반상대성이론을 입증한 실험에 크게 놀랐다. 아인슈타인이 이론을 발표한 1915년에 에딩턴은 만약 빛이 중력장 안에서 굴절되지 않는다면 그의 이론이 틀렸을 것이라고 단언했다. 포퍼는 "이 사례의 흥미로운 점은 결과를 단언하지는 못했지만, 이론을 논박할 가능성은 분명히 있었다는 점"이라고 말했다. 참된 이론이 되려면 위험을 감수하는 도박을 해야 하며, 이것이 바로 과학적이라는 의미였다. 그는 다음과 같이 결론을 내렸다. "한 이론이 과학적이냐 비과학적이냐를 결정짓는 기준은 이것의 반증 가능성, 논박 가능성, 그리고 검증 가능성이다."[7]

보통 반증 가능성을 이렇게 설명하기는 하지만, 이 방법은 포퍼가 추론한 것의 상당 부분을 빠뜨리고 있다. 포퍼는 그가 1919년 개기일식 탐사 직후에 이러한 개념들을 만들었다고 주장했지만, 그는 1928년 혹은 1929년에 "구획 문제"라는 용어를 만들어냈고, 영국 문화협회의 도움을 받아 1953년 케임브리지 대학교의 피터하우스에서 완성된 이론을 처음으로 발표했다(포퍼는 국가 사회주의의 부상을 우려하여 1937년에 비엔나를 떠나 뉴질랜드에 머물다가 영국으로 건너갔다).[8] 이런 사실이 중요한 이유는 두 가지이다. 이론 발표가 계속해서 미뤄지는 동안 아인슈타인이 유명해졌고 프로이트의 추락이 확실해지며 포퍼에게 선견지명이 있는 것처럼 보이게 되었다. 또 포퍼가 인식론에 가장 큰 공헌을 하기 몇 년 전 그의 저서 『탐구의 논리Logik der Forschung』(1937)가 영어로 번역되어 『과학적 발견의 논리The Logic of Scientific Discovery』(1957)로 출판된 것이다. 포퍼의 이론 전체를 살펴보면 그가 제시하는 반증 가능성은 과학교육자들이 별로 좋아하지 않는 여러 특징이 있다.

우선 포퍼는 진리를 믿지 않았다. 반증 가능성에 관한 그의 글이 대부분 데이비드 흄(1711~1776)이 제기했던 귀납법을 비판하고 있었던 것을 보면 짐작할 수 있다. 포퍼는 과학에는 '자연법칙'이나 '진리'와 같은 것들 대신에, 아직 반증되지 않은 일련의 이론들만 있다고 믿었다. 그의 이론에는 이런 담대함이 있었으나, 다소 급진적인 회의주의는 일반적으로 그의 이론을 설명할 때 제외되었다.

그러나 정도가 완화된 포퍼의 반증주의에 대해서도 심각한 우려가 제기되고 있다. 즉 이 방법도 효과가 별로 없다는 것이다. 포퍼가 이론이 타당한지 어떻게 알 수 있는지에 대해 의문을 가지고 있었던 것을 상기하라. 유감스럽게도 검증된 사례를 반증하는 실험적 결과를 제시한다고 해서 인식론적 판단이 더 쉬워지는 것은 아니다. 만약 이론에 부합하지 않는 결과로 이론을 반증할 수 있다면, 실험실 실습을 하는 고등학생들조차 우리가 자연에 대해 알고 있는 모든 것을 반증할 수 있을 것이다. 게다가 우리는 구획에 대한 나름의 기준을 갖고 있기 때문에 일반적으로 과학으로 인식되는 활동들과 유사 과학으로 인식되는 활동들을 완전 다른 그룹으로 묶어버린다. 포퍼는 바로 이 점에서 실패했다고 말할 수 있는데, 과학은 명백히 수많은 방법과 관례로 이루어진 다차원적 활동이기 때문이다. 진화생물학이나 지질학과 같은 '역사적' 자연과학의 경우 우리가 '테이프를 다시 감아 검증할 수 없으므로' 반증 시험을 제대로 할 수 없다는 것이 그 예다.

과학철학자 래리 로던(1941~)이 1983년 이러한 문제에 관해 아주 강력하게 언급한 바 있다.

[포퍼가] 반증 가능한 모든 괴짜스러운 주장들을 '과학적인' 가설로 간주한 것은 예상치 못한 잘못된 결과를 낳는다. 지구가 평평하다는 소리나, 창조론, 레트릴aetrile이나 오르곤 에너지 집적기, 유리 겔러, 버

뮤다 삼각지대, 원의 면적과 똑같은 정사각형을 만들 수 있다는 주장, 고대 우주 비행사설, 리센코 학설(환경 조건의 변화로 유전성이 결정될 수 있다는 학설), 빅풋, 네스호의 괴물, 주술, 중합수, 연금술, 지구 종말론, 프라이멀 스크림 요법(유아기의 외상 체험을 재체험시켜 신경증을 치료하는 정신 요법), 수맥, 마술, 점성술 등 모든 것이 포퍼의 기준에 따르면 과학적인 것이 되어버린다. 아무리 별난 이론이라 하더라도, 관찰에 따른 의견을 제대로 보여주기만 한다면 과학적인 가설이 될 수 있다는 것이다.[9]

로던은 어떠한 명확한 기준으로도 포퍼의 반증주의는 실패할 것이기 때문에, 구획 문제는 결국 해결이 불가능하다는 결론을 내렸다. 이 주장 때문에 그는 여러 분노한 철학자들의 반격에 시달리긴 했지만, 사실 그를 비판하는 사람들조차도 더 나은 이론을 제시하려고 하지 않았다. 오히려 그들이 정신의학의『진단통계 매뉴얼DSM, Diagnostic and Statistical Manual』이나 (포퍼의 경쟁자 루트비히 비트겐슈타인[1889~1951]을 따라) 실험심리학의 '가족 유사성'과 같은, 어떤 기준을 따라야 이론이 과학적인 것인지 검증하는 체크리스트를 만든다.[10] 오늘날 포퍼의 기준을 구획 문제의 궁극적인 해결책으로 생각하는 과학철학자는 아무도 없다.

그렇다면 왜 우리는 이런 통념을 끊임없이 마주하게 되는 것일까? 이유는 과학이나 철학보다는 법 때문이다. 미국의 몇몇 주 정부는 생물학 강의에서 '진화 과학'(신다윈주의적 자연선택)과 '창조 과학'(창세기에 기록된 창조 이야기를 기반으로 과학적 설명을 하는 최신의 홍수지질학)에 동등한 시간을 할애해야 한다는 '동등 시간법'을 통과시켰다. 반대자들은 주와 교회는 헌법상으로 분리되어 있는데도 이 법안이 헌법을 어겨

가면서 공립학교에 종교를 도입했다고 비난했다. 알칸소 주에서 이 문제에 관한 재판이 연방 법원에서 열렸고 과학철학자와 과학사학자 들을 비롯해 과학자들까지도 창조 과학이 적법한 과학적 가설이기 때문에 '종교'가 아니라고 주장했다. 과학철학자 마이클 루스는 과학적 창조론을 배제하는 몇 가지 다른 구획 기준을 만들었는데, 그중 한 기준은 1982년 1월 5일 매클레인 대 아칸소 교육위원회 소송사건을 맡았던 윌리엄 오버턴(1939~1987) 판사를 감동시켰다. 그는 교리를 '과학'으로 만드는 다섯 가지 요소를 목록으로 작성했는데, 마지막 다섯 번째 기준은 다음과 같다. "그것은 반증 가능하다(루스와 다른 과학자들)."[11] 따라서 포퍼의 기준을 간략하게 만든 루스의 대조표는 무엇이 과학적인지를 결정하는 법적인 척도로 사용되었다.

많은 과학철학자들이 매클레인 소송사건의 결과에 만족했지만, 루스의 주장은 앞에 언급된 로던의 논문을 포함해 수많은 곳에서 비판을 받았다. 비판 중 일부는 빠져나갈 수 없는 것이었고, 지적 설계로 불리는 최신의 창조론 관련 소송이 2005년 펜실베이니아 법원에서 있었을 때 존 존스(1955~) 판사는 무엇이 "과학"을 구성하는지 광범위하게 논했지만, 반증 가능성에 대해서는 단 두 차례밖에 언급하지 않았다. 한 번은 오버턴의 결정을 언급할 때, 다른 한 번은 생화학자 마이클 베히(1952~)가 전문가의 심사를 피하기 위해 혈액 응고 기구를 재정의한 것을 언급할 때였다. 포퍼의 기준을 적용하는 대신, 법적 선례는 동료 심사를 거친 후 주요 학술지에 게재되었는가를 구획 문제의 표준적 기준으로 삼는다.[12] 이렇게 우리는 인식론에서 사회학으로 옮겨왔다.

우리에게 날카로운 기준이 없는 이유는 단순하다. 모방 가능성 때문이다. 새로운 검증 실험이 제시될 때마다, 비주류 영역의 사람들은 누구보다 확실하게 그 기준을 충족시키려 노력할 것이다. 그들이 제대로 된 과학을 추구한다고 믿고 구획 결정이 필요하다고 믿기 때문이다. 예를 들어 창조론은 여러 방식으로 반증이 가능하고, 이제는 동료 심사를 거치는 학술지에 실리기도 한다. 우리는 결국 구획을 나누려는 사람들과 이 사람들이 배제하고 싶어 하는 비과학자들이 대등하게 경쟁하는 것을 보게 될 것이다.[13] 시간이 흐르면 구획 기준이 바뀌기 때문에 주류 과학자들이 '유사 과학자'라고 비판했던 이들은 남들에 의해 악마화되었다는 점 이외에는 공통점이 거의 없다.

그럼에도 불구하고 기후 변화 부정론이나 기타 규제를 반대하는 비주류 이론과 같이 엄청난 정치적 이해관계가 얽혀 있는 문제들이 있기 때문에 구획 기준은 여전히 중요하다.[14] 사회학자 토머스 기어린이 지적했듯 구획 문제가 철학자들에게 곤혹스러운 일이기는 하나, 과학자들에게는 일상적인 일이다. 그들은 이런 부류의 기사들이나 이메일, 웹사이트를 못 본 체하거나 무시한다. 그들은 사회적으로 훈련된 기준에 따라 구획을 결정한다.[15] 그들에게는 이 통념이 필요하지 않다. 이 통념이 필요한 것은 고등학교 과학 수업에서 갓 벗어나 투표권을 갖게 된 우리임을 알아야 한다.

주

들어가는 말

인용문: Charles Darwin, *On the Origin of Species by Means of Natural Selection; or, The Preservation of Favoured Races in the Struggle for Life*, 6th ed. (London: John Murray, 1872), 421. 이 주제에 주목하게 해준 칩 버크하트에게 감사를 표한다.

1. Ronald L. Numbers, ed., *Galileo Goes to Jail and Other Myths about Science and Religion* (Cambridge, MA: Harvard University Press, 2012) 참조.

2. 예를 들어, John Waller, *Fabulous Science: Fact and Fiction in the History of Scientific Discovery* (Oxford: Oxford University Press, 2002)와 과학사가의 Alberto A. Martinez의 다음 두 책, *Science Secrets: The Truth about Darwin's Finches, Einstein's Wife, and Other Myths* (Pittsburgh: University of Pittsburgh Press, 2011), 그리고 *The Cult of Pythagoras: Math and Myths* (Pittsburgh: University of Pittsburgh Press, 2012)를 참조하라.

통념 1

인용문: Richard Carrier, "Christianity Was Not Responsible for Modern Science," *The Christian Delusion*, ed. John W. Loftus (Amherst, NY: Prometheus, 2009), 414.

1. Jim Walker, "About That Damned Graph," NoBeliefs.com, 2014년 4월 29일 접속, http://nobeliefs.com/comments17.htm. 워커는 7년 동안 '더 나은 그래프를 그릴 사람'이 있으면 도전해보라고 했지만, 아무도 도전하지 않았다고 한다.

2. Claudio Maccone, *Mathematical SETI: Statistics, Signal Processing, and Space Missions* (Berlin: Springer, 2012), 187-188. 세이건의 연대표에 대해서는 그의 저서 *Cosmos* (New York: Random House, 1980), 335 참조. 나는 닐 암스트롱에게 감사하고 세이건에게는 사과하는 바이다. 내(로널드 넘버스)가 편저로 참여한 *Galileo Goes to Jail and Other Myths about Science and Religion* (Cambridge, MA: Harvard University Press, 2009), 20쪽에서 세이건의 말을 인용하면서, 기억에만 의존해 "the human species"를 "mankind"로 잘못 썼기 때문이다. eds. David C. Lindberg, Michael H. Shank, *The Cambridge History of Science, vol. 2: Medieval Science* (Cambridge: Cambridge University Press, 2013), 9-10도 참조.

3. 여기서 다시 한번 Andrew Dickson White, *History of the Warfare of Science with Theology in Christendom*, vol. 2 (New York: D. Appleton, 1896)을 따른다. 화이트는 '교리신학'의 우세가 흔히 말하는 중세 과학의 부재를 설명한다고 보았다.

4. Stephen Greenblatt, *The Swerve: How the World Became Modern* (New York: W.

W. Norton, 2011), *Exemplaria* 25, no. 4 (Winter 2013): 313-370의 서평 포럼 참조. Hank Campbell, "*Cosmos: A Spacetime Odyssey*—the Review," Science 2.0, 2014년 3월 7일 접속, www.science_20.com/science_20/blog/cosmos_spacetime_odyssey_review-131240.

5. Numbers ed., *Galileo Goes to Jail*, 8-27에 나오는 통념 1, 2도 참조

6. 미국인들은 과학 발전을 둔화시키기 위해 꼭 직접적인 반대를 하지 않아도 된다는 사실을 알게 될 것이다. 연구 자금을 삭감하고, 실용적인 담론에 대해서만 이야기하고, 점잖게 무시하고, 스포츠를 우선시하기만 하면 과학 발전을 둔화시킬 수 있다.

7. Bruce Eastwood, *Ordering the Heavens: Roman Astronomy and Cosmology in the Carolingian Renaissance* (Leiden: Brill, 2007), 23-24에 실린 20세기의 저명한 사학자 찰스 호머 하스킨스의 비판 참조. H. Floris Cohen, *How Modern Science Came into the World: Four Civilizations, One 17th-Century Breakthrough* (Amsterdam: Amsterdam University Press, 2010), 3장도 참조.

8. Denis Feeney, *Caesar's Calendar: Ancient Time and the Beginnings of History* (Berkeley and Los Angeles: University of California Press, 2007), 196-197.

9. 79년 베수비오 화산 폭발로 탄화된 빌라 파피리의 파피루스 두루마리는 1000개가 넘는데 그중 대다수가—지금까지 발견된 바로는—그리스어로 되어 있으며 아마도 그리스의 철학자 필로데무스Philodemus의 장서로 보인다. David Sider, *The Library of the Villa dei Papiri at Herculaneum* (Los Angeles: J. Paul Getty useum, 2003), 3-4, 43, 94-95.

10. 의학의 경우를 살펴보면 도움이 된다. Heinrich von Staden, "Liminal Perils: Early Modern Receptions of Greek Medicine," *Tradition Transmission, Transformation: Proceedings of Two Conferences on Pre-Modern Science*(오클라호마 대학교에서 개최됨), eds. F. Jamil Ragep, Sally Ragep, Steven Livesey (Leiden: Brill, 1996): 369-418 passim, esp. 372n7, 408-409 참조.

11. Martianus Capella, *The Marriage of Philology and Mercury*, Macrobius, *Commentary on the Dream of Scipio*, Chalcidius가 부분 번역하고 해설한 Plato, *Timaeus*와 같은 예시가 있다. Eastwood, *Ordering the Heavens*, 2장, 4-5도 참조.

12. A. I. Sabra, "The Appropriation and Subsequent Naturalization of Greek Science in Medieval Islam: A Preliminary Statement," *History of Science* 25 (1987): 223-243; Dimitri Gutas, *Greek Thought, Arabic Culture: The Graeco-Arabic Translation Movement in Baghdad and Early 'Abb bsid Society (2nd-4th/8th-10th Centuries)* (London: Routledge, 1998).

13. Roshdi Rashed, *Classical Mathematics from al-Khwarizmi to Descartes*, trans. M. H. Shank (London: Routledge, 2015), 2장.

14. Charles Burnett, "Translation and Transmission of Greek and Islamic Science to Latin Christendom," *The Cambridge History of Science*, 2:341-64, esp. 343, 349, 358; Edward Grant, *A Sourcebook in Medieval Science* (Cambridge, MA: Harvard University Press, 1974), 35-38 참조.

15. Edward Grant, "Science and the Medieval University," *Rebirth, Reform, and Resilience: Universities in Transition, 1300-1700*, eds. James M. Kittelson, Pamela J. Transue (Columbus: Ohio State University Press, 1984), 68-102, 특히 91.

16. 이에 반해 현재 일반적인 미국 대학생들은 학부 과정에서 극히 적은 양의 과학 입문 과정을 배워도 학사 학위를 취득할 수 있다.

17. Rainer Schwinges, *Deutsche Universitätsbesucher im 14. und 15. Jahrhundert: Studien*

zur Sozialgeschichte des alten Reiches (Stuttgart: Steiner Verlag, 1986), 467~468.

18. 알렉산드리아 박물관은 이런 일반적인 생각에 반하는 주요한 예외다.

통념 2

인용문: Ethan Siegel, "Who Discovered the Earth Is Round?" Science Blogs, 2011년 9월 21일 접속, scienceblogs.com/startswithabang/2011/09/21/who-discovered-the-earth-is-ro; Gary DeMar, "Why John Kerry's Flat Earth Society Slam Is All Wrong," American Vision, 2014년 5월 28일 접속, americanvision.org/10905/john-kerrys-flat-earth-society-slam-wrong

1. 이 통념에 관한 초기 논쟁에 대해선 Lesley B. Cormack, "Flat Earth or Round Sphere: Misconceptions of the Shape of the Earth and the Fifteenth-Century Transformation of the World," *Ecumene* 1 (1994): 363~385와 이 글이 인용된 Lesley B. Cormack, "Myth 3: That Medieval Christians Taught That the Earth Was Flat," *Galileo Goes to Jail and Other Myths about Science and Religion*, ed. Ronald L. Numbers (Cambridge, MA: Harvard University Press, 2009), 28~34 참조.

2. Christine Garwood, *Flat Earth: The History of an Infamous Idea* (London: Macmillan, 2007). 19세기의 '평평한 지구론자'들을 중심으로 이 논쟁을 다루는 책이다.

3. William Whewell, *History of the Inductive Sciences: From the Earliest to the Present Time* (New York: D. Appleton, 1890), 1장, 196~197; John W. Draper, *History of the Conflict between Religion and Science* (New York: D. Appleton, 1874), 157~159. 안타깝게도 이런 상황은 몇몇 교과서 집필자들에 의해 오늘날까지도 반복되고 있다. 그 예로 Mounir A. Farah, Andrea Berens Karls, *World History: The Human Experience* (Lake Forest, IL: Glencoe/McGraw-Hill, 1999), 그리고 Charles R. Coble 외, *Earth Science* (Englewood Cliffs, NJ: Prentice Hall, 1992) 참조. 두 교과서 모두 중등교육과정 학생을 대상으로 했다.

4. Washington Irving, *The Life and Voyages of Christopher Columbus: Together with the Voyages of His Companions* (London: John Murray, 1828), 특히 88.

5. Jeffrey Burton Russell, *Inventing the Flat Earth: Columbus and Modern Historians* (New York: Praeger, 1991), 24; Boies Penrose, *Travel and Discovery in the Renaissance, 1420~1620* (Cambridge, MA: Harvard University Press, 1952), 7.

6. 아우구스티누스, 히에로니무스 그리고 암브로시우스를 논하는 Charles W. Jones, "The Flat Earth," *Thought* 9 (1934): 296~307 참조.

7. Thomas Aquinas, *Summa Theologica*, par. I, qu. 47, art. 3, 1.3 (다음의 웹사이트에서 접근 가능. www.intratext.com/IXT/ENG0023/P1B.htm 혹은 www.Gutenberg.org). Albertus Magnus의 Liber cosmographicus de natura locorum (1260)는 다음 책에서 언급됨. Jean Paul Tilmann, *An Appraisal of the Geographical Works of Albertus Magnus and His Contributions to Geographical Thought* (Ann Arbor: Michigan Geographical Publications, 1971). 마이클 스콧에 관해선 John K. Wright, *Geographical Lore of the Time of the Crusades: A Study in the History of Medieval Science and Tradition in Western Europe* (New York: American Geographical Society, 1925), 151 참조.

8. Walter Oakeshott, "Some Classical and Medieval Ideas in Re naissance Cosmography,"

Fritz Saxl, 1890–1948: A Volume of Memorial Essays from His Friends in England, ed. D. J. Gordon (London: Thomas Nelson, 1957), 251. d'Ailly에 대해서는, Arthur Percival Newton이 엮은 *Travel and Travellers in the Middle Ages* (London: Routledge and Kegan Paul, 1949), 14 참조.

9. Isidore of Seville, *De Natura Rerum* 10, *Etymologiae* III 47.

10. Wesley M. Stevens, "The Figure of the Earth in Isidore's 'De Natura Rerum,'" *Isis* 71 (1980): 273. Charles W. Jones, *Bedae Opera de Temporibus* (Cambridge, MA: Medieval Academy of America, 1943), 367. David Woodward, "Medieval *Mappaemundi*," *The History of Cartography*, J. B. Harley, David Woodward eds., vol. 1, *Cartography in Prehistoric, Ancient, and Medieval Europe and the Mediterranean* (Chicago: University of Chicago Press, 1987), 320–321도 참조.

11. Jean de Mandeville, *Mandeville's Travels*, trans. Malcolm Letts, 2 vols. (London: Hakluyt Society, 1953), 1:129.

12. Dante Alighieri, *Paradiso*, canto 9, 84줄; *Inferno*, canto 26, *The Divine Comedy*에서, trans. John Ciardi (New York: New American Library, 2003); Geoffrey Chaucer, *The Canterbury Tales*, *The Works of Geoffrey Chaucer*, ed. F. N. Robinson (Boston: Houghton Mifflin, 1961), 140, 1228줄.

13. Efthymios Nicolaidis, *Science and Orthodoxy: From the Greek Fathers to the Age of Globalization* (Baltimore: Johns Hopkins University Press, 2011), 24–33.

14. 대부분의 중세 과학 연구는 지리학을 언급하고 있지 않다. David C. Lindberg, *The Beginnings of Western Science* (Chicago: University of Chicago Press, 1992), 58에서는 단 한 단락에서만 지구 구체설을 언급하고 있다. J. L. E. Dreyer, *History of the Planetary Systems* (Cambridge: Cambridge University Press, 1906), 214–219와 John H. Randall Jr., *The Making of the Modern Mind: A Survey of the Intellectual Background of the Present Age* (Boston: Houghton Mifflin, 1926), 23에서만 코스마 작품의 중요성을 강조하고 있다. Penrose, *Travel*은 "암흑시대의 모든 작가가 코스마처럼 어리석었던 것은 아니라고 말하는 것이 옳을 것이다"라고 한 마디 경고를 얹었다(7). Jones, "Flat Earth," 305에서는 코스마 생각의 일부만을 보여주고 있다.

15. Fernando Colon, *The Life of the Admiral Christopher Columbus by His Son Ferdinand*, Benjamin Keen 엮고 주석. (Westport, CT: Greenwood Press, 1959), 39; Bartolemé de las Casas, *History of the Indies*, trans. and ed. Andrée Collard (New York: Harper and Row, 1971), 27–28.

16. Richard Eden, *The Decades of the Newe Worlde or West India* (⋯) *Wrytten in Latine Tounge by Peter Martyr of Angleria* (London, 1555), 64.

17. 장기간의 항해에 관해선 Oliver Dunn과 James E. Kelly Jr.가 기록하고 번역한 *The Diario of Christopher Columbus's First Voyage to America, 1492–1493* (Norman: University of Oklahoma Press, 1989)에서, Fray Bartolome de Las Casas가 발췌한 57쪽의 1402년 10월 10일 기록 부분을 참조할 것. 바람에 대한 기록은 Eden, *Decades of the Newe Worlde*, 66 참조.

통념 3

이 글을 쓰는 데 도움을 준 그레고리 맥클린, 모리스 피노치아로, 로널드 넘버스 그리고 코스타스 캄푸러키스에게 감사를 드린다.

인용문: Stephen Jay Gould, "Darwin's More Stately Mansion," *Science* 284 (1999): 2087.

1. Dennis Danielson, *The Book of the Cosmos* (New York: Basic Books, 2001), 106. 이 책에는 여기서 언급되는 『천구의 회전에 관하여On the Revolutioins』의 발췌와 아래에 인용된 이론가들의 글이 포함되어 있다.

2. C. S. Lewis, *The Discarded Image* (Cambridge: Cambridge University Press, 1964), 58.

3. Danielson, *Book of the Cosmos*, 150.

4. 위의 책, 171.

5. 위의 책, 117, 171.

6. Johannes Kepler, *Epitome of Copernican Astronomy*, trans. Charles Wallis, vol. 16, *Great Books of the Western World* (Chicago: Encyclopedia Britannica, 1952), 848.

7. Michael J. Crowe, *The Extraterrestrial Life Debate, Antiquity to 1915: A Source Book* (Notre Dame, IN: University of Notre Dame Press, 2008), 14–34.

8. Douglas Vakoch, *Astrobiology, History, and Society* (Berlin: Springer, 2013), 341. 특히 테드 피터스와 마이클 크로 선집에 있는 글을 참조할 것.

9. Dennis Danielson, "The Great Copernican Cliché," *American Journal of Physics* 69 (2001): 1029–1035.

10. Bernard le Bovier de Fontenelle, *The Theory or System of Several New Inhabited Worlds*, trans. Aphra Behn (London: Briscoe, 1700), 16.

11. Danielson, "Great Copernican Cliché," 1033.

12. Horatio N. Robinson, *A Treatise on Astronomy* (Albany: Pease, 1849), 103.

13. Dennis Danielson, Christopher Graney, "The Case against Copernicus," *Scientific American* 310 (2013): 72–77.

14. Maurice Finocchiaro, *The Essential Galileo* (Indianapolis: Hackett, 2008)에 실린 "Bellarmine's Letter to Foscarini," 147.

15. Cecilia Payne-Gaposchkin, *Introduction to Astronomy* (New York: Prentice-Hall, 1954), 2.

16. Hermann Bondi, *Cosmology* (Cambridge: Cambridge University Press, 1952), 13.

17. Neil deGrasse Tyson, *The Cosmic Perspective*의 서문, 7th ed., Jeffrey O. Bennett et al. (Boston: Pearson, 2014), xxviii.

18. Elaine Howard Ecklund, *Science vs. Religion: What Scientists Really Think* (New York: Oxford University Press, 2010), 57–58.

19. 이번 책을 출간하면서 나는 1621년 이후 출간된 130권의 영어 천문학 교과서들을 살펴보았다. 그 가운데 2011년 이후 출간된 교과서의 78퍼센트는 코페르니쿠스에 따른 인간 격하 통념을 다루고 있고, 그중 3분의 1은 타이슨의 것과 비슷한 자연주의적 영성을 고취시킨다.

20. Danielson, "Great Copernican Cliché," 1033–1034.

21. Eric Chaisson, Steve McMillan, *Astronomy: A Beginner's Guide to the Universe*, 7th ed. (Boston: Pearson, 2012), 25.

22. Guillermo Gonzalez, Donald Brownlee, "The Galactic Habitable Zone: Galactic Chemical Evolution," *Icarus* 152 (2001): 185−200; David Waltham, *Lucky Planet* (London: Icon, 2014); John Gribbin, *Alone in the Universe* (Hoboken: Wiley, 2011); Peter Ward, Donald Brownlee, *Rare Earth* (New York: Copernicus, 2000).

23. JoAnn Palmeri, "An Astronomer beyond the Observatory: Harlow Shapley as Prophet of Science" (PhD diss., University of Oklahoma, 2000), 72.

24. Mark Lupisella, "Cosmocultural Evolution: The Coevolution of Culture and Cosmos and the Creation of Cosmic Value," *Cosmos and Culture: Cultural Evolution in a Cosmic Context*, eds. Steven Dick, Mark Lupisella (Washington, DC: NASA, 2009).

25. Tyson, *The Cosmic Perspective*의 서문, xxviii.

26. Eric Chaisson, Steve McMillan, *Astronomy Today*, 8th ed. (Boston: Pearson, 2014), 43.

통념 4

인용문: George Sarton, *A History of Science*, 2 vols. (Cambridge, MA: Harvard University Press, 1952), 1:421; George Sarton, "Boyle and Bayle: The Sceptical Chymist and the Sceptical Historian," *Chymia* 3 (1950): 155−89, 160에서.

1. 초기 근대 문화에서의 연금술과 점성술의 맥락을 보다 자세하게 알아보려면 Lawrence M. Principe, *The Scientific Revolution: A Very Short Introduction* (Oxford: Oxford University Press, 2011) 참조.

2. 근대 초기 점성술에 대해선 H. Darrel Rutkin, "Astrology," *The Cambridge History of Science*, vol. 3, *Early Modern Science*, eds. Katherine Park, Lorraine Daston (Cambridge: Cambridge University Press, 2006), 541−561 참조.

3. Thomas Aquinas, *Summa Theologica*, IIae IIa, question 95, article 5.

4. Noel M. Swerdlow, "Galileo's Horoscopes," *Journal for the History of Astronomy* 35 (2004): 135−141; H. Darrel Rutkin, "Galileo, Astrologer: Astrology and Mathematical Practice in the Late-Sixteenth and Early-Seventeenth Centuries," *Galilaeana* 2 (2005): 107−143. Robert Boyle, *Tracts Containing Suspicions about Some Hidden Qualities of the Air; with an Appendix Touching Celestial Magnets, and Some Other Particular*, in Boyle, Works, eds. Michael Hunter, Edward B. Davis, 14 vols. (London: Pickering and Chatto, 1999−000), 8:117−142.

5. Roger Bacon, *Opera Quaedam Hactenus Inedita*에 실린 *Opus Tertium*, ed. J. S. Brewer (London, 1859), 40.

6. William R. Newman, Lawrence M. Principe, "Alchemy vs. Chemistry: The Etymological Origins of a Historiographical Mistake," *Early Science and Medicine* 3 (1998): 32−65.

7. 연금술에 관한 모든 역사에 대해 알아보려면, Lawrence M. Principe, *The Secrets of Alchemy* (Chicago: University of Chicago Press, 2013) 참조.

8. 위의 책 108−127.

9. Bruce Moran, *Distilling Knowledge: Alchemy, Chemistry, and the Scientific Revolution* (Cambridge, MA: Harvard University Press, 2005); Tara Nummedal, *Alchemy and Authority in the Holy Roman Empire* (Chicago: University of Chicago Press, 2007).

10. William R. Newman, *Atoms and Alchemy* (Chicago: University of Chicago Press, 2006); William R. Newman, *Promethean Ambitions: Alchemy and the Quest to Perfect Nature* (Chicago: University of Chicago Press, 2004); William R. Newman, "Technology and the Alchemical Debate in the Late Middle Ages," *Isis* 80 (1989): 423–445.

11. Lawrence M. Principe, *The Aspiring Adept: Robert Boyle and His Alchemical Quest* (Princeton, NJ: Princeton University Press, 1998); William R. Newman and Lawrence M. Principe, *Alchemy Tried in the Fire: Starkey, Boyle, and the Fate of Helmontian Chymistry* (Chicago: University of Chicago Press, 2002); Betty Jo Teeter Dobbs, *The Foundations of Newton's Alchemy* (Cambridge: Cambridge University Press, 1975). 현대 학자들이 연금술을 과학사에서 어떻게 바라보고 있는지를 제대로 평가하려면 "Focus: Alchemy and the History of Science," *Isis* 102 (2011): 300–337 참조.

12. Principe, Secrets, 83–106; Lawrence M. Principe, William R. Newman, "Some Problems in the Historiography of Alchemy," *Secrets of Nature: Astrology and Alchemy in Early Modern Europe*, eds. Anthony Grafton, Newman (Cambridge, MA: MIT Press, 2001), 385–434.

통념 5

인용문: Vincenzio Viviani, *Vita di Galileo* [1654], ed. Bruno Basile (Rome: Salerno, 2001), 37–38.

1. Vincenzio Viviani, *Vita di Galileo* [1654], ed. Bruno Basile (Rome: Salerno, 2001), 37–38.
2. Lane Cooper, *Aristotle, Galileo, and the Tower of Pisa* (Ithaca, NY: Cornell University Press, 1935), 13–26쪽에는 몇몇 주목할 만한 예들이 제시되어 있다. 코넬 대학교 영문학과 교수인 쿠퍼는 비비아니에 관한 이야기를 하나의 우화로 소개한 첫 인물이었을 것이다.
3. 토마스 세틀이 사진으로 입증한 내용을 확인하려면 J. L. Heilbron, *Galileo* (Oxford: Oxford University Press, 2010), 41–45; R. V. Caffarelli in Caffarelli ed., *Galileo e Pisa* (Pisa: Felice, 2004), 40쪽 참조.
4. Galileo Galilei, *Opere*, ed. Antonio Favaro, 20 vols. (Florence: Giunti-Barbera, 1890–1910), 1:334.
5. Galileo, re Giorgio Coresio, professor of Greek at Pisa, *Opere*, 4:285.
6. Aristotle, *Physica*, 4.1–4.5, 특히 210a30–211a1–5, 212a5–10, 20, *The Works of Aristotle*, ed. David Ross, trans. R. P. Hardie, R. K. Gaye, 12 vols. (Oxford: Oxford University Press, 1928–952), vol. 3.
7. Aristotle, *Physica*, 4.8, 214b30–35, 215a19–21.
8. 위의 책, 214a25–30, 216a8–11.
9. 위의 책, 216a8–21.
10. Galileo, *Opere*, 8:108–109.
11. Heilbron, *Galileo*, 50–51(인용).
12. Renieri to Galileo, 1641년 3월 13일, 20일, *Opere*, 18:305–306, 310.
13. 마초니에 관해선 Heilbron, *Galileo*, 14–15, 46–48, 53–54, 110–112 참조.
14. 이에 관한 예는 Heilbron, *Galileo*, 특히 252–254, 270–276 참조.

통념 6

이 책의 한 장을 써달라고 요청해주고 초고를 작성하는 데 많은 도움을 준 편집자분들께 감사를 드리는 바다. 이 글을 쓰는 데 아낌없는 충고를 해준 스티븐 스노블렌에게도 감사를 표한다.

인용문: Steven Weinberg, "On God, Christianity and Islam," *Times Literary Supplement* (17 January 2007); Johnjoe McFadden, "Survival of the Wisest," *Guardian*, 2008년 6월 30일.
1. Patricia Fara, *Newton: The Making of Genius* (London: Macmillan, 2002), 192.
2. William Stukeley, *Memoirs of Sir Isaac Newton's Life* (London: Taylor and Francis, 1936; 초판 출간 1752년), 20.
3. Isaac Newton, *Philosophiæ Naturalis Principia Mathematica* (London, 1687).
4. Jean-Baptiste Biot, "Newton," trans. Howard Elphinstone, *Lives of Eminent Persons* (London: Baldwin and Cradock, 1833).
5. Isaac Newton, *Mathematical Principles of Natural Philosophy*, trans. Andrew Motte, 2 vols. (London, 1729), 2:390-391.
6. 위의 책, 2:391-392. 이는 1726년판에 쓰인 문장이다. 1713년판에서 그는 이를 '실험 철학'이라고 썼다.
7. Joseph Warton, et al., eds., *The Works of Alexander Pope*, 9 vols. (London: Richard Priestley, 1822), 2:379.

통념 7

인용문: Wikipedia, s.v. "Wöhler Synthesis," 2014년 8월 24일 접속, http://en.wikipedia.org/wiki/Wöhler_synthesis; David Klein, *Organic Chemistry* (New York: Wiley, 2012), 2.
1. Friedrich Wöhler, "Ueber Künstliche Bildung des Harnstoffs," *Annalen der Physik und Chemie* 88 (1828): 253-256.
2. Peter J. Ramberg, "The Death of Vitalism and the Birth of Organic Chemistry: Wöhler's Urea Synthesis in Textbooks of Organic Chemistry," *Ambix* 47 (2000): 170-195.
3. Douglas McKie, "Wöhler's Synthetic Urea and the Rejection of Vitalism: A Chemical Legend," *Nature* 153 (1944): 608-610, 특히 608.
4. J. H. Brooke, "Wöhler's Urea, and Its Vital Force: A Verdict from the Chemists," *Ambix* 15 (1968): 84-114.
5. Michel Eugène Chevreul, *A Chemical Study of Oils and Fats of Animal Origin*, trans. Gary R. List, Jaime Wisniak (Urbana, IL: AOCS Press, 2009).
6. Albert B. Costa, *Michel Eugène Chevreul, Pioneer of Organic Chemistry* (Madison: Wisconsin State Historical Society, 1962).
7. Jöns Jakob Berzelius, "Experiments to Determine the Definite Proportions in Which the Elements of Organic Nature Are Combined," *Annals of Philosophy* 4 (1814): 323-331, 특히 323.
8. John Hedley Brooke, "Berzelius, the Dualistic Hypothesis, and the Rise of Organic Chemistry," *Enlightenment Science in the Romantic Era: The Chemistry of Berzelius*

and Its Cultural Setting, eds. Evan Melhado, Tore Frangsmyer (Cambridge: Cambridge University Press, 1992), 180–221.

9. 위의 책, 188.

10. John Hedley Brooke, "Organic Synthesis and the Unification of Chemistry: A Reappraisal," *British Journal for the History of Science* 5 (1971): 363–392.

11. Julien Offray de La Mettrie, *L'Homme Machine* (Leyden: Elie Luzac, 1748).

12. Timothy Lenoir, *The Strategy of Life: Teleology and Mechanics in Nineteenth-Century German History of Biology* (Chicago: University of Chicago Press, 1989).

13. Alan J. Rocke, "Berzelius' Animal Chemistry: From Physiology to Organic Chemistry (1805–1814)," Melhado and Frangsmyer, *Enlightenment Science*, 107–131; Bent Søren Jørgensen, "More on Berzelius and the Vital Force," *Journal of Chemical Education* 42 (1965): 394–396.

14. Justus von Liebig, *Animal Chemistry; or, Organic Chemistry in Its Application to Physiology and Pathology* (Cambridge, MA: John Owen, 1842), 209.

15. Timothy Lipman, "Wöhler's Preparation of Urea and the Fate of Vitalism," *Journal of Chemical Education* 41 (1964): 452–458.

16. Garland Allen, "Mechanism, Vitalism and Organicism in Late Nineteenth and Twentieth-Century Biology: The Importance of Historical Context," *Studies in History and Philosophy of Biological and Biomedical Sciences* 36 (2005): 261–283.

17. Scott Gilbert, Sahotra Sarkar, "Embracing Complexity: Organicism for the 21st Century," *Developmental Dynamics* 219 (2000): 1–9.

18. John Farley, Gerald Geison, "Science, Politics and Spontaneous Generation in Nineteenth-Century France: The Pasteur-Pouchet Debate," *Bulletin of the History of Medicine* 48 (1974): 161–198, 특히 177에서 인용.

19. 위의 책 참조.

20. Paolo Palladino, "Stereochemistry and the Nature of Life: Mechanist, Vitalist, and Evolutionary Perspectives," *Isis* 81 (1990): 44–67, 52에서 인용.

21. 국수주의적 통념의 기원은 왜 슈브뢸의 동물성 지방과 식물성 지방에 관한 연구 혹은 마르슬랭 베르텔로(1827~1897)의 (거의 모든 과정이 원소에서 곧바로 이루어지는) 완전 합성이 뵐러의 요소 합성을 '촉진하는' 혹은 입증하는 유일한 방법으로 여겨졌는지를 설명한다. Ramberg, "Death of Vitalism," 참조

22. Allen, "Mechanism, Vitalism and Organicism."

통념 8

인용문: Richard Dawkins, *The Blind Watchmaker* (Harlow, Essex: Longman Scientific and Technical, 1986), 5; Michael Behe, *Darwin's Black Box* (New York: Free Press, 1996), 211.

1. 영원한 우주에 관해선 Brian Stock, "Science, Technology, and Economic Progress in the Early Middle Ages," *Science in the Middle Ages*, ed. David Lindberg (Chicago: University of Chicago Press, 1976), 42–43; William Paley, *Natural Theology; or, Evidences of the Existence and Attributes of the Deity Collected from the Appearances of Nature* (London: R.

Faulder 1802), 1 참조.

2. Paley, *Natural Theology*, 9.

3. 위의 책 437–486; Adam R. Shapiro, "William Paley's Lost 'Intelligent Design,'" *History and Philosophy of the Life Sciences* 31 (2009): 55–78.

4. Paley, Natural Theology, 9. 관용과 자연 종교는 종교 자유 옹호자인 [윌리엄 페일리]가 강조하는 부분이다. *A Defence of the Considerations on the Propriety of Requiring a Subscription to Articles of Faith, in Reply to a Late Answer from the Clarendon Press* (London: J. Wilkie, 1774); William Paley, "Divine Benevolence," *Principles of Moral and Political Philosophy* (London: R. Faulder, 1785).

5. Neal C. Gillespie, "Divine Design and the Industrial Revolution: William Paley's Abortive Reform of Natural Theology," *Isis* 81 (1990): 214–229; Wilson Smith, "William Paley's Theological Utilitarianism in America," *William and Mary Quarterly* 11 (1954): 402–424; Kevin Gilmartin, "In the Theater of Counterrevolution: Loyalist Association and Conservative Opinion in the 1790s," *Journal of British Studies* 41 (2002): 291–328.

6. Paley, *Moral and Political Philosophy*. 도덕률에 관한 자연의 증거는 페일리의 다음 작품에서도 분명하게 나타난다, *Reasons for Contentment, Addressed to the Labouring Part of the British Public* (Carlisle: F. Jollie, 1792).

7. Henry Lord Brougham, Sir Charles Bell, *Paley's Natural Theology with Illustrative Notes* (London: Charles Knight, 1836), 1–2.

8. Paley, *Natural Theology*, 463; Paul L. Farber, "Buffon and the Concept of Species," *Journal of the History of Biology* 5 (1972): 259–284; James R. Moore, *The Post-Darwinian Controversies: A Study of the Protestant Struggle to Come to Terms with Darwin in Great Britain and America, 1870–1900* (Cambridge: Cambridge University Press, 1979), 310–311. 이 책의 통념 10~14도 참조.

9. Paley, *Natural Theology*, 464–465.

10. James G. Lennox, "Darwin was a Teleologist," *Biology and Philosophy* 8 (1993): 409–421.

11. Charles Darwin, *On the Origin of Species; or, the Preservation of Favoured Races in the Struggle for Life* (London: John Murray, 1859), 201.

12. Adam R. Shapiro, "Darwin's Foil: The Evolving Uses of William Paley's Natural Theology, 1802–2005," *Studies in History and Philosophy of Biological and Biomedical Sciences* 45 (2014): 114–123.

통념 9

이 글을 쓰는 데 유용한 의견을 제시해 준 코스타스 캄푸러키스, 로널드 L. 넘버스 그리고 니콜라스 럽케에게 감사를 표한다.

인용문: William Whewell, review of *Principles of Geology: Being an Attempt to Explain the Former Changes of the Earth's Surface, by Reference to Causes Now in Operation*, vol. 2, by Charles Lyell, *Quarterly Review* 47 (1832): 103–132, 특히 126; Clarence King, "Catastrophism and Evolution," *American Naturalist* 11 (1877): 449–470, 특히 451–452.

1. George W. White, John Playfair의 *Illustrations of the Huttonian Theory of the Earth*에 붙이는 서론과 전기적 설명 (1802; repr., New York: Dover Publications, 1964), v -xix, v - i.

2. Playfair, *Illustrations*, 3.

3. Charles Lyell, *Principles of Geology: Being an Attempt to Explain the Former Changes of the Earth's Surface, by Reference to Causes Now in Operation*, vol. 1 (London: John Murray, 1830). 제2권은 1832년에, 제3권은 1833년에 출판된다. Martin J. S. Rudwick, "The Strategy of Lyell's *Principles of Geology*," *Isis* 61 (1970): 4 - 33; and Martin J. S. Rudwick, "Uniformity and Progression: Reflections on the Structure of Geological Theory in the Age of Lyell," *Perspectives in the History of Science and Technology*, ed. Duane H. D. Roller (Norman: University of Oklahoma, 1971), 209 - 228도 참조.

4. W[illiam] D[aniel] Conybeare, "Report on the Progress, Actual State, and Ulterior Prospects of Geological Science," *Second Report of the British Association for the Advancement of Science* (1832): 365 - 414, 특히 406. [Adam] Sedgwick, "Address to the Geological Society, Delivered on the Evening of the 18th of February 1831," *Proceedings of the Geological Society of London*, no. 20 (1831): 281 - 316도 참조.

5. Whewell, review of *Principles of Geology*, 126. 미국의 경우에 관해선, James Dwight Dana, "On the Analogies between the Modern Igneous Rocks and the So-Called Primary Formations and the Metamorphic Changes Produced by Heat in the Associated Sedimentary Deposits," *American Journal of Science* 45 (1843): 104 - 129, 104 참조.

6. Trevor Palmer, *Perilous Planet Earth: Catastrophes and Catastrophism through the Ages* (Cambridge: Cambridge University Press, 2003), 5장.

7. Martin J. S. Rudwick, *Worlds before Adam: The Reconstruction of Geohistory in the Age of Reform* (Chicago: University of Chicago Press, 2008), 291 - 292, 294, 563 - 564; Rudwick, "Strategy," 9 - 10; M. J. S. Rudwick, "Lyell and the *Principles of Geology*," *Lyell: The Past Is the Key to the Present*, eds. D. J. Blundell, A. C. Scott, Special Publications, vol. 143, (London: Geological Society, 1998), 3 - 15, 7.

8. Michael Bartholomew, "The Singularity of Lyell," *History of Science* 17 (1979): 276 - 293; "Principles of Geology," *American Journal of Science* 42 (1842): 191 - 192.

9. Julie Renee Newell, "American Geologists and Their Geology: The Formation of the American Geological Community, 1780 - 1865 (PhD diss., University of Wisconsin-Madison, 1993), 4, 6장.

10. 이에 관한 예로는, Derek Ager, *The New Catastrophism: The Importance of the Rare Event in Geological History* (Cambridge: Cambridge University Press, 1993); Nicolaas A. Rupke, "Reclaiming Science for Creationism," *Creationism in Europe*, eds. Stefaan Blancke, Hans Henrik Hjermitslev, Peter C. Kjærgaard (Baltimore: Johns Hopkins University Press, 2014), 242 - 249; 그리고 Palmer, *Perilous Planet Earth* 참조.

통념 10

인용문: Peter H. Raven and George B. Johnson, Biology, 6th ed. (Boston: McGraw-Hill, 2002), 422.

1. Charles Darwin, *On the Origin of Species by Means of Natural Selection*, 6th ed. (London: John Murray, 1872), 421.

2. Charles Darwin, *The Variation of Animals and Plants under Domestication*, 2 vols. (London: John Murray, 1868), 2:27장.

3. Darwin, *Origin*, 176; Charles Darwin, "Sir Wyville Thomson and Natural Selection," *Nature* 23 (November 1880): 32.

4. 라마르크에 관해선 특히 Richard W. Burkhardt Jr., *The Spirit of System: Lamarck and Evolutionary Biology* (Cambridge, MA: Harvard University Press, 1977); 그리고 Pietro Corsi, *The Age of Lamarck: Evolutionary Theories in France, 1790-1830* (Berkeley and Los Angeles: University of California Press, 1988) 참조.

5. Jean-Baptiste Lamarck, *Système des Animaux sans Vertèbres* (Paris: Déterville, 1801).

6. Jean-Baptiste Lamarck, *Recherches sur l'Organisation des Corps Vivans* (Paris: Maillard, 1802), 38.

7. Jean-Baptiste Lamarck, *Philosophie Zoologique*, 2 vols. (Paris: Dentu, 1809), 1:221.

8. Jean-Baptiste Lamarck, *Histoire Naturelle des Animaux sans Vertèbres*, 7 vols. (Paris: Déterville, 1815-822), 1:132-133.

9. Burkhardt, *Spirit of System*, 151-157.

10. Lamarck, *Système des Animaux*, 13.

11. Lamarck, *Philosophie Zoologique*, 1:235.

12. Lamarck, *Histoire Naturelle*, 1:200.

13. Richard W. Burkhardt Jr., "Lamarck, Cuvier, and Darwin on Animal Behavior and Acquired Characters," *Transformations of Lamarckism: From Subtle Fluids to Molecular Biology*, eds. Snait B. Gissis, Eva Jablonka (Cambridge MA: MIT Press, 2011), 33-44; Richard W. Burkhardt Jr., "Lamarck, Evolution, and the Inheritance of Acquired Characters," *Genetics* 194 (2013): 793-805.

14. Lamarck, *Histoire Naturelle*, 1:191.

15. Charles Darwin, *On the Origin of Species by Means of Natural Selection* (London: John Murray, 1859), 134.

16. Darwin, Origin (1859), 11, 137.

17. Lamarck, *Philosophie Zoologique*, 1:241, 260.

18. Darwin, *Origin* (1859), 242.

19. Darwin, *Variation*, 2:395.

20. Darwin, *Origin*, 6th ed. (1872), 421.

21. '라마르크적'이라는 용어가 주로 용불용으로 해석되는 다양한 방법에 관한 유익한 분석은 Kostas Kampourakis and Vasso Zogza, "Students' Preconceptions about Evolution: How Accurate Is the Characterization as 'Lamarckian' When Considering the History of Evolutionary Thought?" *Science & Education* 16 (2007): 393-422 참조.

인용문: Michael Ruse, *Defining Darwin* (Amherst, NY: Prometheus Books, 2009), 72; Howard Gruber, *Darwin on Man* (New York: Dutton, 1974), xiv.

1. Robert J. Richards, "Why Darwin Delayed, or Interesting Problems and Models in the History of Science," *Journal of the History of the Behavioral Sciences* 19 (1983): 45–53.

2. John Greene, *The Death of Adam: Evolution and Its Impact on Western Thought* (Ames: Iowa State University Press, 1959), 260.

3. J. W. Burrow, Charles Darwin의 *The Origin of Species by Means of Natural Selection; or, The Preservation of Favoured Races in the Struggle for Life*의 서론 (Baltimore: Penguin Books, 1968), 32.

4. Michael Ruse, *The Darwinian Revolution: Science Red in Tooth and Claw* (Chicago: University of Chicago Press, 1979), 185.

5. Gruber, *Darwin on Man*, 202.

6. Stephen Jay Gould, *Ever Since Darwin* (New York: Norton, 1977), 21–27. 이 논문은 굴드의 칼럼 "This View of Life"로 *Natural History Magazine* 83에 처음 실렸다. (1974년 12월): 68.

7. Adrian Desmond, James Moore, *Darwin: The Life of a Tormented Evolutionist* (New York: Norton, 1994; 초판 출간은 1991), xviii.

8. Adam Gopnik, "Rewriting Nature: Charles Darwin, Natural Novelist," *New Yorker*, 2006년 10월 23일, 52–59.

9. 이 원고는 케임브리지 대학교 원고 보관소 DAR 73에 보관되어 있다.

10. Charles Darwin, *On the Origin of Species* (London: Murray, 1859), 236.

11. 나의 책 *Darwin and the Emergence of Evolutionary Theories of Mind and Behavior* (Chicago: University of Chicago Press, 1987), 142–152 참조.

12. Charles Darwin, *The Autobiography of Charles Darwin, 1809–1882*, ed. Nora Barlow (New York: Norton, 1969), 120–121; Darwin, *Origin of Species*, 280.

13. 나의 책에 실린 "Darwin's Principle of Divergence: Why Fodor Was Almost Right," *Was Hitler a Darwinian?* (Chicago: University of Chicago Press, 2013), 55–89 참조.

14. 위의 책, 61–65.

15. Darwin, *Origin*, 459.

16. Charles Darwin, "Observations on the Parallel Roads of Glen Roy," *Philosophical Transactions of the Royal Society of London*, pt. 1 (1839): 39–81.

17. Darwin, *Autobiography*, 84.

18. John van Wyhe, "Mind the Gap: Did Darwin Avoid Publishing His Theory for Many Years?" *Notes and Records of the Royal Society* 61 (2007): 177–205.

19. 위의 책, 178.

20. Charles Darwin, *Notebook C* (MS 123 and 202), *Charles Darwin's Notebooks, 1836–1844*, eds. Paul Barrett et al. (Ithaca, NY: Cornell University Press, 1987), 276, 302; 괄호는 다윈의 추가.

21. Charles Darwin, *Notebook M* (MS 19 and 57), *Old and Useless Notes* (MS 37, 39, 49v), and *Notebook C* (MS 166), *Charles Darwin's Notebooks*, 524, 532–533, 614, 616, 618, 291.

22. 찰스 다윈이 조지프 후커에게 보낸 편지(1844년 1월 11일), *Correspondence of Charles*

Darwin, 22 volumes to date (Cambridge: Cambridge University Press, 1985 –), 3:2.

23. John Bowlby, *Charles Darwin: A New Life* (New York: Norton, 1990), 254 –255, 323.

24. Charles Darwin, Alfred Wallace, "On the Tendency of Species to Form Varieties; and on the Perpetuation of Varieties and Species by Natural Means of Selection," *Journal of the Proceedings of the Linnean Society: Zoology* 3 (August 1858): 45 –62.

통념 12

인용문: George Ledyard Stebbins, *Processes of Organic Evolution* (Englewood Cliffs, NJ: Prentice –Hall, 1971), 8; C. R. Darwin to Charles Lyell, 1858년 6월 18일, Darwin Correspondence Database, www.darwinproject.ac.uk/entry-2285.

1. Charles Darwin, *On the Origin of Species by Means of Natural Selection; or, The Preservation of Favoured Races in the Struggle for Life* (London: John Murray, 1859); Charles Darwin, Alfred Russel Wallace, *Evolution by Natural Selection*, Gavin de Beer의 서문이 함께 실려 있다. (Cambridge: Cambridge University Press, 1958). 두 번째 책에는 자신의 이론에 대한 다윈의 초기 설명과 1858년 린네 학회에 제출된 다윈-월리스 논문이 포함되어 있다.

2. Peter J. Bowler, *Darwin Deleted: Imagining a World without Darwin* (Chicago: University of Chicago Press, 2013).

3. Michael Ruse, *The Darwinian Revolution: Science Red in Tooth and Claw*, 2nd ed. (Chicago: University of Chicago Press, 1999).

4. John Frederick William Herschel, *Preliminary Discourse on the Study of Natural Philosophy* (London: Longman, Rees, Orme, Brown, and Green, 1830).

5. Michael Ruse, *Darwin and Design: Does Evolution Have a Purpose?* (Cambridge, MA: Harvard University Press, 2003).

6. Peter J. Bowler, *Evolution: The History of an Idea* (Berkeley and Los Angeles: University of California Press, 1984).

7. Darwin, *Origin of Species*, 63.

8. Adam Smith, *The Glasgow Edition of the Works and Correspondence of Adam Smith*, eds. R. H. Campbell, A. S. Skinner (Oxford: Clarendon Press, 1976), 2A, 26 –27.

9. Michael Ruse, "Charles Darwin and Group Selection," *Annals of Science* 37 (1980): 615 – 630.

10. Charles Darwin, *The Descent of Man, and Selection in Relation to Sex* (London: John Murray, 1871).

11. Alfred Russel Wallace, *Contributions to the Theory of Natural Selection* (London: Macmillan, 1870). 흥미로운 부분은 월리스가 인간의 경우 젊은 여자가 가장 우수한 젊은 남자와 결혼을 할 때만 암컷 선택이 이루어지거나 이루어질 것이라고 주장했다는 점이다. 나는 이를 유심론보다 더 비논리적이라고 생각한다. Alfred Russel Wallace, *Studies: Scientific and Social* (London: Macmillan, 1900) 참조.

인용문: Jerry A. Coyne, *Why Evolution Is True* (New York: Penguin, 2009), xvi; Richard Dawkins, *The Greatest Show on Earth: The Evidence for Evolution* (New York: Free Press, 2009), 426.

1. Charles Darwin, "An Historical Sketch on the Progress of Opinion on the Origin of Species Previously to the Publication of the First Edition of This Work," *The Origin of Species*, 4th ed. (London: John Murray, 1866), xiii.

2. Bentley Glass, *Forerunners of Darwin: 1745-1859*의 서문, eds. Bentley Glass, Owsei Temkin, William L. Straus Jr. (Baltimore: Johns Hopkins University Press, 1959), vi.

3. 20세기 초에는 '다윈에서 벗어난' 역사에 대한 관심이 증가하고 있었다. eds. Abigail Lustig, Robert J. Richards, Michael Ruse, *Darwinian Heresies* (Cambridge: Cambridge University Press, 2004); George S. Levit, Kay Meister, Uwe Hoßfeld, "Alternative Evolutionary Theories: A Historical Survey," *Journal of Bioeconomics* 10 (2008): 71-96; Peter J. Bowler, *Darwin Deleted: Imagining a World without Darwin* (Chicago: University of Chicago Press, 2013) 참조.

4. Nicolaas Rupke, *Richard Owen: Biology without Darwin* (Chicago: University of Chicago Press, 2009), 161-165.

5. Dawkins, *Greatest Show on Earth*, 326.

6. Jerry Fodor, Massimo Piatelli-Palmarini, *What Darwin Got Wrong* (New York: Farrar, Straus and Giroux, 2010), xiii 참조.

7. 반면 다윈은 생명 기원에 관한 문제를 과소평가하면서 진화생물학의 영역을 한정했다. 에른스트 마이어와 리처드 도킨스는 생명 기원에 관한 어려운 문제는 도외시하면서 생물학의 개별성과 고유성을 강조해왔다. 그리고 이 둘은 생명의 다양하고 자연스런 기원에 관한 함의를 갖고 있는 전체생물학의 타당성을 의심했다. 다윈의 입장에 관해서는, Nicolaas Rupke, "Darwin's Choice," *Biology and Ideology from Descartes to Darwin*, eds. Denis R. Alexander, Ronald L. Numbers (Chicago: University of Chicago Press, 2014), 139-164 참조.

8. Simon Conway Morris ed., *The Deep Structure of Biology: Is Convergence Sufficiently Ubiquitous to Give a Directional Signal?* (West Conshohocken, PA: Templeton Foundation Press, 2008); Keith Bennett, "The Chaos Theory of Evolution," *New Scientist* 208 (2010년 10월): 28-31, 특히 31.

9. Nicolaas Rupke, "The Origin of Species from Linnaeus to Darwin," *Aurora Torealis*, eds. Marco Beretta, Karl Grandin, Svante Lindquist (Sagamore Beach, MA: Science History Publications, 2008), 71-85.

10. Wentworth D'Arcy Thompson, *On Growth and Form* (Cambridge: Cambridge University Press, 1917).

11. Simon Conway Morris, *Life's Solution: Inevitable Humans in a Lonely Universe* (Cambridge: Cambridge University Press, 2003). 콘웨이 모리스가 주장하는 '외로운 우주'는 물론 구조주의자들의 생각은 아니지만, 다윈이 자신의 자연선택론의 한계뿐만 아니라 당대 사람들의 종교적 감성에도 적용되는 자연발생론에 대해 접근하는 것을 당황스럽게 했다.

12. David N. Livingstone, *Dealing with Darwin: Place, Politics and Rhetoric in Religious Engagements with Evolution* (Baltimore: Johns Hopkins University Press, 2014).

13. John C. Greene, *Science, Ideology and World View* (Berkeley and Los Angeles: University of California Press, 1981), 7.

14. 『종의 기원』이 출간되고 한참 후에까지, 스코틀랜드(에든버러)와 아일랜드(벨파스트와 더블린)에서는 독일 구조주의가 강력한 과학적 개념이었고 자신의 기반을 확고히 하고 있었다.

15. Lynn K. Nyhart, *Biology Takes Form: Animal Morphology and the German Universities, 1800–1900* (Chicago: University of Chicago Press, 1995).

16. Nicolaas Rupke, *Alexander von Humboldt: A Metabiography* (Chicago: University of Chicago Press, 2008), 88–92.

17. Stephen Jay Gould, Otto H. Schindewolf의 *Basic Questions in Paleontology: Geologic Time, Organic Evolution, and Biological Systematics*의 서문 (Chicago: University of Chicago Press, 1993), xi.

18. Richard Dawkins, *Climbing Mount Improbable* (New York: W. W. Norton, 1996), 28.

19. Ernst Mayr, *The Growth of Biological Thought: Diversity, Evolution and Inheritance* (Cambridge MA : Harvard University Press, 1982).

20. 이 장은 내가 지금 작업하고 있는 생물 진화에 관한 구조주의적 접근의 역사를 요약해 놓은 것이다. 나는 이 작품의 제목을 임시로 『다윈의 전략: 진화생물학에서의 구조주의적 전통Roll Over, Darwin: The Structuralist Tradition in Evolutionary Biology』으로 정했다.

통념 14

이 책을 계획하고 편집하는 데 큰 도움을 준 코스타스 캄푸러키스와 리처드 넘버스, 그리고 이 장의 초고에 관해 사려 깊은 의견을 전달해준 딕 버리언에게 감사를 드린다. 니콜라스 럽케가 주최한, 과학의 통념에 관한 콘퍼런스에서 있었던 흥미로운 대화는 성선택을 비롯한 여러 주제들에 관해 연구하는 데 도움을 주었다. 도움을 주신 모든 분께 감사를 드리는 바다.

인용문: John Alcock, *Animal Behavior: An Evolutionary Approach*, 4th ed. (Sunderland, MA: Sinauer, 1989), 398.

1. Man: A Course of Study, *Animal Adaptation* (Washington, DC: Curriculum Development Associates, 1970); Man: A Course of Study, *Natural Selection* (Washington, DC: Curriculum Development Associates, 1970); Man: A Course of Study, *Innate and Learned Behavior* (Washington, DC: Curriculum Development Associates, 1970).

2. 1970년대 초 식물학자들 또한 성선택 이론이 식물 수정 성공에 있어서의 변화에 관한 생각에 유용한 이론적 방편을 제공할 수 있는지를 연구했지만, 그들의 연구는 학계의 관심을 많이 끌지는 못했다. Mary F. Willson, "Sexual Selection in Plants," *American Naturalist* 113 (1979): 777–790 참조.

3. 자연선택과 성선택 사이의 차이를 가장 완벽하게 설명한 부분은, *Descent of Man and Selection in Relation to Sex*, 2 vols. (London: John Murray, 1871) 참조.

4. *On the Origin of Species* (London: John Murray, 1859)에서 다윈은 처음으로 성선택을 설명했다.

5. Henrika Kuklick, *The Savage Within: The Social History of British Anthropology* (Cambridge: Cambridge University Press, 1993); B. Ricardo Brown, *Until Darwin: Science,*

Human Variety and the Origins of Race (London: Pickering and Chatto, 2010).

6. Angelique Richardson, *Love and Eugenics in the Late Nineteenth Century: Rational Reproduction and the New Woman* (New York: Oxford University Press, 2008); Erika Lorraine Milam, *Looking for a Few Good Males: Female Choice in Evolutionary Biology* (Baltimore: Johns Hopkins University Press, 2010); and Kimberly Hamlin, *From Eve to Evolution: Darwin, Science, and Women's Rights in Gilded Age America* (Chicago: University of Chicago Press, 2014).

7. 최근 이루어진 성선택에 관한 실험실 연구에 관해서는, Erika Lorraine Milam, "'The Experimental Animal from the Naturalist's Point of View': Evolution and Behavior at the AMNH, 1928-1954," *Descended from Darwin: Insights into the History of Evolutionary Studies, 1900-1970*, eds. Joe Cain, Michael Ruse, *Transactions of the American Philosophical Society*, vol. 99, pt. 1 (Philadelphia: American Philosophical Society, 2009), 157-178. 초파리 실험의 과학적 권위에 관해서는, Robert Kohler, *Lords of the Fly: Drosophila Genetics and the Experimental Life* (Chicago: University of Chicago Press, 1994) 참조.

8. Milam, *Looking for a Few Good Males*, 5장.

9. Robert Trivers, "The Evolution of Reciprocal Altruism," *Quarterly Review of Biology* 46 (1971): 35-57; 로버트 트리버스에게서 따온 인용구는 *Natural Selection and Social Theory: Selected Papers of Robert Trivers* (New York: Oxford University Press, 2002), 5.

10. Marcel Mauss, *The Gift*, trans. W. D. Halls (London: Routledge, 1990).

11. 이 시기 집단 선택의 쇠퇴에 관해선, Mark Borello, *Evolutionary Restraints: The Contentious History of Group Selection* (Chicago: University of Chicago Press, 2010) 참조.

12. Robert Trivers, "Parental Investment and Sexual Selection," *Sexual Selection and the Descent of Man, 1871-1971*, ed. Bernard Campbell (Chicago: Aldine, 1972), 136-179.

13. 1970년대 출간된 트리버스의 다른 두 글, Robert Trivers, Daniel Willard, "Natural Selection of Parental Ability to Vary the Sex Ratio of Offspring," *Science* 179 (1973): 90-92와 Robert Trivers, "Parent-Offspring Conflict," *American Zoologist* 14 (1974): 247-262 참조.

14. Alcock, *Animal Behavior: An Evolutionary Approach* (Sunderland, MA: Sinauer, 1975); 2nd ed. (1979); 3rd ed. (1984); 4th ed. (1989); 5th ed. (1993); 6th ed. (1998); 7th ed. (2001); 8th ed. (2005); 9th ed. (2009).

15. E. O. Wilson, *Sociobiology: A New Synthesis* (Cambridge, MA: Harvard University Press, 1975); Paul Erickson, "Mathematical Models, Rational Choice, and the Search for Cold War Culture," *Isis* 101 (2010): 386-392.

16. 반면 앨콕의 교과서만큼 인기 있는 더글러스 푸타이마의 교과서『진화생물학Evolutionary Biology』에서는 성선택을 자연선택의 한 부분으로 취급했고, 이 책의 마지막 장을 인간 행동에 진화론을 적용하는 것을 반대하는 이론을 펼치는 데 할애했다. Futuyma, *Evolutionary Biology* (Sunderland, MA: Sinauer, 1979) 참조.

17. Alcock, *Animal Behavior*, 2nd ed., 259.

18. Alcock, *Animal Behavior*, 3rd ed., 380.

19. 과학사에서 '영웅'과 영웅에 관한 묘사에 대해서는 Misia Landau, "Human Evolution as Narrative," *American Scientist* 72 (1984): 262-268; Mary Jo Nye, "Scientific Biography: History of Science by Another Means," *Isis* 97 (2006): 322-329 그리고 Mott Greene, "Writing Scientific Biography," *Journal of the History of Biology* 40 (2007): 727-759 참조. 과학 전기의

관례적인 구조가 지난 수십 년간 조금이라도 바뀌었다면, 과학 이론과 그 이론의 '발견자'를 연관 짓지 않았을 것이다.

20. 하지만 표현은 동일한 것이었다. Alcock, *Animal Behavior*, 5th ed., 400, 402 참조.

21. Alcock, *Animal Behavior*, 6th ed., 439.

22. 트리버스의 자기 성찰적 작품 『자연선택과 사회 이론Natural Selection and Social Theory』 참조.

23. 제 8판과 9판에서 앨콕은 다음과 같이 말하면서, 다윈이 모든 것을 다 알고 있다는 사실을 전적으로 인정하지 않았다. "한 종의 구성원들이 누가 생식을 할 수 있고 누가 생식을 할 수 없는지 결정할 수 있다는 사실을 깨달은 다윈은 진화의 기회가 성선택에 의해 좌우될 수 있다고 주장하게 됐다." Alcock, *Animal Behavior*, 8th ed., 338; Alcock, *Animal Behavior*, 9th ed., 340 참조.

24. 조앤 러프가든이 이 분야에 불을 지핀 논쟁에 관해선, Joan Roughgarden, *The Genial Gene*: *Deconstructing Darwinian Selfishness* (Berkeley and Los Angeles: University of California Press, 2009) 참조.

25. Robert Trivers, *Folly of Fools*: *The Logic of Deceit and Self-Deception in Human Life* (New York: Basic Books, 2011).

통념 15

내가 직접 참석하지 못했던 미팅에서 내 글에 피드백을 준 데이비드 럿지에게, 존 팔리의 세심한 연구에, 또한 파스퇴르의 자연 발생과 그 이론의 사회정치적 맥락에 관한 제리 게이슨의 후기 연구에 감사를 드린다.

인용문: Thomas S. Hall, *Ideas of Life and Matter*, 2 vols. (Chicago: University of Chicago Press, 1969), 2:294.

1. Gerald L. Geison, *The Private Science of Louis Pasteur* (Princeton, NJ: Princeton University Press, 1995) 에 인용된 Auguste Lutestaud의 말.

2. 위의 책, 111.

3. John Farley, *The Spontaneous Generation Controversy from Descartes to Oparin* (Baltimore: Johns Hopkins University Press, 1974), 94-96.

4. Garland E. Allen and Jeffrey J. W. Baker, *Biology: Scientific Process and Social Issues* (New York: John Wiley and Sons, 2001), 59-61.

5. Clémence Royer, *De l'origine des Espéces par Sélection Naturelle* (Paris: Guillaumin and Masson, 1862).

6. Renan, Ernest. *Vie de Jésus* (Paris: Nelson; Calmann-Levy, 1863).

7. Félix Pouchet, *Hétérogénie; ou Traité de la Génération Spontanée* (Paris: Bailliére, 1859).

8. Geison, *Private Science of Louis Pasteur*, 125-127.

9. Bruno Latour, *The Pasteurization of France* (Cambridge, MA: Harvard University Press, 1988), 8ff.

이 장의 초고에 유용한 조언을 해준 딕 버리언, 가 앨런, 로널드 넘버스에게 감사의 말을 전한다. 또한 멘델 논문의 새로운 번역본이 나왔다는 것을 알려준 스타판 뮐러빌레와 커스턴 홀에게도 감사를 드린다.

인용문: Ilona Miko, "Gregor Mendel and the Principles of Inheritance," *Nature Education* 1 (2008):134; A. M. Winchester, *Encyclopedia Britannica Online*, s.v. "The Work of Mendel," 2014년 2월 20일 접속, www.britannica.com/EBchecked/topic/228936/genetics/261528/The-work-of-Mendel.

1. Robert C. Olby, "Mendel No Mendelian?" *History of Science* 17 (1979): 53-72, Augustine Brannigan, "The Reification of Mendel," *Social Studies of Science* 9 (1979): 423-454 참조.

2. 이 글을 쓰기 위해 나는 멘델의 "잡종 식물에 대한 실험Versuche über Pflanzen-Hybriden"의 번역본을 참고했는데, 그 책은 현재 커스턴 홀과 스타판 뮐러빌레가 온라인 출간 작업을 준비하고 있다. 스타판 뮐러빌레와 한스요르그 라인베르거의 『유전의 문화사A Cultural History of Heredity』 (Chicago: University of Chicago Press, 2012)를 참고해보는 것도 좋다.

3. Robert C. Olby, *Origins of Mendelism*, 2nd. ed. (Chicago: University of Chicago Press, 1985), Garland E. Allen, "Mendel and Modern Genetics: The Legacy for Today," *Endeavour* 27 (2003): 63-68, Sander Glibbof "The Many Sides of Gregor Mendel," *Outsider Scientists: Routes to Innovation in Biology*, eds. Oren Harman, Michael R. Dietrich (Chicago: University of Chicago Press, 2013) 참조.

4. Olby, *Origins of Mendelism*, 100-103 참조.

5. Mendel, "Experiments on Plant Hybrids," trans. Kersten Hall, Staffan Müller-Wille.

6. Kersten Hall과 Staffan Müller-Wille이 번역한 Mendel의 논문에서 각주와 본문 참조.

7. Mendel, "Experiments on Plant Hybrids," trans. Kersten Hall and Staffan Müller-Wille.

8. Olby, *Origins of Mendelism*, 33 (각주 4) 참조.

9. 이 비율에서, 2개의 군은 각 부모 각각의 형질을 닮았고(AB 및 ab), 다른 2개의 군은 부모 각각에게서 하나의 형질씩을 따라서 가진다(Ab 및 aB). 4개의 군은 2번씩 나타나고 부모의 형질과 더불어 잡종 형질(ABb, ABb, AaB, Aab)를 가지며, 마지막으로 두 형질의 모두 잡종인 1개의 군(AaBb)은 4번 나타난다.

10. Mendel, "Experiments on Plant Hybrids," 170-171(독일어 원문에서는 17쪽. 다음 웹사이트를 참조 http://www.esp.org/foundations/genetics/classical/gm-65-f.pdf).

11. Mendel, "Experiments on Plant Hybrids," (독일어 원문에서는 22쪽. 다음 웹사이트를 참조 http://www.esp.org/foundations/genetics/classical/gm-65-f.pdf).

12. Kostas Kampourakis, "Mendel and the Path to Genetics: Portraying Science as a Social Process," *Science & Education* 2 (2013): 293-324 참조.

13. Olby, *Origins of Mendelism*, 216-220 참조.

14. 위의 책, 103-104, Brannigan, "The Reification of Mendel," 428-429 참조.

15. Peter J. Bowler, *The Mendelian Revolution: The Emergence of Hereditarian Concepts in Modern Science and Society* (Baltimore: Johns Hopkins University Press, 1989) 참조.

16. Annie Jamieson, Gregory Radick, "Putting Mendel in His Place: How Curriculum Reform in Genetics and Counterfactual History of Science Can Work Together," *The*

Philosophy of Biology: A Companion for Educators, ed. Kostas Kampourakis (Dordrecht: Springer 2013), 577-595 참조.

통념 17

코스타스 캄푸러키스와 밥 리처즈의 조언에 감사를 표한다.

인용문: John P. Rafferty ed., *New Thinking about Evolution* (New York: Britannica Educational Publishing, 2011), 56-57; Oswego City School District Regents Exam Prep Center (1999-2011), (2015.05.09.), regentsprep.org/regents/core/questions/questions.cfm?Course=ushg&TopicCode=3c.

1. Charles Darwin, *The Descent of Man and Selection in Relation to Sex*, 2 vols. (New York: D. Appleton, 1871), 1:161-162.

2. 위의 책 1:172, 2:385-386 참조. John C. Greene, "Darwin as a Social Evolutionist," *Journal of the History of Biology* 10 (1977): 1-27; 다윈이 그레이엄에게 보낸 편지, (1881년 7월 3일), Darwin Correspondence Project Database (www.darwinproject.ac.uk/entry-13230); Richard Weikart, "A recently Discovered Darwin Letter on Social Darwinism," *Isis* 86 (1995): 609-611 참조.

3. Ronald L. Numbers, *Darwinism Comes to America* (Cambridge, MA: Harvard University Press, 1998), 37-38 (르콩트와 파월을 인용)

4. Herbert Spencer, *Social Statics; or, The Conditions Essential to Human Happiness Specified, and the First of Them Developed* (New York: D. Appleton, 1873), 413 참조.

5. Herbert Spencer의 *An Autobiography*, vol. 2에 실린 출판자의 주석 (New York: D. Appleton, 1904), 2:113 참조.

6. Henry Fairfield Osborn, "The Spencerian Biology," *New York Times*, (1890.04.06.), 13. 스펜서가 미국인들의 종교 사상에 미친 미미한 영향을 떠올리며 Jon H. Roberts, *Darwinism and the Divine in America: Protestant Intellectuals and Organic Evolution, 1859-1900* (Madison: University of Wisconsin Press, 1988), 76, 274, 290을 참조하라.

7. Mark Francis, *Herbert Spencer and the Invention of Modern Life* (Ithaca, NY: Cornell University Press, 2007), 2 참조.

8. William Graham Sumner, *The Forgotten Man and Other Essays*, ed. Albert Galloway Keller (New Haven, CT: Yale University Press, 1918; 본래 1879년에 쓰였다), 225 참조.

9. Robert C. Bannister Jr., "William Graham Sumner's Social Darwinism: A Reconsideration," *History of Political Economy* 5 (1973): 89-109, 특히 102. 섬너의 '반다윈주의적' 접근에 주목하며 Donald C. Bellomy, "'Social Darwinism' Revisited," *Perspectives in American History*, n.s., 1 (1984): 1-29와 Norman Erik Smith, "William Graham Sumner as an Anti-Social Darwinist," *Pacific Sociological Review* 22 (1979): 332-347을 참조하라.

10. Irvin G. Wyllie, *The Self-Made Man in America: The Myth of Rags to Riches* (New Brunswick, NJ: Rutgers University Press, 1954), 83-87 참조.

11. Irvin G. Wyllie, "Social Darwinism and the Businessman," *Proceedings of the American Philosophical Society* 103 (1959): 629-635, 특히 632 참조.

12. Charles V. Chapin, "Preventive Medicine and Natural Selection," *Journal of Social Science* 41 (1903): 54-60, 특히 54 참조.

13. 위의 책, 56 참조.

14. William Jennings Bryan, *The Menace of Darwinism* (New York: Fleming H. Revell, 1921), 36-39. 또한 브라이언은 이 구절을 다윈의 사후 출간된 "Last Speech," *The World's Most Famous Court Trial*: Tennessee *Evolution Case* (Cincinnati: National Book, 1925), 335로부터 인용했다. 이전에 다윈의 이 구절을 인용한 문헌 중 내가 찾은 것은, Caleb Williams Saleeby, *Parenthood and Race Culture*: *An Outline of Eugenics* (London: Gassel, 1909), 171.

15. John S. Haller Jr., *Outcasts from Evolution*: *Scientific Attitudes of Racial Inferiority, 1859-1900* (Urbana: University of Illinois Press, 1971), Jeffrey P. Moran, "The Scopes Trial and Southern Fundamentalism in Black and White: Race, Region, and Religion," *Journal of Southern History* 70 (2004): 95-120, 특히 100 참조. Eric D. Anderson, "Black Responses to Darwinism, 1859-1915," *Disseminating Darwinism*: *The Role of Place, Race, Religion, and Gender*, eds. Ronald L. Numbers, John Stenhouse (Cambridge: Cambridge University Press, 1999), 247-266도 참조.

16. Kimberly A. Hamlin, *From Eve to Evolution*: *Darwin, Science, and Women's Rights in Gilded Age America* (Chicago: University of Chicago Press, 2014), 23 참조. 또한 Sally Gregory Kohlstedt, Mark R. Jorgensen, "'The Irrepressible Woman Question': Women's Responses to Evolutionary Ideology," Numbers, Stenhouse, *Disseminating Darwinism*, 266-293도 참조.

17. Mike Hawkins, *Social Darwinism in European and American Thought, 1860-1945* (Cambridge: Cambridge University Press, 1997), 97 참조. Paul Crook, *Darwinism, War, and History*: *The Debate over the Biology of War from the "Origin of Species" to the First World War* (Cambridge: Cambridge University Press, 1994)과 Edward Caudill, *Darwinian Myths*: *The Legends and Misuses of a Theory* (Knoxville: University of Tennessee Press, 1997), 5장도 참조.

18. Ronald L. Numbers, *The Creationists*: *From Scientific Creationism to Intelligent Design*, 증보판 (Cambridge, MA: Harvard University Press, 2006), 55-56과 David Starr Jordan, "Social Darwinism," *Public*, (1918.03.30.), 400-401 참조.

19. Bellomy, "'Social Darwinism' Revisited," 42-51, 2. 또한 Geoffrey M. Hodgson, "Social Darwinism in Anglophone Academic Journals: A Contribution to the History of the Term," *Journal of Historical Sociology* 17 (2004): 428-463 참조. 호지슨(433쪽)과 다른 이들은 "사회진화론"이라는 단어가 독일인 동물학자 오스카 슈미트Oscar Schmidt의 "Science and Socialism," *Popular Science Monthly* 14 (1879): 577-591를 영어로 번역한 미국의 출판물에서 처음 사용되었다고 주장했으나, 사실이 아니다.

20. 워드의 논평 내용을 담고 있는 D. Collin Wells의 "Social Darwinism," *American Journal of Sociology* 12 (1907): 695-716을 참조.

21. Lester F. Ward, "Social and Biological Struggles," *American Journal of Sociology* 13 (1907): 289-299, 특히 289, 293 참조.

22. Richard Hofstadter, *Social Darwinism in American Thought*, 1860-1915 (Philadelphia: University of Pennsylvania Press, 1944), vii 참조.

23. 위의 책 147 참조. Richard Hofstadter, "William Graham Sumner, Social Darwinist," *New*

England Quarterly 14 (1941): 457-477도 참조.
24. Mark A. Largent, "Social Darwinism Emerges and Is Used to Justify Imperialism, Racism, and Conservative Economic and Social Policies," *Science and Its Times: Understanding the Social Significance of Scientific Discovery*, ed. Neil Schlager, vol. 5, 1800-1899 (Detroit: Gale Group, 2000), 134-136 참조.

통념 18

좋은 코멘트와 제안을 해준 캐시 올레스코, 존 하일브론, 만수르 니아즈, 그리고 이 장의 편집자들에게 감사를 표한다.

인용문: James Richards 외, *Modern University Physics* (London: Addison Wesley, 1960), 763.
1. Gerald Holton, *Thematic Origins of Scientific Thought: Kepler to Einstein* (Cambridge, MA: Harvard University Press, 1973), 327.
2. Gerald Holton, *Thematic Origins of Scientific Thought: Kepler to Einstein*, 개정판 (Cambridge, MA: Harvard University Press, 1988), 478.
3. John Stachel, *Einstein from "B" to "Z"* (Boston: Birkhäuser, 2002), 175; Arthur I. Miller, *Albert Einstein's Special Theory of Relativity: Emergence* (1905), 그리고 *Early Interpretation* (1905-1911) (New York: Springer, 1998), 85; Nancy J. Nersessian, "Ad Hoc Is Not a Four-Letter Word: H. A. Lorentz and the Michelson-Morley Experiment," *The Michelson Era in American Science*, eds. Stanley Goldberg, Roger H. Stuewer (New York: American Institute of Physics, 1988), 71-77 참조.
4. Albert Einstein, "Über das Relativitätsprinzip und die aus Demselben Gezogenen Folgerungen," *Jahrbuch der Radioaktivität* 4 (1907): 411-462; 영어 번역은 *The Collected Papers of Albert Einstein*, vol. 2, *The Swiss Years: Writings, 1900-1909* (Princeton, NJ: Princeton University Press, 1989), 252-311.
5. John Norton의 "Einstein's Special Theory of Relativity and the Problems in the Electrodynamics of Moving Bodies That Led Him to It," *The Cambridge Companion to Einstein*, eds. Michel Janssen, Christoph Lehner (New York: Cambridge University Press, 2014), 72-102 참조.
6. Richard Staley, *Einstein's Generation: The Origins of the Relativity Revolution* (Chicago: University of Chicago Press, 2009), 11 참조.
7. Einstein, "Über das Relativitätsprinzip," 253, 257.
8. Holton, *Thematic Origins of Scientific Thought*, 개정판, 352.
9. Max von Laue, *Das Relativitätsprinzip* (Braunschweig: Friedrich Vieweg & Sohn, 1911), 13.
10. Albert Einstein, *Essays in Science* (New York: Philosophical Library, 1934), 49; Albert Einstein, Leopold Infeld, *The Evolution of Physics* (Cambridge: Cambridge University Press, 1938), 183-184.
11. Charles Kittel, Walter D. Knight,, Malvin A. Ruderman, *Mechanics: Berkeley Physics Course*, vol. 1st, 2nd ed., A. Carl Helmholz, Burton J. Moyer 개정 (New York: McGraw-Hill,

1973), 326.

12. Georg Joos, Ira Freeman, *Theoretical Physics*, 3rd ed. (London: Blackie and Son, 1958 [1934]), 249. 장두의 인용문도 보라.

13. Andy Pickering, "Against Putting the Phenomena First: The Discovery of the Weak Neutral Current," *Studies in History and Philosophy of Science* 15 (1984): 85–117 참조.

14. Helge Kragh, "Max Planck: The Reluctant Revolutionary," *Physics World* 13 (2000년 12월): 31–35 참조.

통념 19

인용문: Allvar Gullstrand, "Nobel Prize Presentation Speech," *Nobel Lectures: Physics, 1922–1941* (Amsterdam: Elsevier, 1965); *Encyclopedia Britannica Online*, s.v. "Millikan Oil-Drop Experiment," 2014년 3월 20일 접근, www.britannica.com/EBchecked/topic/382908/Millikan-oil-drop-experiment.

1. Joseph J. Thomson, "Cathode Rays," *Philosophical Magazine* 44 (1897): 293–316; Robert P. Crease, "Critical Point: The Most Beautiful Experiment," *Physics World* 15 (2002): 19–20.

2. Gerald Holton, "Subelectrons, Presuppositions, and the Millikan–Ehrenhaft Dispute," *Historical Studies in the Physical Sciences* 9 (1978): 161–224.

3. Robert A. Millikan, "On the Elementary Electrical Charge and the Avogadro Constant," *Physical Review* 2 (1913): 109–143.

4. Gerald Holton, "On the Hesitant Rise of Quantum Physics Research in the United States," *The Michelson Era in American Science, 1870–1930*, eds. Stanley Goldberg, Roger H. Stuewer (New York: American Institute of Physics, 1988), 177–205.

5. Holton, "Subelectrons," 209; 이 문헌의 초기 버전(원서는 이탈리아어)을 읽은 뒤, 2014년 8월 3일 제럴드 홀턴이 저자에게 개인적으로 연락하여 허락을 받아 복제했다. 홀턴의 기여에 감사를 표한다.

6. 위의 글, 199–200의 강조는 필자.

7. 위의 글, 184.

8. Mansoor Niaz, "The Oil Drop Experiment: A Rational Reconstruction of the Millikan–Ehrenhaft Controversy and Its Implications for Chemistry Textbooks," *Journal of Research in Science Teaching* 37 (2000): 480–508; María A. Rodríguez, Mansoor Niaz, "The Oil Drop Experiment: An Illustration of Scientific Research Methodology and Its Implications for Physics Textbooks," *Instructional Science* 32 (2004): 357–386.

9. Holton, "Subelectrons"; Mansoor Niaz, "An Appraisal of the Controversial Nature of the Oil Drop Experiment: Is Closure Possible?" *British Journal for the Philosophy of Science* 56 (2005): 681–702. 이 장에서 우리는 기름방울 실험의 다양한 해석을 검토하고, 이를 결론짓고자 한다.

10. Rodríguez, Niaz, "The Oil Drop Experiment," 375–377; Stephen Klassen, "Identifying and Addressing Student Difficulties with the Millikan Oil Drop Experiment," *Science & Education* 18 (2009): 593–607.

이 장의 수준을 끌어올려준 딕 버리언과 편집자분들에게 감사를 표한다.

인용문: Christoph Schönborn, "Finding Design in Nature," *New York Times*, 2005년 7월 7일, A27면.

1. Julian Huxley, *Evolution: The Modern Synthesis* (London: Allen and Unwin, 1942).
2. A Scientific Dissent from Darwinism, Discovery Institute, 2014년 4월 13일 접근, www.dissentfromdarwin.org.
3. Pius XII, *Humani Generis*, 1950, http://w2.vatican.va/content/pius-xii/en/encyclicals/documents/hf_p-xii_enc_12081950_humani-generis.html; John Paul II, "Message to the Pontifical Academy of Sciences: On Evolution," 1996년 10월 22일, www.ewtn.com/library/PAPALDOC/JP961022.HTM.
4. G. M. Auletta, M. Leclerc, R. Martinez, eds., *Biological Evolution: Facts and Theories; A Critical Appraisal 150 Years after "The Origin of Species"* (Rome: Gregorian and Biblical Press, 2011); Ronald L. Numbers, *The Creationists: From Scientific Creationism to Intelligent Design*, 증보판 (Cambridge, MA: Harvard University Press, 2006), 395-396.
5. August Weismann, *The Germ-Plasm: A Theory of Heredity* (New York: Charles Scribner's Sons, 1893 [1892]), xiii.
6. Wilhelm Johannsen, *Elemente der exakten Erblichkeitslehre* (Jena: Gustav Fischer, 1909).
7. 진화의 요소와 어떤 것이 '창조적' 요소인지에 관한 논쟁을 보고자 한다면, Herbert Spencer, *The Factors of Organic Evolution* (New York: D. Appleton, 1887) 참조. 여기서 '요소'는 대행자, 혹은 진화의 힘으로도 설명된다.
8. Vernon Kellogg, *Darwinism To-Day: A Discussion of Present-Day Scientific Criticism of the Darwinian Selection Theories* (New York: Holt, 1907).
9. William Provine, *The Origins of Theoretical Population Genetics* (Chicago: University of Chicago Press, 1971).
10. 이 정리는 하디-바인베르크 평형 공식으로, 독립적으로 연구했으나 비슷한 시기에 유도해낸 두 수학자의 이름을 따서 명명되었다. G. Hardy, "Mendelian Proportions in a Mixed Population," *Science* 28 (1908): 49-50 참조. 멘델주의와 다윈주의의 화해는 다음의 문헌에서 처음으로 언급되었다. Ronald A. Fisher, "The Correlation of Relations on the Supposition of Mendelian Inheritance," *Transactions of the Royal Society of Edinburgh* 52 (1918): 399-433.
11. Huxley, *Evolution*, 28; Theodosius Dobzhansky, *Genetics and the Evolutionary Process* (New York: Columbia University Press, 1970), 430-431; Ernst Mayr, *The Evolutionary Synthesis*의 서문, eds. Ernst Mayr, William Provine (Cambridge, MA: Harvard University Press, 1980), 18, 22.
12. 유전적 부동에 관해서는 다음을 참조하라. Roberta Millstein, Robert Skipper, Michael Dietrich, "(Mis)interpreting Mathematical Models: Drift as a Physical Process," *Philosophy and Theory in Biology* 1 (2009): e002.
13. Theodosius Dobzhansky, remark at the University of Chicago Darwin Centennial Celebration, 1959년 11월, Panel 2, eds. Sol Tax, Charles Callendar, *Evolution after Darwin*, 3 vols. (Chicago: University of Chicago Press, 1960), 3:115.

14. Sean B. Carroll, *Endless Forms Most Beautiful: The New Science of Evo Devo and the Making of the Animal Kingdom* (New York: W. W. Norton, 2005); Scott Gilbert, David Epel, *Ecological Developmental Biology* (Sunderland, MA: Sinauer, 2009).

15. Eva Jablonka, Marian Lamb, *Evolution in Four Dimensions: Genetic, Epigenetic, Behavioral, and Symbolic Variation in the History of Life* (Cambridge, MA: MIT Press, 2005).

16. David Depew, "Conceptual Change and the Rhetoric of Evolutionary Theory: 'Force Talk' as a Case Study and Challenge for Science Pedagogy," *The Philosophy of Biology: A Companion for Educators*, ed. Kostas Kampourakis (Dordrecht: Springer, 2013), 121-144.

17. Jonathan Wells, "Evolution and Intelligent Design," Discovery Institute, 1997년 6월 1일 접속, www.discovery.org/a/77.

18. Stephen Jay Gould, *Wonderful Life: The Burgess Shale and the Nature of History* (New York: W. W. Norton, 1989)는 지구의 생물의 더 큰 역사에서의 우연을 강조한다. Simon Conway Morris의 *The Crucible of Creation: The Burgess Shale and the Rise of Animals* (Oxford: Oxford University Press, 1998), 같은 저자의 *Life's Solution: Inevitable Humans in a Lonely Universe* (Cambridge: Cambridge University Press, 2003)는 누적적 적응성을 강조한다.

통념 21

이 장의 초고를 검토해준 브루스 그랜트, 여러 제안을 해준 데이비드 드퓨, 그리고 조언을 해준 코스타스 캄푸러키스와 로널드 넘버스에게 특별히 감사를 표한다.

인용문: George B. Johnson, Jonathan B. Losos, *The Living World*, 6th ed. (New York: McGraw-Hill, 2010), 303.

1. John B. S. Haldane, "A Mathematical Theory of Natural and Artificial Selection," *Transactions of the Cambridge Philosophical Society* 23 (1924): 19-41.

2. Edmund B. Ford, "Genetic Research in the Lepidoptera," *Annals of Eugenics* 10 (1940): 227-252.

3. Henry B. D. Kettlewell, "Selection Experiments on Industrial Melanism in the Lepidoptera," *Heredity* 9 (1955): 323-42; Henry B. D. Kettlewell, "Further Selection Experiments on Industrial Melanism in the Lepidoptera," *Heredity* 10 (1956): 287-301.

4. David W. Rudge, Janice M. Fulford, "The Role of Visual Imagery in Textbook Portrayals of Industrial Melanism," *Science and Culture: Promise, Challenge and Demand: Book of Proceedings for the Eleventh International History, Philosophy and Science Teaching (IHPST) and Sixth Greek History, Philosophy and Science Teaching Joint Conference*, eds. Fanny Seroglou, Vassilis Koulountzos, Anastasios Siatras (Thessaloniki, Greece: Aristotle University, 2011), 630-637.

5. Bruce S. Grant, "Fine Tuning the Peppered Moth Paradigm," *Evolution* 53 (1999): 980-984; Lawrence M. Cook, "The Rise and Fall of the Carbonaria Form of the Peppered Moth," *Quarterly Review of Biology* 78 (2003): 1-19; Bruce S. Grant 외, "Geographic and Temporal Variation in the Incidence of Melanism in Peppered Moth Populations in America and Britain," *Journal of Heredity* 89 (1998): 465-471; Lawrence M. Cook 외, "Selective Bird

Predation on the Peppered Moth: The Last Experiment of Michael Majerus," *Biological Letters* 8 (2012): 609–612; Michael E. N. Majerus, *Melanism: Evolution in Action* (Oxford: Oxford University Press, 1998).

6. Jonathan Wells, *Icons of Evolution: Science or Myth? Why Much of What We Teach about Evolution Is Wrong* (Washington, DC: Regnery Publishing, 2002), x. 이에 대한 주요한 비평으로는, David W. Rudge, "Cryptic Designs on the Peppered Moth," *International Journal of Tropical Biology and Conservation* 50 (2002): 1–7.

7. Judith Hooper, *Of Moths and Men: An Evolutionary Tale: Intrigue, Tragedy and the Peppered Moth* (London: Fourth Estate, 2002). 이에 대한 주요한 비평으로는, David W. Rudge, "Did Kettlewell Commit Fraud? Re-examining the Evidence," *Public Understanding of Science* 14 (2005): 249–268.

8. Rudge, Fulford, "Role of Visual Imagery," 632.

9. David W. Rudge, "H. B. D. Kettlewell's Research, 1937–1953: The Influence of E. B. Ford, E. A. Cockayne and P. M. Sheppard," *History and Philosophy of the Life Sciences* 28 (2006): 359–388.

10. David W. Rudge, "Does Being Wrong Make Kettlewell Wrong for Science Teaching?" *Journal of Biology Education* 35 (2000): 5–11.

통념 22

조언을 해준 코스타스 캄푸리키스, 로널드 넘버스, 피터 램버그에게 감사의 말을 전한다.

인용문: Alan N. Schechter, Griffin P. Rodgers, "Sickle Cell Anemia: Basic Research Reaches the Clinic," *New England Journal of Medicine* 20 (1995): 1372–1374, 특히 1372; Teresa Audesirk, Gerald Audesirk, Bruce E. Byers, *Biology: Life on Earth*, 6th ed. (San Francisco: Benjamin Cummings, 2011), 227–228.

1. Dorothy Nelkin, Suzan Lindee, *The DNA Mystique: The Gene as a Cultural Icon* (Ann Arbor: University of Michigan Press, 2004); Sheldon Krimsky, Jeremy Gruber eds., *Genetic Explanations: Sense and Nonsense* (Cambridge, MA: Harvard University Press, 2013).

2. Thomas Hager, *Force of Nature: The Life of Linus Pauling* (New York: Simon and Schuster, 1995); Linus Pauling 외, "Sickle Cell Anemia, a Molecular Disease," *Science* 110 (1949): 543–548; Bruno J. Strasser, "Sickle Cell Anemia, a Molecular Disease," *Science* 286 (1999): 1488–1490; Bruno J. Strasser, "Linus Pauling's 'Molecular Diseases': Between History and Memory," *American Journal of Medical Genetics* 115(2002): 83–93; Teresa Audesirk, Gerald Audesirk, Bruce E. Byers, *Biology: Life on Earth* (San Francisco: Benjamin Cummings, 2011), 227.

3. Roland Barthes, *Mythologies* (Paris: Editions du Seuil, 1957); Bruno J. Strasser, "Who Cares about the Double Helix?" *Nature* 422 (2003): 803–804; Pnina G. Abir-Am, Clark A. Elliott eds., *Commemorative Practices in Science: Historical Perspectives on the Politics of Collective Memory* (Chicago: University of Chicago Press, 2000).

4. Schechter, Rodgers, "Sickle Cell Anemia," 1372; I. M. Klotz, D. N. Haney, L. C. King,

"Rational Approaches to Chemotherapy: Antisickling Agents," *Science* 213 (1981): 724–731.

5. Soraya de Chadarevian, Harmke Kamminga eds., *Molecularizing Biology and Medicine: New Practices and Alliances, 1910s–1970s* (Amsterdam: Harwood Academic Publishers, 1998); Pauling, "Sickle Cell Anemia," 547.

6. John Parascandola, "The Theoretical Basis of Paul Ehrlich's Chemotherapy," *Journal of the History of Medicine and Allied Sciences* 36 (1981): 19–43; Robert Bud, *Penicillin: Triumph and Tragedy* (Oxford: Oxford University Press, 2007); Jack E. Lesch, *The First Miracle Drugs: How the Sulfa Drugs Transformed Medicine* (New York: Oxford University Press, 2007); Jordan Goodman, Vivien Walsh, *The Story of Taxol: Nature and Politics in the Pursuit of an Anti-Cancer Drug* (Cambridge: Cambridge University Press, 2001).

7. Strasser, "Linus Pauling."

8. Lily E. Kay, *The Molecular Vision of Life: Caltech, the Rockefeller Foundation, and the Rise of the New Biology* (New York: Oxford University Press, 1993), 6장; Suzan M. Lindee, *Moments of Truth in Genetic Medicine* (Baltimore: Johns Hopkins University Press, 2005); Nathaniel C. Comfort, *The Science of Human Perfection: How Genes Became the Heart of American Medicine* (New Haven, CT: Yale University Press, 2012).

9. Schechter, Rodgers, "Sickle Cell Anemia"; Keith Wailoo, Stephen G. Pemberton, *The Troubled Dream of Genetic Medicine: Ethnicity and Innovation in Tay-Sachs, Cystic Fibrosis, and Sickle Cell Disease* (Baltimore: Johns Hopkins University Press, 2006); Bruno J. Strasser, "Response," *Science* 287 (2000): 593; Valentine Brousse, Julie Makani, David C. Rees, "Management of Sickle Cell Disease in the Community," *British Medical Journal* 348 (2014): 1765–1789.

10. Simon D. Feldman, Alfred I. Tauber, "Sickle Cell Anemia: Reexamining the First 'Molecular Disease,'" *Bulletin of the History of Medicine* 71 (1997): 623–650.

11. Linus Pauling to J. B. S. Haldane, 1955년 7월 18일, Eva Helen, Linus Pauling Papers, Oregon State University; Linus Pauling, "The Hemoglobin Molecule in Health and Disease," *Proceedings of the American Philosophical Society*, 96 (1952): 556–565, 특히 564; 폴링이 타자기로 친 원본은, "Abnormal Hemoglobin Molecules in Relation to Disease," 1956, Pauling Papers, 22.

12. Kay, *Molecular Vision of Life*; Jean-Paul Gaudillière, *Inventer la Biomédecine: La France, l'Amérique et la Production des Savoirs du Vivant, 1945–1965* (Paris: La Découverte, 2002); Bruno J. Strasser, "Institutionalizing Molecular Biology in Post-War Europe: A Comparative Study," *Studies in the History and Philosophy of Biological and Biomedical Sciences* 33C (2002): 533–564.

13. Vivian Quirke, Jean-Paul Gaudillière, "The Era of Biomedicine: Science, Medicine, and Public Health in Britain and France after the Second World War," *Medical History* 52 (2008): 441–452; Bruno J. Strasser, "Magic Bullets and Wonder Pills: Making Drugs and Diseases in the Twentieth Century," *Historical Studies in the Natural Sciences* 38 (2008): 303–312; Bruno J. Strasser, *Biomedicine: Meanings, Assumptions, and Possible Futures* (Berne: CSST, 2014).

14. Evelyn F. Keller, *The Mirage of a Space between Nature and Nurture* (Durham, NC: Duke University Press, 2010).

통념 23

인용문: Larry Abramson, "Sputnik Left Legacy for U.S. Science Education," 2007년 9월 30일 접속, www.npr.org/templates/story/story.php?storyId=14829195; Barack H. Obama, State of the Union Address, 2011년 1월 25일, www.whitehouse.gov/the-press-office/2011/01/25/remarks-president-state-union-address.

1. Paul Dickson, *Sputnik: The Shock of the Century* (New York: Walker Publishing, 2001). 아이젠하워의 말은 다음 문헌에 나온다. Robert A. Divine, *The Sputnik Challenge: Eisenhower's Response to the Soviet Satellite* (New York: Oxford University Press, 1993), 15.

2. PSSC 교육과정 프로젝트에 관한 자세한 내용은 John L. Rudolph, *Scientists in the Classroom: The Cold War Reconstruction of American Science Education* (New York: Palgrave Macmillan, 2002), 4장과 5장 참조. 재커라이어스의 인용문은 MIT 내 Institute Archives와 Special Collections에서 소장 중인 PSSC 구술 역사 자료집에 있는 재커라이어스 인터뷰 내용을 참조.

3. AIBS Executive Committee meeting minutes, 1952년 1월 4일, Papers of the American Institute of Biological Sciences, AIBS, Washington, DC, box 2; NRC, Conference on Biological Education meeting minutes, 1953년 3월 10일, National Academy of Sciences, Committee on Educational Policies [NAS/CEP], National Academy of Sciences Archives, Washington, DC. 이 여름 워크숍의 결과는 Chester A. Lawson, Richard E. Paulson, *Laboratory and Field Studies in Biology: A Sourcebook for Secondary Schools* (New York: Holt, Rinehart and Winston, 1958) 참조. BSCS의 기원에 관한 개요는 Rudolph, *Scientists in the Classroom*, 6장 참조.

4. J. Merton En gland, *A Patron for Pure Science: The National Science Foundation's Formative Years, 1945-57* (Washington, DC: National Science Foundation, 1982); Daniel Lee Kleinman, *Politics on the Endless Frontier* (Durham, NC: Duke University Press, 1995). 화학 프로젝트의 기원에 관한 자세한 내용은 Paul Westmeyer, "The Chemical Bond Approach to Introductory Chemistry," *School Science and Mathematics* 61 (1961): 317-322 참조.

5. Diane Ravitch, *The Troubled Crusade: American Education, 1945-1980* (New York: Basic Books, 1983), 26-41; Carl F. Kaestle, "Federal Aid to Education since World War II: Purposes and Politics," *The Future of the Federal Role in Education*, ed. Jack Jennings (Washington, DC: Center on Education and Policy, 2001), 13-36.

6. Hillier Krieghbaum, Hugh Rawson, *An Investment in Knowledge: The First Dozen Years of the National Science Foundation's Summer Institutes Programs to Improve Secondary School Science and Mathematics Teaching, 1954-1965* (New York: New York University Press, 1969), 65-82.

7. Nicholas DeWitt, *Soviet Professional Manpower: Its Education, Training, and Supply* (Washington, DC: National Science Foundation, 1955).

8. 토머스의 인용문은 United States House of Representatives, *Hearings before the Subcommittee on In dependent Offices*, 1956년 1월 30일 (Washington, DC: U.S. Government Printing Office, 1956), 528, 522 참조. 운반 가능한 장치의 폭발 실험은 1955년 11월에 있었다. 소련이 성공적으로 첫 수소폭탄을 성공시킨 것은 1953년 9월이다. 이에 대해서는 Walter A. McDougall, *The Heavens and the Earth: A Political History of the Space Age* (New York:

Basic Books, 1985) 참조. 국가방위교육법에 관한 내용은 Wayne J. Urban, *More Than Science and Sputnik: The National Defense Education Act of 1958* (Tuscaloosa: University of Alabama Press, 2010) 참조.

9. 당시 주로 공교육을 비판하던 것들 중에는 Iddings Bell, *Crisis in Education: A Challenge to American Complacency* (New York: Whittlesey House, 1949); Albert Lynd, *Quackery in the Public Schools* (Boston: Little, Brown, 1953); Paul Woodring, *Let's Talk Sense about Our Schools* (New York: McGraw-Hill, 1953); Arthur E. Bestor, *Educational Wastelands: The Retreat from Learning in Our Public Schools* (Urbana: University of Illinois Press, 1953) 등이 있다. 당시 미국 교육을 둘러싼 배경에 관해서는 Rudolph, *Scientists in the Classroom*, 1장과 Ravitch, *Troubled Crusade*, 1장에서 더 자세히 확인할 수 있다.

통념 24

인용문: Jerry A. Coyne, "Science and Religion Aren't Friends," *USA Today*, 2010년 10월 11일, http://usatoday30.usatoday.com/news/opinion/forum/2010 10-11-column11STN.htm. Sam Harris, "Science Must Destroy Religion," *Huffington Post*, 2006년 1월 2일, *What Is Your Dangerous Idea?*, ed. John Brockman (New York: Harper, 2007)에 재수록, 148-151.

1. 이러한 신화의 많은 부분을 파헤쳐보려면, Ronald L. Numbers가 엮은 *Galileo Goes to Jail and Other Myths about Science and Religion* (Cambridge, MA: Harvard University Press, 2009) 참조. 또한, Peter Harrison이 엮은 *The Cambridge Companion to Science and Religion*, 1-5장; Jon H. Roberts, "Science and Religion," *Wrestling with Nature: From Omens to Science*, eds. Peter Harrison, Ronald L. Numbers, Michael H. Shank (Chicago: University of Chicago Press, 2011), 253-279도 참조. 보다 일반적인 경우를 살펴보려면 John Brooke, *Science and Religion: Some Historical Perspectives* (Cambridge: Cambridge University Press, 1991)를 참조.

2. John Heilbron, *The Sun in the Church: Cathedrals as Solar Obsevatories* (Cambridge, MA: Harvard University Press, 1999), 3.

3. David Livingstone, *Darwin's Forgotten Defenders: The Encounter between Evangelical Theology and Evolutionary Thought* (Vancouver: Regent College Publishing, 1984); Jon H. Roberts, *Darwinism and the Divine in America*, 2nd ed. (Notre Dame, IN: University of Notre Dame Press, 2001).

4. Ronald L. Numbers, *The Creationists: From Scientific Creationism to Intelligent Design*, 증보판 (Cambridge, MA: Harvard University Press, 2006).

5. Michael H Shank, "That the Medieval Christian Church Suppressed the Growth of Science," Numbers의 *Galileo Goes to Jail*, 19- 27, 특히 21-22.

6. 예를 들자면, Brooke, *Science and Religion*, eds. David C. Lindberg, Ronald L. Numbers, *When Science and Christianity Meet* (Chicago: University of Chicago Press, 2008); ed. Gary Ferngren, *Science and Religion: An Historical Introduction* (Baltimore: Johns Hopkins University Press, 2002), Peter Harrison, *The Fall of Man and the Foundations of Science* (Cambridge: Cambridge University Press, 2007); Peter Harrison, "Laws of Nature

in Seventeenth-Century England," *The Divine Order, the Human Order, and the Order of Nature*, ed. Eric Watkins (New York: Oxford University Press, 2013), 127-148, 그리고 Stephen Gaukroger, *The Emergence of a Scientific Culture* (Oxford: Oxford University Press, 2006) 등이 있다.

7. Peter Harrison, *The Territories of Science and Religion* (Chicago: University of Chicago Press, 2015).

8. Cotton Mather, *American Tears upon the Ruines of the Greek Churches* (Boston, 1701), 42-43.

9. John Milton, *Areopagitica* (Indianapolis: Liberty Fund, 1999; first published in 1644), 31f.

10. Voltaire, "Newton and Descartes," *Philosophical Dictionary*, 2nd ed., 6 vols. (London: John and Henry Hunt, 1824), 5:113.

11. Jean Le Rond d'Alembert, *Preliminary Discourse to the Encyclopedia of Diderot*, trans. Richard N. Schwab, Walter E. Rex (Chicago: University of Chicago Press, 1995), 74.

12. Nicolas de Condorcet, *Sketch for a Historical Picture of the Progress of the Human Mind*, trans. June Barraclough (New York: Noonday, 1955), 72.

13. 참고로 콩트와 버클에 대한 것은 Friedrich Albert Lange, *History of Materialism and Critique of Its Present Significance*, 2nd ed., trans. Ernest Chester Thomas, 3 vols. (Boston: James Osgood, 1877), 1:4을 참조. 또한, William Whewell, *History of the Inductive Sciences from the Earliest to the Present Time*, 2 vols. (New York: D. Appleton, 1858), 1:255을 참조.

14. John William Draper, *History of the Conflict between Science and Religion* (New York: D. Appleton, 1874), 52, 157-159, 160-161, 168-169; Andrew Dickson White, *A History of the Warfare of Science with Theology in Christendom*, 2 vols. (New York: D. Appleton, 1896), 1:71- 74, 108, 118; 2:49-55, 55-63. 더 많은 통념을 보고자 한다면, Numbers, *Galileo Goes to Jail* 참조.

15. Pippa Norris, Ronald Inglehart, *Sacred and Secular: Religion and Politics Worldwide* (Cambridge: Cambridge University Press, 2004), 68.

통념 25

콘퍼런스에 참여해 활발한 토론에 참여해준 분들과 이 장에 대해 통찰력 있는 의견을 제시해준 편집자분들에게 감사를 표한다.

인용문: Edmund Turnor, *Collections for the History of the Town and Soke of Grantham: Containing Authentic Memoirs of Sir Isaac Newton* (London: William Miller, 1806), 173n2; Decca Aitkenhead, "Peter Higgs: I Wouldn't Be Productive Enough for Today's Academic System," *Guardian*, 2013년 12월 6일, www.theguardian.com/science/2013/dec/06/peter-higgs-boson-academic-system.

1. Joseph Warton et al., ed., *The Works of Alexander Pope*, 9 vols. (London: Richard Priestley, 1822), 2:379.

2. Frank E. Manuel, *A Portrait of Isaac Newton* (Cambridge, MA: Harvard University Press, 1968); Robert Palter ed., *The Annus Mirabilis of Isaac Newton* (Cambridge, MA: MIT Press,

1971); Richard S. Westfall, *Never at Rest: A Biography of Sir Isaac Newton* (Cambridge: Cambridge University Press, 1980). 더 자세한 설명은 이 책의 통념 6을 참조하라.

3. William H. McNeill, "Mythistory, or Truth, Myth, History, and Historians," *American Historical Review* 91 (1986): 1–10.

4. David Park, *Introduction to Quantum Theory* (New York: Mc-Graw Hill, 1964), 2–4; Theresa Levitt, *A Short Bright Flash: Augustin Fresnel and the Birth of the Modern Light house* (New York: W. W. Norton, 2013).

5. Charlotte Abney Salomon, "Finding Yttrium: Johan Gadolin and the Development of a 'Discovery,'" 2014년 2월 28일 럿거스 대학교에서 있었던 과학혁명에 관한 콘퍼런스에서 발표되었다. 그레고어 멘델의 연구를 다루는 교과서에 대해서도 유사한 이야기가 있다. 자세한 내용은 Kostas Kampourakis, "Mendel and the Path to Genetics: Portraying Science as a Social Process," *Science & Education* 22 (2013): 293–324 참조.

6. Ola Halldén, "Conceptual Change and the Learning of History," *International Journal of Education Research* 27 (1997): 201–210; Herbert Butterfield, *The Origins of Modern Science, 1300–1800* (London: G. Bell, 1949); Charles Coulston Gillispie, *The Edge of Objectivity: An Essay in the History of Scientific Ideas* (Princeton, NJ: Princeton University Press, 1960).

7. Thomas S. Kuhn, *The Structure of Scientific Revolutions* (Chicago: University of Chicago Press, 1962); Ludwik Fleck, *Genesis and Development of a Scientific Fact*, eds. Thaddeus J. Trenn, Robert K. Merton, trans. Frederick Bradley (Chicago: University of Chicago Press, 1979); Steven Shapin, Simon Schaffer, *Leviathan and the Air Pump: Hobbes, Boyle, and the Experimental Life* (Princeton, NJ: Princeton University Press, 1985); Bruno Latour, *Laboratory Life: The Construction of Scientific Facts* (Princeton, NJ: Princeton University Press, 1986); Jan Golinski, *Making Natural Knowledge: Constructivism and the History of Science* (Cambridge: Cambridge University Press, 1998).

8. Steven Shapin, "The Mind Is Its Own Place: Science and Solitude in Seventeenth-Century En gland," *Science in Context* 4 (1991): 191–218, 특히 211.

9. Patricia Fara, "Isaac Newton Lived Here: Sites of Memory and Scientific Heritage," *British Journal for the History of Science* 33 (2000): 407–426; Patricia Fara, *Newton: The Meaning of Genius* (London: Macmillan, 2002); Simon Schaffer, "Newton on the Beach: The Information Order of the Principia Mathematica," *History of Science* 47 (2009): 243–276; Jim Endersby, "Editor's Introduction," Charles Darwin, *On the Origin of Species by Means of Natural Selection; or, The Preservation of Favoured Races in the Struggle for Life*, ed. Jim Endersby (Cambridge: Cambridge University Press, 2009), xi–lxv.

10. David DeVorkin, *Henry Norris Russell: Dean of American Astronomers* (Princeton, NJ: Princeton University Press, 2000), 216.

11. Naomi Oreskes, "Objectivity or Heroism: On the Invisibility of Women in Science," *Osiris* 11 (1996): 87–113; Steven Shapin, "The Invisible Technician," *American Scientist* 17 (1989): 554–563; Margaret W. Rossiter, *Women Scientists in America*, 3 vols. (Baltimore: Johns Hopkins University Press, 1982–2012).

12. 이 내용에 관해서는 www.ipcc.ch 참조.

인용문: Wikipedia, s.v. "Scientific Method," 2014년 11월 29일 접속, http://en.wikipedia.org/wiki/Scientific_method.

1. 예를 들어, Henry H. Bauer의 *Scientific Literacy and the Myth of the Scientific Method* (Urbana-Champaign: University of Illinois Press, 1994) 참조.

2. "How Science Works: The Flowchart," Understanding Science: How Science Really Works, undsci.berkeley.edu/article/scienceflowchart. 이 웹사이트는 캘리포니아 대학교 고생물학 박물관과 UC 버클리, 국립 과학재단의 후원하에 만들어졌다.

3. John A. Schuster, Richard R. Yeo eds, *The Politics and Rhetoric of Scientific Method*: *Historical Studies* (Dordrecht: D. Reidel, 1986).

4. 교육에서 정의하는 "과학적 방법"에 대한 자세한 설명을 보고자 한다면, John L. Rudolph, "Epistemology for the Masses: The Origins of the 'Scientific Method' in Education," *History of Education Quarterly* 45 (2005): 341–376 참조.

5. Raymond Williams, *Keywords: A Vocabulary of Culture and Society* (New York: Oxford University Press, 1976), 17.

6. Stanley Jevons, *Principles of Science* (London: Macmillan, 1874), vii; Stuart Rice, *Methods in Social Science*의 서론, ed. Stuart Rice (Chicago: University of Chicago Press, 1931), 5.

7. G. Nigel Gilbert, Michael Mulkay, "Warranting Scientific Belief," *Social Studies of Science* 12 (1982): 383–408.

8. 일반적인 방법론을 훑어보고자 한다면, Laurens Laudan, "Theories of Scientific Method from Plato to Mach," *History of Science* 7 (1968): 1–63와 Barry Gower, *Scientific Method* (London: Routledge, 1997) 참조. 과학혁명에 관해서는, Steven Shapin, *The Scientific Revolution* (Chicago: University of Chicago Press, 1996) 참조.

9. 여기에 사용된 3개의 데이터베이스는 의회도서관의 카탈로그(http://catalog.loc.gov), 미국 정기간행물 온라인 열람 시스템(http://www.proquest.com/products_pq/descriptions/aps.shtml), 그리고 Prequest Historical Newspapers에서 자료를 제공하여 작성된 『뉴욕 타임스』 기사(http://www.proquest.com/products_pq/descriptions/pq-hist-news.shtml)다. 자료는 2004년 5월에서 6월 사이에 수집했다. 첫 번째는 단행본 제목에 "과학적 방법론"이 언급된 수를, 두 번째는 기사 전문에서 "과학적 방법론"이 언급된 수를 센 것이다. 과학에 관한 전체 논의에서 과학적 방법론이 언급되는 경우를 상대적으로 잘 비교하기 위해, 모든 항목을 과학에 관한 책/기사의 전체 수로 나누었다.

10. 이 결론은 각주 9번에 언급된 자료들을 포함하여 다음 웹사이트들에서 얻은 데이터를 통해 도출했다. 19th Century Masterfile(www.paratext.com/19th-century-masterfile), Making of America(www.hti.umich.edu/m/moagrp, http://cdl.library.cornell.edu/moa), 그리고 Readers' Guide(www.hwwilson.com/databases/Readersg.htm). 또한, Williams, *Keywords* 참조.

11. Daniel Patrick Thurs, *Science Talk* (New Brunswick, NJ: Rutgers University Press, 2007); Peter Harrison, Ronald L. Numbers, Michael H. Shank eds., *Wrestling with Nature: From Omens to Science* (Chicago: University of Chicago Press, 2011) 참조.

12. Thomas F. Gieryn, *Cultural Boundaries of Science: Credibility on the Line* (Chicago: University of Chicago Press, 1999) 참조.

13. "The Future of Human Character," *Ladies' Repository*, January 1868, 43.

14. Daniel J. Kevles, *The Physicists: The History of a Scientific Community in Modern*

America (New York: Alfred A. Knopf, 1978), 98에서 발췌.

15. W. C. Croxton, *Science in the Elementary School* (New York: McGraw-Hill, 1937), 337.

16. Robert A. Millikan, "The Diffusion of Science: The Natural Sciences," *Scientific Monthly* 35 (1932): 205.

17. Rudolph, "Epistemology for the Masses" 참조.

18. Louise Nichols, "The High School Student and Scientific Method," *Journal of Educational Psychology* 20 (March 1929): 196, 그리고 Nelson B. Henry이 엮은 *46th Yearbook of the National Society for the Study of Education* (Chicago: University of Chicago Press, 1947), 62에 인용됨.

19. John B. Watson, "What Is Behaviorism?" *Harper's Monthly* 152 (1926): 724; Dorothy Ross, *The Origins of American Social Science* (Cambridge: Cambridge University Press, 1991), 401–402.

20. Michael Schudson, *Discovering the News: A Social History of American Newspapers* (New York: Basic Books, 1978), 7–8; George Gallup, "A Scientific Method for Determining Reader-Interest," *Journalism Quarterly* 7 (1930): 1–13.

21. David Hollinger, "Justification by Verification: The Scientific Challenge to the Moral Authority of Christianity in Modern America," *Religion and Twentieth-Century American Intellectual Life*, ed. Michael H. Lacey (Cambridge: Cambridge University Press, 1989), 116–135.

22. Paul Feyerabend, *Against Method* (London: Humanties Press, 1975), Paul Feyerabend, *Killing Time* (Chicago: University of Chicago Press, 1995) 참조.

23. Helen P. Libel, "History and the Limitations of Scientific Method," *University of Toronto Quarterly* 34 (October 1964): 15–16; Walter A. Thurber and Alfred T. Collette, *Teaching Science in Today's Secondary Schools*, 2nd ed. (Boston: Allyn and Bacon, 1964), 7 참조. 보다 일반적인 사항은 John L. Rudolph, *Scientists in the Classroom: The Cold War Reconstruction of American Science Education* (New York: Palgrave Macmillan, 2002) 참조.

통념 27

이 글을 쓰는 데 좋은 조언을 해준 코스타스 캄푸러키스, 에리카 마일럼, 로널드 넘버스, 그리고 마이클 루스에게 감사를 표한다.

인용문: Paul G. Hewitt, Conceptual Physics: The High School Physics Program (Needham, MA: Prentice Hall, 2002), 4.

1. Chris Mooney, Sheril Kirshenbaum, *Unscientific America: How Scientific Illiteracy Threatens Our Future* (New York: Basic Books, 2009).

2. "The Sacred Disease," *The Medical Works of Hippocrates*, John Chadwick, W. N. Mann 엮고 옮김 (Oxford: Blackwell Scientific Publications, 1950), 179–193, 특히 179쪽. 우리는 더 이상 바람과 뇌 사이에 인과관계가 있을 것이라는 저자의 생각을 지지하지는 않지만, 신학적 원인에 관한 그의 비평에는 동의한다.

3. Thomas Nickles, "The Problem of Demarcation: History and Future," *Philosophy of*

Pseudoscience: Reconsidering the Demarcation Problem, eds. Massimo Pigliucci, Maarten Boudry (Chicago: University of Chicago Press, 2013): 101–120.

4. 이 문제의 개념적인 어려움을 좀더 자세히 보고자 한다면, Martin Mahner, "Science and Pseudoscience: How to Demarcate after the (Alleged) Demise of the Demarcation Problem," Pigliucci, Boudry, *Philosophy of Pseudoscience*, 29–43, 특히 31–33 참조.

5. 비주류를 흥미롭게 탐구한 책으로는 Daniel Patrick Thurs, Ronald L. Numbers, "Science, Pseudo-Science, and Science Falsely So-Called," *Wrestling with Nature: From Omens to Science*, eds. Peter Harrison, Ronald L. Numbers, Michael H. Shank (Chicago: University of Chicago Press, 2011), 281–305 참조.

6. Karl Popper, "Science: Conjectures and Refutations," in Popper, *Conjectures and Refutations: The Growth of Scientific Knowledge* (New York: Routledge, 2002 [1963]), 43–78, 특히 44.

7. 위의 책 47–48. 강조는 원문.

8. 이는 본래 Karl Popper의 저서, "Philosophy of Science: A Personal Report," *British Philosophy in Mid-Century*, ed. C. A. Mace (London: George Allen and Unwin, 1957), 155–189에 언급된 내용이다.

9. Larry Laudan, "The Demise of the Demarcation Problem," *But Is It Science?: The Philosophical Question in the Creation/Evolution Controversy*, ed. Michael Ruse, 개정판 (Amherst, NY: Prometheus Books, 1988), 337–350, 특히 346.

10. Massimo Pigliucci, "The Demarcation Problem: A (Belated) Response to Laudan," Pigliucci, Boudry, *Philosophy of Pseudoscience*에 실림, 9–28.

11. Judge William R. Overton, "United States District Court Opinion: *McLean v. Arkansas Board of Education*", in Ruse, *But Is It Science?*, 307–331, 특히 318. 루스의 언급과 관련된 자료는 위의 책 287–306쪽, 특히 300–304쪽 "Witness Testimony Sheet: *McLean v. Arkansas Board of Education*"을 보라. Edward J. Larson, Ronald L. Numbers, "Creation, Evolution, and the Boundaries of Science: The Debate in the United States," *Almagest: International Journal for the History of Scientific Ideas* 3 (May 2012): 4–24도 참조.

12. Judge John E. Jones II, *Tammy Kitzmiller, et al. v. Dover Area School District, et al.*, 400 F. Supp. 2d 707 (M.D. Pa. 2005).

13. Michael D. Gordin, *The Pseudoscience Wars: Immanuel Velikovsky and the Birth of the Modern Fringe* (Chicago: University of Chicago Press, 2012), 202.

14. Naomi Oreskes, Erik M. Conway, *Merchants of Doubt: How a Handful of Scientists Obscured the Truth on Issues from Tobacco Smoke to Global Warming* (New York: Bloomsbury, 2010).

15. Thomas F. Gieryn, "Boundary-Work and the Demarcation of Science from Non-Science: Strains and Interests in Professional Ideologies of Scientists," *American Sociological Review* 48 (1983): 781–795.

참여 필자

갈런드 E. 앨런
워싱턴 대학교 세인트루이스의 생물학 명예교수이며, 저널 『더 히스토리 오브 바이올로지*The History of Biology*』의 공동 편집자, 국제 사회학협회의 대표를 역임했다. 저서로 『20세기의 생명과 학*Life Science in the Twentieth Century*』(1975)과 『토머스 헌트 모건*Thomas Hunt Morgan*』(1978)이 있고, 그 외에도 생물학 입문서들을 공동 집필했다.

시어도어 아라바치스
아테네 대학교의 과학사 및 과학철학 과정 소속 과학사 및 과학철학과 교수다. 저서로 『전자를 표상하다: 이론적 단위에 대한 전기적 접근*Representing Electrons: A Biographical Approach to Theoretical Entities*』(2006)이 있고, 『쿤의 과학혁명의 구조 다시 보기*Kuhn's The Structure of Scientific Revolutions Revisited*』(2012)를 바소 킨디와 함께 엮었다.

리처드 W. 버크하트 주니어
일리노이 대학교 어바나샴페인의 역사학 명예교수이다. 저서로 『게의 영혼: 라마르크와 진화생물학*The Spirit of System: Lamarck and Evolutionary Biology*』(1977)과 『행동의 패턴: 콘래드 로렌츠, 니코 틴베르헌, 그리고 생태행동학의 태동*Patterns of Behavior: Konrad Lorenz, Niko Tinbergen, and the Founding of Ethology*』(1977)이 있다.

레슬리 B. 코맥
앨버타 대학교의 역사학 교수이자 인문학부 학장이다. 캐나다 과학사 및 과학철학협회의 회장, 국제 과학사 및 과학철학협회의 초대 부회장을 역임했다. 저서로는 『제국의 지도를 그리다: 옥스퍼드와 케임브리지의 지질학*Charting an Empire: Geography at Oxford and Cambridge, 1580–1620*』, 『사회에서의 과학사: 철학부터 실용까지*A History of Science in Society: From Philosophy to Utility*』(1997)이 있다.

데이비드 J. 드퓨
아이오와 대학교의 커뮤니케이션 연구 및 탐구의 수사학 명예교수다. 브루스 H. 베버와 함께 『진화하는 다윈주의: 동적 계와 자연선택의 계보학*Darwinism Evolving: System Dynamics and the Genealogy of Natural Selection*』(1996)을, 마저리 그린과 『생물학의 철학: 삽화로 보는 역사*Philosophy of Biology: An Episodic History*』(2004)를 공동 저술했다. 현재 존 P. 잭슨과 함께 『다윈주의, 민주주의, 그리고 미국의 시대의 경주*Darwinism, Democracy, and Race in the American Century*』라는 책을 집필하고 있다.

퍼트리샤 파라
클레어 대학 케임브리지의 선임 강사다. 저서로, 총 9개 국어로 번역되었고 여러 상을 수상한 『과학: 4000년의 역사*Science: A 4000 Year History*』(2009)를 비롯해 『뉴턴: 천재 만들기*Newton: The Making of Genius*』(2002)와 『판도라의 반바지: 여성, 과학, 계몽의 권력*Pandora's Breeches: Women, Science and Power in the Enlightenment*』(2004)이 있다.

코스타스 가브로글루
아테네 대학교의 과학사 및 과학철학 과정의 과학사 전담 교수다. 『물리도 아니고 화학도 아니다: 양자화학의 역사*Neither Physics nor Chemistry: A History of Quantum Chemistry*』(2012)를 애나 시모이스와 함께 썼다. 『가상적 추위의 역사: 과학적, 기술적, 문화적 측면*The History of Artificial Cold: Scientific, Technological and Cultural Aspects*』(2014)의 편집자다.

마이클 D. 고던
프린스턴 대학교의 근현대사 교수다. 편집자, 작가로 활동하고 있다. 저서로 『잘 정돈된 것: 드미트리 멘델례예프와 주기율표의 그림자*A Well-Ordered Thing: Dmitrii Mendeleev and the Shadow of the Periodic Table*』(2004), 『유사 과학 전쟁: 이마누엘 벨리코프스키와 근대적 극단론자의 탄생*The Pseudoscience Wars: Immanuel Velikovsky and the Birth of the Modern Fringe*』(2012), 『과학의 바벨: 영어의 세계화 전후의 과학*Scientific Babel: How Science was Done Before and After Global English*』(2015) 등이 있다.

피터 해리슨
호주 퀸즐랜드 대학교의 인문학 연구소 소장이자 연구 교수. 2006~2011년에는 옥스퍼드 대학교에서 종교와 과학 분야의 교수로 있었다. 과학과 종교의 역사적 관계에 관한 여러 책을 냈는데, 최근 저서로는 기퍼드 강연에 근거한 『과학과 종교의 영토*The Territories of Science and Religion*』(2015)가 있다.

존 L. 하일브론
UC 버클리 대학교의 명예 부총장이자 역사학 교수. 옥스퍼드 대학교 우체스터 대학의 선임 연구원, 예일 대학교와 캘리포니아 공과대학의 방문 교수를 역임했다. 은퇴 후에도 옥스퍼드를 기반으로 활발하게 활동하고 있다. 저서로 『갈릴레오*Galileo*』(2010), 핀 아세러드와 공동 집필한 『사랑, 문학 그리고 양자적 원자: 닐스 보어의 1913년 3부작 다시 보기*Love, Literature and the Quantum Atom: Niels Bohr's Trilogy of 1913 Revisited*』(2013)가 있다.

코스타스 캄푸러키스
제네바 대학교의 과학교육학 연구원. 국제적인 저널 『사이언스 앤 에듀케이션*Science & Education*』, 스프링거에서 출간되는 "과학 속 철학, 역사, 그리고 교육" 시리즈의 편집장이다. 저서로 『진화 이해하기*Understanding Evolution*』(2014)가 있고, 『생물학의 철학: 교육자들의 동반자*The Philosophy of Biology: A Companion for Educators*』(2013)를 엮었다.

마이클 N. 키스
텍사스 포트워스 사우스웨스턴 대학의 과학철학 및 역사학 교수. 저서로는 『케플러 이후의 모든 것*Everything Since Kepler*』이 있다. 요하네스 케플러 이후 과학과 종교, 철학 분야의 굵직한 사건들과 지속되는 이슈들을 다룬다.

에리카 로레인 마일럼
프린스턴 대학교의 역사학과 조교수. 저서로『아주 드문 괜찮은 수컷을 찾아서: 진화생물학에서의 암컷 선택*Looking for a Few Good Males: Female Choice in Evolutionary Biology*』(2011), 로버트 A. 나이와 함께 작업한『과학적 남성성*Scientific Masculinities*』(2015)이 있다.

줄리 뉴얼
서던 폴리테크닉 주립대학교 교수. 국제 지질학위원회 소속 위원, 미국 역사학협회 협회장을 역임했다. "미국 내의 직업으로서 지질학과 과학의 출현"에 집중하여 연구하고 있다.

만수르 니아즈
베네수엘라 오리엔테 대학교의 과학교육학 교수. 국제적 저널에 150건이 넘는 논문을 투고했다. 저서로『인간적 사업으로서의 물리 교육에 대한 주요한 찬사*Critical Appraisal of Physical Science as a Human Enterprise*』(2009),『"생성중인 과학"에서부터 과학의 본질을 이해하기까지*From "Science in the Making" to Understanding the Nature of Science*』(2012)를 비롯한 8권의 책이 있다.

로널드 L. 넘버스
위스콘신 대학교 매디슨의 과학 및 의학사 교수다. 국제 과학사협회와 국제 과학사 및 과학철학 협회의 회장을 역임했다. 1989~1993년『이시스*Isis*』의 편집장으로 일했고, "케임브리지 과학사"(총8권)의 공동 편집자를 맡았다.『창조론자들*The Creationists: From Scientific Creationism to Intelligent Design*』(2006, 국내 출간은 2016년), 8개 국어로 번역된『과학과 종교는 적인가 동지인가*Galileo Goes to Jail and Other Myths about Science and Religion*』(2009, 국내 출간은 2010년)를 비롯한 30여 권의 책들을 쓰고 편집했다.

캐스린 M. 올레스코
조지타운 대학교의 과학사 조교수. 현대 초기의 과학교육과 측정법, 프러시아 과학과 공학의 발전을 주제로 연구한다. 저서로『소명으로서의 물리: 쾨니히스베르크 물리학 세미나의 규율과 실제*Physics as a Calling: Discipline and Practice in the Koenigsberg Seminar for Physics*』(1991)가 있다.『오시리스*Osiris*』(총12권)의 편집자를 맡았다.

로런스 M. 프린사이프
존스홉킨스 대학교의 인문학 교수. 과학기술사와 화학사를 가르친다. 근대 이전의 유럽을 연구하는 싱글턴 센터를 총괄하고 있다. 근대 이전의 과학 중 연금술이 그의 주요 연구 주제다. 저서로『과학혁명, 아주 간단한 소개*The Scientific Revolution, A Very Short Introduction*』(2011)와『연금술의 비밀*The Secrets of Alchemy*』(2013) 등이 있다.

피터 J. 램버그
미주리 커크스빌에 위치한 트루먼 주립대학의 과학사 교수로, 과학사 및 과학철학과 유기화학을 가르친다. 주로 19세기 화학의 지적, 제도적 맥락을 연구한다. 저서로는『화학적 구조, 공간의 배열*Chemical Structure, Spatial Arrangement: The Early History of Stereochemistry, 1874-*

1914』(2003)이 있다. 독일 화학자 요하네스 비슬리체누스(1835~1902)의 전기를 집필하고 있다.

로버트 J. 리처즈

시카고 대학교의 역사, 철학, 심리학 교수이자 과학의 개념과 역사 연구위원회의 위원으로 재직 중이다. 과학과 의학의 역사를 연구하는 피시빈 센터를 감독한다. 주된 연구 분야는 독일 낭만주의와 진화론의 역사다. 저서로, 파이저 상을 수상한 『다윈 그리고 정신과 행동의 진화 이론의 출현*Darwin and the Emergence of Evolutionary Theories of Mind and Behavior*』(1987) 등이 있다.

데이비드 W. 러지

웨스턴 미시건 대학교의 생명과학과, 그리고 맬린슨 과학교육원의 부교수를 역임하고 있다. 회색가지나방을 통해 자연선택의 작용을 오랫동안 연구한 케틀웰에 대해 역사적·철학적·과학교육적 관점에서 여러 글을 썼다.

존 L. 루돌프

위스콘신 대학교 매디슨의 과학교육학 교수이며, 과학교육 정책연구부와 연계하여 연구를 진행한다. 현재 국제 저널인 『사이언티픽 에듀케이션*Scientific Education*』의 편집장이며, 저서로 『교실의 과학자: 냉전 시기 과학 교육의 재건*Scientists in the Classroom: The Cold War Reconstruction of Science Education*』(2002)이 있다.

니콜라스 럽케

괴팅겐 대학교의 과학사 교수로 재직하다가, 현재는 버지니아에 위치한 워싱턴 앤드 리 대학교에서 역사와 리더십 연구 분과의 교수직을 맡고 있다. 지질학과 과학사 양쪽을 모두 배우고 접한 경험을 통해 『역사의 위대한 고리: 윌리엄 버클랜드와 영국의 지질학 학교*The Great Chain of History: William Buckland and the English School of Geology*』(1983), 『리처드 오언: 다윈 없는 생물학*Richard Owen: Biology without Darwin*』(1994), 『알렉산더 폼 훔볼트: 메타적 전기*Alexander von Humboldt: A Metabiography*』(2008) 등 여러 권의 책을 썼다. 진화생물학에서의 비非다윈주의적인 전통에 관한 책을 쓰고 있다.

마이클 루스

플로리다 주립대학교의 철학 교수로, 과학사 및 과학철학 프로그램을 감독하고 있다. 『가이아 가설: 무신론자 행성에서의 과학*The Gaia Hypothesis: Science on a Pagan Planet*』(2013), 『다윈과 진화 사상에 관한 케임브리지 대백과사전*The Cambridge Encyclopedia of Darwin and Evolutionary Thought*』(2013) 등 수많은 책을 쓰거나 엮었다. 오래된 경쟁자 로버트 J. 리처즈와 『다윈을 논하다*Debating Darwin*』라는 책을 공동 집필하고 있다.

마이클 H. 섕크

위스콘신 대학교 매디슨에서 뉴턴 이전의 과학사를 가르치고 있다. 저서로 『"믿지 않으면 이해하지 못할 것이다": 후기 중세 비엔나의 논리, 대학, 사회*"Unless You Believe, You Shall Not Understand:" Logic, University, and Society in Late Medieval Vienna*』(1988), 『고대와 중세의 과학적 기업*The Scientific Enterprise in Antiquity and the Middle Ages*』(2000), 『케임브리지 과학사: 중세과학*The Cambridge History of Science: Medieval Science*』(2013) 등이 있다. 15세기 독일의 천문학자 레기오몬타누스를 연구하고 있다.

아담 R. 샤피로

런던 버크벡 대학교에서 지성사 및 문화사를 가르치고 있다. 저서로 『생물학을 시도하다*Trying Biology*』(2013)가 있다. '윌리엄 페일리와 자연 신학의 진화'와, 1924년 네브라스카에서 일어난, 진화론을 둘러싼 잘 알려지지 않은 법적 논쟁을 주제로 2권의 책을 집필하고 있다.

브루노 J. 스트래서

제네바 대학교의 과학사 교수이자 예일 대학교의 의학사 외래 교수다. 의학과 분자생물학의 역사에 관한 여러 글을 썼다. 그의 첫 번째 저서 『새로운 과학의 제조*La Fabrique d'une Nouvelle Science*』(2006)는 미국 의사학회로부터 헨리 E. 시거리스트 상을 수상했다. 빅데이터 생물학의 역사에 관한 두 번째 저서를 집필하고 있다.

대니얼 P. 서스

위스콘신 대학교 매디슨에서 과학사 박사학위를 받았다. 그 이후로 코넬 대학교, 오리건 주립대학교, 포틀랜드 대학교, 뉴욕 대학교를 거쳐 최근에는 위스콘신 대학 매디슨에서 근무했다. 그의 첫 번째 저서 『사이언스 토크*Science Talk*』(2007)는 19세기와 20세기 동안 변화한 과학의 의미를 탐구한다. 최근 과학과 두려움 사이의 수사적 관계에 초점을 맞추고 있다.

찾아보기

가

가돌린, 요한Gadolin, Johan 256~257
『가축 및 재배식물의 변이』 118
가톨릭교회 28, 33, 37, 60, 159~160, 209
갈릴레오, 갈릴레이Galileo, Galilei 38, 42, 52, 59~69, 246~249
갤럽, 조지Gallup, George 268
거주 가능 지역 45
게겐바우어, 칼Gegenbaur, Karl 146
게르트너, 카를 프리드리히 폰Gartner, Carl Friedrich von 171, 173
게이슨, 제럴드 L.Geison, Gerald L. 158
격리 151
격변론catastrophism 103, 107, 109
겸상 적혈구 빈혈증 225~233
경계 작업 266
고프닉, 애덤Gopnik, Adam 124
곤살레스, 기예르모Gonzalez, Guillermo 45
골턴, 프랜시스Galton, Francis 175~176
공중 보건 182
과학교육 11, 235~241, 258, 272, 274
과학적 방법론 261~271
과학혁명 17, 20, 55, 257, 265
괴테, 요한 볼프강 폰Goethe, Johann Wolfgang von 146~147
구조주의 141~142, 144~148
국가과학재단 236~240
굴드, 스티븐 제이Gould, Stephen Jay 37, 123, 134
굴스트란드, 알바르Gullstrand, Allvar 201
그레이, 아사Gray, Asa 129
그루버, 하워드Gruber, Howard 121, 123, 129
그리스 과학 22, 24
그린, 존Greene, John 122, 144

그린블랫, 스티븐Greenblatt, Stephen 19
기독교회 33
기본전하량 201~202, 205~206
기어린, 토머스Gieryn, Thomas 266, 278

나

내겔리, 카를 빌헬름 폰Nageli, Carl Wilhelm von 175~176
냅, 시릴Napp, Cyril 170
노벨상 91, 142, 201, 204, 225, 255
뉴턴, 아이작Newton, Isaac 9, 42, 56, 71~80, 157, 247, 249, 253~254, 257~259
니런버그, 마셜 워런Nirenberg, Marshall W. 232

다

다 빈치, 레오나르도Da Vinci, Leonardo 18
다윈, 이래즈머스Darwin, Erasmus 100~101, 121
다윈, 찰스Darwin, Charles 9~10, 37, 71, 81, 95~96, 100~102, 108, 111~112, 116~118, 121~156, 160~161, 175, 179~186, 209~210, 212, 214~216, 218, 246~247, 259
다윈주의 102, 141, 144, 146~147, 179~180, 182~185, 215~216
다이, 피에르D'Ailly, Pierre 31
단테 알리기에리Dante Alighieri 32, 38
달랑베르, 장D'Alembert, Jean 249
대 플리니우스Pliny the Elder 30
대니얼슨, 데니스Danielson, Dennis 40, 44~45
더마, 게리DeMar, Gary 27
데이너, 제임스 드와이트Dana, James Dwight 108
데즈먼드, 에이드리언Desmond, Adrian 123
델브뤼크, 막스Delbruck, Max 232
도브잔스키, 테오도시우스Dobzhansky, Theodosius 213
도킨스, 리처드Dawkins, Richard 95, 102, 139, 141, 144~145, 147
도플러, 크리스티안Doppler, Christian 170
돌연변이 81, 211~215, 217~218, 220, 229

돌턴, 존Dalton, John 88~89

『동물 철학』 113~114

『동물 행동』 153

동일과정론 103, 106~107, 109

둥근 지구 34

뒤마, 알렉상드르Dumas, Alexandre 158

듀이, 존Dewey, John 267

드 라메트리, 쥘리앵 오프루아De La Mettrie, Julien Offray 90

드레이퍼, 존 윌리엄Draper, John William 248, 250

드리슈, 한스Driesch, Hans 91

드 브리스, 휴고De Vries, Hugo 175~176, 211

디윗, 니콜라스DeWitt, Nicholas 240

디즈레일리, 벤저민Disraeli, Benjamin 73

디즈레일리, 아이작D'Israeli, Isaac 73

딕, 스티븐Dick, Steven 46

딕슨, 폴Dickson, Paul 235

라

라마르크, 장바티스트Lamarck, Jean-Baptiste 111~117, 119, 121, 128~129, 136, 160, 186, 220

라부아지에, 안토니에Lavoisier, Antoine 87~88

라스 카사스, 바르톨로메 데Las Casas, Bartoleme de 34

라우에, 막스 폰Laue, Max von 194

라이스, 스튜어트Rice, Stuart 264

라이엘, 찰스Lyell, Charles 103, 105~109, 128~129, 131

라이프, 볼프에른스트Reif, Wolf-Ernst 147

라일, 요한 크리스티안Reil, Johann Christian 90

라플라스, 피에르시몽Laplace, Pierre-Simon 77

락탄티우스Lactantius 30, 33

랑게, 프리드리히Lange, Friedrich 250

래퍼티, 존 P.Rafferty, John P. 179

러더퍼드, 어니스트Rutherford, Ernest 198, 203

러셀, 헨리 노리스Russell, Henry Norris 260

러스킨, 존Ruskin, John 74

레니에리, 빈센초Renieri, Vincenzo 65~67

레디, 프란체스코Redi, Francesco 160

레이, 존Ray, John 247

레이븐, 피터 H.Raven, Peter H. 111

로던, 래리Laudan, Larry 275~277

로버트 1세 76

로빈슨, 허레이쇼 N.Robinson, Horatio N. 41~43

로소스, 조너선 B.Losos, Jonathan B. 217

로스, 에드워드 A.Ross, Edward A. 185

로이어, 클레멘스Royer, Clemence 160

로저스, G. P.Rogers, G. P. 225

로크, 존Locke, John 56

록펠러, 존 D. 주니어Rockefeller, John D. Jr. 182

루리아, 샐버도어Luria, Salvador 232

루스, 마이클Ruse, Michael 121, 123, 129, 277

루오프, 앙드레Lwoff, Andre 232

루이스, C. S.Lewis, C. S. 38

루이필리프 황제Louis-Philippe, King 159

루크레티우스Lucretius 19

루피셀라, 마크Lupisella, Mark 46

르콩트, 조지프LeConte, Joseph 180

리비히, 유스투스 폰Liebig, Justus von 91

리빙스턴, 데이비드 N.Livingstone, David N. 144

리처즈, 로버트 J.Richards, Robert J. 134~135

리처즈, 제임스Richards, James 191

린네, 칼Linnaeus, Carl 112

마

마그누스, 알베르투스Magnus, Albertus 31

마르크스, 카를Marx, Karl 273

마이어, 에른스트Mayr, Ernst 147

마이컬슨-몰리 실험 191~199

마이컬슨, 앨버트 A.Michelson, Albert A. 192

마초니, 야코포Mazzoni, Jacopo 67

마크로비우스Macrobius 30

마티어, 피터Martyr, Peter 34

마흐, 에른스트Mach, Ernst 206

매더, 코튼Mather, Cotton 249

매저러스, 마이클Majerus, Michael 221
매키, 더글러스McKie, Douglas 87
맥밀런, 스티브McMillan, Steve 45, 48
맥스웰, 제임스 클러크Maxwell, James Clerk 192, 256
맥퍼든, 존조McFadden, Johnjoe 71
맨더빌, 장 드Mandeville, Jean de 32
맬서스, 토머스 로버트Malthus, Thomas Robert 133, 135, 145
멘델, 그레고어Mendel, Gregor 9, 169~178, 209~210, 212, 226, 255
모노, 자크Monod, Jacques 232
모런, 제프리 P.Moran, Jeffrey P. 184
모세 140
몰리, 에드워드 W.Morley, Edward W. 192
무신론 44, 80, 100~101, 121, 157, 159~161, 166
무신론 오류 76~79
무어, 제임스Moore, James 123, 128~129
물리과학 연구회 237
미코, 일로나Miko, Ilona 169
밀, 존 스튜어트Mill, John Stuart 255
밀리컨-에른하프트 논쟁 203~206
밀리컨, 로버트 A.Millikan, Robert A. 201~206, 267
밀턴, 존Milton, John 249

바

바르트, 롤랑Barthes, Roland 227
바이스만, 아우구스트Weismann, August 175, 211
바이어스, 브루스 E.Byers, Bruce E. 225
반증 가능성 271, 274~275, 277
배종설 161
버로, J. W.Burrow, J. W. 123
버클, 헨리 토머스Buckle, Henry Thomas 250
범생설 가설 112, 118, 210
베네딕트 16세, 교황Pope Benedict XVI 209
베넷, 제프리 O.Bennett, Jeffrey O. 47
베넷, 키스Bennett, Keith 142
베르너, 아브라함 고틀로프Werner, Abraham Gottlob 104

베르셀리우스, 옌스 야코브Berzelius, Jons Jakob 86, 88~89, 91
베이컨, 로저Bacon, Roger 30~31, 53
베이트슨, 윌리엄Bateson, William 211
베히, 마이클Behe, Michael 95
벨, 찰스Bell, Charles 99
벨라르미네, 로버트, 추기경Bellarmine, Robert, Cardinal 42
보나파르트, 나폴레옹Bonaparte, Napoleon 77
보나파르트, 루이 나폴레옹Bonaparte, Louis Napoleon 159
보나파르트, 마틸다, 공주Bonaparte, Mathilde, Princess 158
보로, 지롤라모Borro, Girolamo 60
보어, 닐스Bohr, Niels 193, 198~199
보에티우스Boethius 22
보울러, 피터 J.Bowler, Peter J. 129, 132, 135
보일, 로버트Boyle, Robert 52, 56, 247
본디, 헤르만Bondi, Hermann 43
볼비, 존Bowlby, John 129
볼테르Voltaire 249
뵐러, 프리드리히Wöhler, Friedrich 9, 85~87, 91, 93
부오나미치, 프란체스코Buonamici, Francesco 60
분자의학molecular medicine 227~228, 231~232
뷔퐁, 조르주루이 르클레르 100~101
브라운, 재닛Browne, Janet 129
브라운리, 도널드Brownlee, Donald 45
브라이언, 윌리엄 제닝스Bryan, William Jennings 183
브라헤, 티코Brahe, Tycho 42, 52
브루노, 조르다노Bruno, Giordano 246
브룩스, 윌리엄 키스Brooks, William Keith 175
블레이크, 윌리엄Blake, William 253
블루멘바흐, 요한 프리드리히Blumenbach, Johann Friedrich 90, 145
비비아니, 빈센치오Viviani, Vincenzio 59~61, 66~68

비샤, 자비에Bichat, Xavier 90
비트겐슈타인, 루트비히Wittgenstein, Ludwig
276
빈, 빌헬름Wien, Wilhelm 198

사

사도 바울 74
사크로보스코, 장 드Sacrobosco, Jean de 31
사턴, 조지Sarton, George 49
사회 구성주의 258
사회진화론 179, 181, 184~187
상드, 조르주Sand, George 158
『새로운 두 과학』 63~66, 68
생기론 85~87, 90~91, 93
생명력 85~86, 91, 114, 134
『생명이란 무엇인가』 142
생물 교육과정 연구회 237
『생물학적 사고의 발전』 147
생존 투쟁 181
생틸레르, 에티엔 조프루아Saint-Hilaire,
Etienne Geoffroy 160
섀플리, 할로Shapley, Harlow 46
섬너, 윌리엄 그레이엄Sumner, William
Graham 181
성선택 137~138, 149~156, 184
『성장과 형태에 관하여』 143
세브라이트, 존Sebright, John 134
세이건, 칼Sagan, Carl 18, 46~47
세지윅, 애덤Sedgwick, Adam 129
섹터, A. N.Schechter, A. N. 225
셸리, 메리Shelley, Mary 253
소시게네스, 알렉산드리아Sosigenes of
Alexandria 21
쇤보른, 크리스토프, 추기경Schonborn,
Christoph, Cardinal 209
수컷 경쟁 150, 153
슈뢰딩거, 에르빈Schrödinger, Erwin 142
슈브뢸, 미셸 외젠Chevreul, Michel Eugene
88
슈탈, 게오르크 에른스트Stahl, Georg Ernst
90
슈페만, 한스Spemann, Hans 91

스미스, 애덤Smith, Adam 136
스미스, 존 메이너드Smith, John Maynard 151
스콧, 마이클Scot, Michael 31
스타키, 조지Starkey, George 56
스터클리, 윌리엄Stukeley, William 73
스테빈스, 조지 레드야드Stebbins, George
Ledyard 131
스토니, 조지 존스턴Stoney, George
Johnstone 201
스토트, 레베카Stott, Rebecca 129
스펜서, 허버트Spencer, Herbert 131, 175,
180~182, 184
스푸트니크호Sputnik 235~238, 240~241
시겔, 이선Siegel, Ethan 27
신다윈주의 102, 209~212, 214~216, 276
신데볼프, 오토Schindewolf, Otto 147
실리먼, 벤저민Silliman, Benjamin 108
실존주의 45
12궁도 50~51

아

아가시, 루이스Agassiz, Louis 127
아담과 이브 73, 184
아들러, 알프레트Adler, Alfred 273
아르키메데스Archimedes 72
아리스타르코스, 사모스Aristarchus of Samos
29
아리스토텔레스Aristotle 25, 29~30, 39,
59~64, 67~68, 74
아메나바르, 알레한드로Amenábar, Alejandro
19
아베로에스Averroes 25
아벨, 오테니오Abel, Othenio 146
아우구스티누스Augustine 30
아이슬리, 로렌Eiseley, Loren 129
아이젠하워, 드와이트 D.Eisenhower, Dwight
D. 235
아인슈타인, 알베르트Einstein, Albert 9,
191~196, 198~199, 273~274
아퀴나스, 토마스Aquinas, Thomas 30
아프리카계 미국인과 다원주의 184
『알마게스트』 24, 52

알킨디Al-Kindi 25
암브로시우스Ambrose 30
암컷 선택 137~138, 150~155
암흑시대 17, 19, 249
앨콕, 존Alcock, John 149, 153~154
어만, 리Ehrman, Lee 151
어빙, 워싱턴Irving, Washington 29
에딩턴, 아서Eddington, Arthur 273
에라토스테네스Eratosthenes 29
에렛, 아놀드Ehret, Arnold 268
에렌하프트, 펠릭스Ehrenhaft, Felix 203~206
에를리히, 파울Ehrlich, Paul 228
에머리히, 롤런드Emmerich, Roland, 254
에우세비우스Eusebius 68
에클런드, 일레인 하워드Ecklund, Elaine Howard 44
엥겔하르트, 볼프 폰Engelhardt, Wolf von 147
연금술 49, 53~56, 75, 78, 276
영, 토머스Young, Thomas 256
오더서크, 제럴드Audesirk, Gerald 225
오더서크, 테리사Audesirk, Teresa 225
오도널드, 피터O'Donald, Peter 151
오바마, 버락Obama, Barack 235~236
오버턴, 윌리엄Overton, William 277
오스본, 헨리 페어필드Osborn, Henry Fairfield 181
오언, 로버트Owen, Robert 136~137
오언, 리처드Owen, Richard 141~142
오켄, 로렌츠Oken, Lorenz 145
와이, 존 밴Wyhe, John van 127, 129
와인버그, 스티븐Weinberg, Steven 47, 71
와일리, 어빈 G.Wyllie, Irvin G. 182
와트, 제임스Watt, James 72
왓슨, 제임스Watson, James 232, 259
왓슨, 존 B.Watson, John B. 268
외계 지적 생명체 39~40
요한센, 빌헬름Johannsen, Wilhelm 211
용불용설 111, 210
올러스톤, 토머스Wollaston, Thomas 129
워드, 레스터 프랭크Ward, Lester Frank 185
워커, 짐Walker, Jim 17, 20, 22
워터먼, 앨런Waterman, Alan 238

워터하우스, 조지Waterhouse, George 129
월리스, 앨프리드 러셀Wallace, Alfred Russel 71, 130~138
웨지우드 2세Wedgwood, Josiah II 133
웨지우드, 에마Wedgwood, Emma 133
웰던, 월터 프랭크 라파엘Weldon, Walter Frank Raphael 177
웰스, 조너선Wells, Jonathan 222
웰스, 허버트 조지Wells, Herbert George 253
웰스, D. 콜린Wells, D. Collin 185~186
윈체스터, A. M.Winchester, A. M. 169
윌슨, 에드워드 O.Wilson, Edward O. 153
윌킨스, 모리스Wilkins, Maurice 232
유물론 90~91, 121, 123, 128, 135, 160, 166, 273
유사 과학 271~273, 275, 278
유전법칙 169~170, 175, 177, 226
유클리드Euclid 21, 24~25
의인관 155
이븐 알하이삼Ibn al-Haytham 25
이사벨라 여왕Isabella, Queen 33, 257
이시도르, 세비야Isidore of Seville 31
이종교배 170~172, 176, 178, 213
이트륨 256~257
『인간 기계론』 90
『인간의 유래』 179, 182
『인구론』 145
인위선택 132~134
인종주의 183~184, 187
일반상대성이론 273

자
『자연발생, 혹은 자연발생에 관한 보고서』 161
자연발생설 92, 157~161, 166
자연선택 81, 96, 101~102, 111, 116~118, 124~125, 131, 133~134, 137, 139~141, 144~145, 150~151, 175, 179~180, 183, 186, 209~223, 247, 276
자연신학 28, 96, 102, 134, 248
『자연신학』 95~97, 99~100, 145
자유낙하 61, 64, 69
자코브, 프랑수와Jacob, Francois 232

재커라이어스, 제럴드Zacharias, Jerrold 236~237
잽, 프랜시스Japp, Frances 92~93
전쟁과 다윈주의 184~185
점성술 49~53, 56~57, 75, 276
점진주의 105~107
제1차 세계대전 184
제2차 세계대전 236, 241
제닌스, 레너드Jenyns, Leonard 129
제라드, 크레모나Gerard of Cremona 24
제롬Jerome 255
제번스, 스탠리Jevons, Stanley 263
조던, 데이비드 스타Jordan, David Starr 184
존스, 존Jones, John 277
존슨, 조지 B.Johnson, George B. 111, 217
『종교와 과학, 갈등의 역사』 248
『종의 기원』 9, 96, 102, 116, 118, 121~122, 124~129, 133~134, 137, 139~142, 148, 161, 175, 246
중력 64, 71, 73~75, 78, 91, 97, 202, 254, 273~274
중세 대학 247
지구 중심설 38, 42
지적 설계 95~97, 101, 140, 145, 212, 214, 222, 262, 273, 277
『지질학 원리』 103, 106~109
진스, 제임스Jeans, James 198

차

창조론 81, 134, 140~141, 210, 247, 275, 277~278
『창조의 자연사적 흔적』 123, 142
채핀, 찰스 V.Chapin, Charles V. 182
천문학 24~25, 30~31, 37~49, 52, 74~75, 97, 128, 247, 259~260
체르마크, 에리히 폰Tschermak, Erich von 176
체이슨, 에릭Chaisson, Eric 45~46, 48
체임버스, 로버트Chambers, Robert 123, 128, 142
초서, 제프리Chaucer, Geoffrey 32

카

카네기, 앤드루Carnegie, Andrew 182
카루스, 카를 구스타프Carus, Carl Gustav 143, 146
카베오, 니콜로Cabeo, Niccolo 65~66
카이사르, 율리우스Caesar, Julius 21
칼리스투스 3세, 교황Pope Callixtus III 246
캐리어, 리처드Carrier, Richard 17
케틀웰, 헨리 버나드 데이비스Kettlewell, Henry Bernard Davis 220~223
케플러, 요하네스Kepler, Johannes 38~40, 48, 74, 247
코니비어, 윌리엄 대니얼Conybeare, William Daniel 106~108
코라나, 하르 고빈드Khorana, Har Gobind 232
코레시오, 조르지오Coresio, Giorgio 61
코렌스, 카를Correns, Carl 176
코스마Cosmas Indicopleustes 32~33
코인, 제리 A.Coyne, Jerry A. 139, 141, 245, 251
『코페르니쿠스 천문학 개요』 39
코페르니쿠스 통념 40~41, 43, 45
코페르니쿠스, 니콜라우스Corpernicus, Nicolaus 26, 37~45, 47~48, 246~247, 257
콘스탄티누스 1세Constantine I 22
콘웨이 모리스, 사이먼Conway Morris 142~143
콜럼버스, 크리스토퍼Columbus, Christopher 27~35, 257
콜럼버스, 페르난도Columbus, Fernando 34
콜베, 헤르만Kolbe, Hermann 87
콩도르세, 니콜라 드Condorcet, Nicolas de 249
콩트, 오귀스트Comte, Auguste 250
쾀멘, 데이비드Quammen, David 129
퀴비에, 조르주Cuvier, Georges 112, 160
크릭, 프랜시스Crick, Francis 232, 259
클레인, 데이비드Klein, David 85
킹, 클래런스King, Clarence 103

타

타이슨, 닐 디그래스Tyson, Neil deGrasse 43
탈레스Thales 18
태양 중심설 37~38
터툴리안Tertullian 246
터트, 제임스 윌리엄Tutt, James William 219~220
테오도리크Theodoric 22
토머스, 앨버트Thomas, Albert 240
톰슨, 다시Thompson, D'Arcy 143
톰슨, 조지프 존Thomson, Joseph John 201~202
트레비라누스, 고트프리드 라인홀트Treviranus, Gottfried Reinhold 145
트롤, 빌헬름Troll, Wilhelm 146
트루먼, 해리Truman, Harry 237
트리버스, 로버트Trivers, Robert 149~156
특수상대성이론 191~197
틴들, 존Tyndall, John 266
틴베르헌, 니콜라스Tinbergen, Nikolaas 221

파

파스퇴르, 루이Pasteur, Louis 92, 157~167
파월, 존 웨슬리Powell, John Wesley 180
파이어아벤트, 폴Feyerabend, Paul 269
파크, 데이비드Park, David 256
팔리, 존Farley 158
페르디난트 2세Ferdinand II 257
페인가포슈킨, 세실리아Payne-Gaposchkin, Cecilia 43, 46, 260
페일리, 윌리엄Paley, William 95~102, 134, 145
펜턴, 마틴 헨리Fenton, Martin Henry 268
평평한 지구 27
포드, 에드먼드 브리스코Ford, Edmund Brisco 219
포티우스, 콘스탄티노플Photius of Constantinople 33
포퍼, 칼Popper, Karl 272~277
포프, 알렉산더Pope, Alexander 79~80, 254
폴링, 라이너스Pauling, Linus 225~233
폼포니우스 멜라Pomponius Mela 30

퐁트넬, 베르나르 르 보비에 드Fontenelle, Bernard le Bovier de 40~41
푸셰, 펠릭스 악시메드Pouchet, Felix Archimede 158~166
프랑스 과학 아카데미 163, 166
프랭클린, 로절린드Franklin, Rosalind 259
프랭클린, 벤저민Franklin, Benjamin 201
프레넬, 오귀스탱Fresnel, Augustin 256
프로이트, 지그문트Freud, Sigmund 37, 274
『프린키피아』 75~76
프톨레마이오스, 클라우디우스Ptolemy, Claudius 23~24, 29~30, 52
프티, 클로딘Petit, Claudine 151
플라톤Plato 67
플랑크, 막스Planck, Max 193, 197~199, 255
플레이페어, 존Playfair, John 104
피셔, 로널드 A.Fisher, Ronald A. 212
피셔, 에밀Fischer, Emil 92~93
피타고라스Pythagoras 77
피터스, 테드Peters, Ted 39

하

하이드록시요소 230
할러, 알브레히트 폰Haller, Albrecht von 90
할러, 존 S., 주니어Haller, John S., Jr. 183
해리스, 샘Harris, Sam 245, 251
해리슨, 제임스 윌리엄 헤슬로프Harrison, James William Heslop 219~220
핼리, 에드먼드Halley Edmund 75
햄린, 킴벌리 A.Hamlin, Kimberly A. 184
허셜, 존 F. W.Herschel, John F. W. 133
허시, 앨프리드Hershey, Alfred 232
허튼, 제임스Hutton, James 104~105
헉슬리, 토머스 헨리Huxley, Thomas Henry 140
헤릭, 제임스 B.Herrick, James B. 231
헤모글로빈 225~226, 228~230
헤켈, 에른스트Haeckel, Ernst 143, 146
헨리 브로엄Brougham, Henry 99
헨즐로, 존Henslow, John 129
호프스태터, 리처드Hofstadter, Richard 186~187

홀, 토머스 S.Hall, Thomas S. 157
홀데인, 존 버든 샌더슨Haldane, John Burdon Sanderson 218
홀리, 로버트 W.Holley, Robert W. 232
홀턴, 제럴드Holton, Gerald 192~194, 204~206
홉킨스, 프레더릭 가울랜드Hopkins, Frederick Gowland 228
화이트, 앤드루 딕슨White, Andrew Dickson 248, 250
획득형질 111~112, 115~117
『화학비율 이론에 관하여』 89
후커, 조지프 달턴Hooker, Joseph Dalton 123, 126, 129
후퍼, 주디스Hooper, Judith 222
훔볼트, 알렉산더 폰Humboldt, Alexander von 142, 146
휴얼, 윌리엄Whewell, William 28, 103, 107, 109, 129, 132
휴잇, 폴Hewitt, Paul 271
흄, 데이비드Hume, David 274
히치콕, 에드워드Hitchcock, Edward 108
히틀러, 아돌프Hitler, Adolf 146
히파티아Hypatia 18~19, 21, 246
히포크라테스Hippocrates 272
힉스, 피터Higgs, Peter 253, 260

옮긴이 김무준

한국해양대학교 기계공학부에서 조선기자재공학을 전공했고, 한국해양대학교 복합재료 실험실에서 학부 연구생으로 근무했다. 과학과 과학사를 대중에게 알리는 것에 관심을 두고 외국의 훌륭한 대중 과학 서적을 국내에 소개하는 일에 힘을 보태고 있다.

통념과 상식을 거스르는 과학사

1판 1쇄 2019년 12월 27일
1판 2쇄 2020년 4월 28일

엮은이 로널드 넘버스, 코스타스 캄푸러키스
옮긴이 김무준
펴낸이 강성민
편집장 이은혜
책임편집 김해슬
마케팅 정민호 김도윤 고희수
홍보 김희숙 김상만 지문희 우상희 김현지

펴낸곳 (주)글항아리 | 출판등록 2009년 1월 19일 제406-009-00002호
주소 10881 경기도 파주시 회동길 210
전자우편 bookpot@hanmail.net
전화번호 031-955-2696(마케팅) 031-955-1934(편집부)
팩스 031-955-2557

ISBN 978-89-6735-693-4 03400

이 도서의 국립중앙도서관 출판예정도서목록(CIP)은 서지정보유통지원시스템 홈페이지 (http://seoji.nl.go.kr)와 국가자료종합목록 구축시스템(http://kolis-net.nl.go.kr)에서 이용하실 수 있습니다. (CIP제어번호 : CIP2019050993)

geulhangari.com